テキスト 理系の数学 6
位相空間
神保秀一・本多尚文 共著

泉屋周一・上江洌達也・小池茂昭・徳永浩雄 編

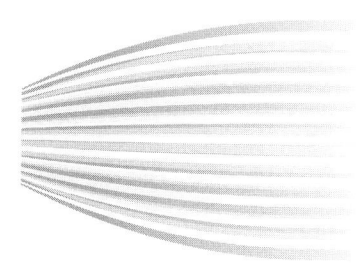

数学書房

編集

泉屋周一
北海道大学

上江洌達也
奈良女子大学

小池茂昭
埼玉大学

徳永浩雄
首都大学東京

シリーズ刊行にあたって

　数学は数千年の歴史を持つ大変古くから存在する分野です．その起源は，人類が物を数え始めたころにさかのぼると考えることもできますが，学問としての数学が確立したのは，ギリシャ時代の幾何学の公理化以後であると言えます．いわゆるユークリッド幾何学は現在でも決して古ぼけた学問ではありません．実に二千年以上も前の結果が，現在のさまざまな科学技術に適用されていることは驚くべきことです．ましてや，17 世紀のニュートンの微積分発見後の数学の発展とその応用の広がり具合は目を見張るものがあります．そして，現在でも急速に進展しています．

　一方，数学は誰に対しても平等な結果とその抽象性がもたらす汎用性により大変自由で豊かな分野です．その影響は科学技術のみにとどまらず人類の社会生活や世界観の本質的な変革をもたらしてきました．たとえば，IT 技術は数学の本質的な寄与なしには発展しえないものであり，その現代社会への影響は絶大なものがあります．また，数学を通した物理学の発展はルネッサンス期の地動説，その後の非ユークリッド幾何学，相対性理論や量子力学などにより，空間概念や物質概念の本質的な変革をもたらし，それぞれの時代に人類の生活空間の拡大や技術革新を引き起こしました．

　本シリーズは，21 世紀の大学の理系学部における数学の標準的なテキストを編纂する目的で企画されました．理系学部と言っても，学部の名称が多様化した現在では理学部，工学部を中心にさまざまな教育課程があります．本シリーズは，それらのすべての学部で必要とされる大学 1 年目向けの数学を共通基盤として，2 年目以降に理系学部の専門課程で共通に必要だと思われる数学，さらには数学や物理等の理論系学科で必要とされる内容までを網羅したシリーズとして企画されています．執筆者もその点を考慮して，数学者ばかりではなく，物理学者の方たちにもお願いしました．

　読者のみなさんには，このシリーズを通して，現代の標準的な数学の理解のみならず数学の壮大な歴史とロマンに思いを馳せていただければ，編集者一同望外の幸せであります．

　2010 年 1 月　　　　　　　　　　　　　　　　　　　　　　　　　　編者

まえがき

　数学は，数や図形や方程式などの性質を一般的に研究する学問ということができる．また物理や工学の問題への応用を意識した研究領域もある．そこには研究対象や手法によって様々に異なる分野がある．解析学あるいは解析的な手法を用いる分野では，無限や連続といった性質をもち，非常に複雑で日常の感覚やイメージだけでは正しく捉えられないような対象を扱う[1]．このような"手強い"相手に正しい議論や推論を行うためには，数学的に明確に定義された記号や言葉の枠組みが必要となる．

　集合や位相空間に関する講義科目はこうした必要によって生まれたものといえる．大学初年級までは，いわば目に見える対象 (図形や関数や数式) を，具体的，個別的に調べることがほとんどである．このため多少あいまいに言葉や用語を使っても混乱や誤謬が生じないことが普通である．しかし，上級の数学分野では抽象的で高度なものを扱うため，様々な専門用語や概念と運用の作法を身につける必要がある．集合，写像，位相の扱い方などは，このような基礎的な数学能力のひとつである．

　本書では集合と位相空間の初歩から出発して基本事項を解説していく．特に解析学や幾何学やその応用分野でよく用いられる距離空間や連続写像やその性質について論述する．点列，完備性，部分集合のコンパクト性の議論などを重点的に扱い，応用として関数族や集合族などについて，その位相的な側面を習得することを目標とする．例題や演習を多く取り入れ，重要な定理や命題を活用する力も養う[2]．

　予備知識としては高校までの数学のほか大学初年級で学ぶ微分積分学が必要となる．また解析入門で学ぶ ε–δ 論法について習得しているとより大きな助けになる．なぜならそこに位相の概念や議論の基本のほとんどが含まれているからである．

---

[1] もちろん直感やイメージをもつことは重要で大変強い武器になる．むしろそれらを高度な数学概念に合わせて磨いていくと考えるとよい．

[2] 一方，パラコンパクト性，距離付け可能性や分離公理との関係など抽象度の高い部分などはあまり扱っていない．これらについてはケリー [11] を参照．

集合や位相の学習は，新しい概念や言葉の習得とともに多数の重要な例を知る機会である．それをしっかり学ぶことで正しいイメージと思考法をもって高度な数学に進むことができる．ただし，あまり堅く身構えて臨まなくてよい．時間をかけてじっくり前進することで自然に力が身に付いてくる．

　本書の内容は，北海道大学理学部数学科の1～2学年における数学の入門科目や集合と位相に関する講義に相当する(第5章を除いて)．第1章は，集合，写像，条件やそれらの演算などについて記号や用語や計算を扱った．この部分は位相空間に限らず数学の各分野の基礎でもある．第2章は，ユークリッド空間と距離空間の位相について一般論を記述した．専門分野で扱われる代表的な位相空間の多くは距離空間となるので，実用的な知識の多くはここで得られる．ただし，開被覆の枠組みによるコンパクト性や，分離性や可分など位相の込み入った話は第4章に回した．第3章では同値関係，順序関係を扱い，これらの構造を伴う集合に関する議論の枠組みを与えた．また同値類や濃度や順序関係などの基本を論述した．章の後半では選択公理，ツォルンの補題，整列定理などを解説した．第4章では一般の位相空間の基本的な用語や性質を中心に解説した．第2章～4章では，章の最後の方の2, 3節は高度な部分を含むため星印を付した．この部分は後回しにしてもその後の章を読むのにあまり支障はない．第5章は位相空間の基本的な事実を適用してできる課題を扱った．位相空間の応用を目的としているので不自然な解き方をしているかもしれない．この点はご容赦願いたい．付録の章では実数や級数の性質に関する基礎を，ひととおり説明したので，必要に応じて参照されたい．

　予備知識があまりなくても意欲があれば独学で読み進められるよう，全般に平易な記述や説明を心がけた．本書が多くの学生諸君の助けとなることを祈願する．

　謝辞：本書の執筆の機会を与えて頂いた泉屋周一教授をはじめ編集委員の先生方や数学書房編集部の方々に感謝致します．北大数学教室の同僚の方々とは日頃から講義や演習の内容などに関して討論し，助言や励ましを頂いています．とくに岩﨑克則氏(北海道大学)には，図に関しても助言を頂きました．宮崎洋一氏(日本大学)は，原稿をすべて読んで多くの有益な指摘をしてくれました．これらの人々にお礼を申し上げたいと思います．

著者一同

目次

第1章 集合，論理，写像　　1
- 1.1 集合　　1
- 1.2 集合算　　4
- 1.3 条件と論理　　13
- 1.4 関数と写像　　15
- 1.5 列, 点列, 部分列　　23
- 1.6 帰納的な論法, 証明, 定義　　24
- 1.7 可算, 非可算　　28
- 1.8 選択公理について　　30
- 1.9 章末問題　　31

第2章 距離空間と位相　　34
- 2.1 準備　　34
- 2.2 ユークリッド空間, 距離, 位相　　37
- 2.3 一般の距離空間　　42
- 2.4 連続写像　　50
- 2.5 全有界, 点列コンパクト　　57
- 2.6 完備性　　63
- 2.7 不動点定理　　70
- 2.8 アスコリ-アルツェラの定理*　　73
- 2.9 距離空間の完備化*　　76
- 2.10 章末問題　　77

第3章 同値関係，順序関係　　82
- 3.1 2項関係　　82
- 3.2 同値関係　　83
- 3.3 集合の濃度　　90
- 3.4 順序関係　　99
- 3.5 最大元, 最小元, 極大元, 極小元　　103
- 3.6 整列順序と帰納法*　　106

3.7	選択公理と整列可能性*	109
3.8	ツォルンの補題とその応用*	115
3.9	整列集合の諸性質*	117
3.10	章末問題	123

第4章　一般の位相空間　126

4.1	開集合系の公理	126
4.2	位相空間における基本概念	127
4.3	分離公理	134
4.4	開被覆とコンパクト性	136
4.5	連続写像と位相構造	140
4.6	位相の生成, 積空間, 商空間	144
4.7	上半連続関数と最大値定理	146
4.8	ティーツェの拡張定理*	149
4.9	関数空間とアスコリ-アルツェラの定理*	151
4.10	距離空間の完備化の存在証明*	153
4.11	章末問題	154

第5章　応用　158

5.1	可逆行列の摂動, 行列の指数関数	158
5.2	積分方程式	164
5.3	ブラウワー不動点定理	166
5.4	数列空間 $\ell^2(\mathbb{N}, \mathbb{R})$ におけるいくつかの問題	172
5.5	コンパクト集合族のなす距離空間	175
5.6	章末問題	181

付録　予備的な基礎事項と補足　183

A.1	実数の公理と性質	183
A.2	級数と収束条件	191
A.3	複素数と複素平面	194
A.4	離散的なヘルダー不等式, ミンコフスキー不等式	196

参考文献	198
問と章末問題の略解, 説明, ヒント	199
索　引	227

記号, 用語, 準備[3]

数

$\mathbb{N} = \{1, 2, 3, \cdots, \}$: 自然数全体, $\quad \mathbb{Z} = \{0, \pm 1, \pm 2, \pm 3, \cdots, \}$: 整数全体

$\mathbb{Q}$: 有理数の全体, $\quad \mathbb{R}$: 実数全体, $\quad \mathbb{C}$: 複素数全体

全称記号　　　$\forall x\ \ldots..$　　$\iff$ 任意の x に対して....

存在記号　　　$\exists y$ s.t. $\sim$　　$\iff$ ある y が存在して $\sim$ をみたす[4].

定義記号　　　$\sim\ :=\ \sim$　　$\iff$ 右辺の $\sim$ によって左辺の $\sim$ を定義する.
この記号を用いないで記号や用語の定義を記述することもある.

ガウス[5] の記号　　$[x] = x$ 以下の最大の整数　　$(x \in \mathbb{R})$

階乗記号　　　$0! = 1, \quad n! = n \cdot (n-1) \cdot (n-2) \cdots 3 \cdot 2 \cdot 1 \quad (n \in \mathbb{N})$

組み合わせ　　異なる n 個のものから k 個選択する組み合わせの数.

$$_nC_k = \frac{n!}{(n-k)!k!} \quad (0 \leq k \leq n), \quad _nC_0 = {}_nC_n = 1$$

2 項定理　$_nC_k\ (0 \leq k \leq n)$ は代数的には次の 2 項展開の式と関係している.
$$(x+y)^n = {}_nC_0\, x^n + {}_nC_1\, x^{n-1}y + {}_nC_2\, x^{n-2}y^2 + \cdots + {}_nC_n\, y^n$$

行列の記号　実数 $a_{ij}\ (1 \leq i \leq m, 1 \leq j \leq n)$ を以下のように縦横に配置したものを $m \times n$ (実) 行列という. a_{ij} は (i, j) 成分といわれる.

$$A = \begin{pmatrix} a_{11} & \cdots & a_{1n} \\ \vdots & \ddots & \vdots \\ a_{m1} & \cdots & a_{mn} \end{pmatrix}$$

---

[3] 数学の専門用語や記号について調べるには, もちろんその方面の専門書をみるのがよいが, まず数学辞典 (日本数学会編)[10] をみるとよい. 関連事項や背景も手短に学べる. また多角的に学ぶためにも複数の本や参考書をみることを奨める.

[4] s.t. は such that の略. $\sim$ をみたす y が存在する, という意味.

[5] Carl Friedrich Gauss (1777-1855) 数学者. 数学の諸分野, 電磁気学, 等で業績がある.

このような行列の全体を $M_{mn}(\mathbb{R})$ と書く．A に対して，その転置行列 A^T は以下のように定まる．A^T の (k, ℓ) 成分は $a_{\ell k}$ で与えられ，$A^T \in M_{nm}(\mathbb{R})$ となる．

$\mathbb{C}$ 上の指数関数とオイラー[6]の公式

$$\exp(z) = \exp(x)(\cos y + (\sin y)\,i) \quad (z = x + y\,i \in \mathbb{C}, x, y \in \mathbb{R})$$

$$\exp(i\theta) = \cos\theta + i\sin\theta \quad (\theta \in \mathbb{R})$$

指数関数のベキ級数展開 $\quad \exp(x) = \sum_{m=0}^{\infty} (x^m/m!) \quad (x \in \mathbb{R})$

変数 x の範囲を拡張して複素数全体 $\mathbb{C}$ にしても右辺は自然に意味をもつ．

極座標

2 次元の空間の点 $(x_1, x_2) \in \mathbb{R}^2$ を変数 $r \geq 0, \theta \in [0, 2\pi)$ によって $x_1 = r\cos\theta$, $x_2 = r\sin\theta$ と表現することを極座標表示という．r は原点からの距離，θ は x_1 軸の正方向からみた角度 (偏角)．原点中心の単位円周上の点を $e(\theta) = (\cos\theta, \sin\theta)$ と表す．これを用いて一般の点は $x = r\,e(\theta)$ と表現できる．

Max, Min 関数　　実数 a, b に対し

$$\max(a, b) = \begin{cases} a & (a \geq b) \\ b & (a < b) \end{cases}, \quad \min(a, b) = \begin{cases} b & (a \geq b) \\ a & (a < b) \end{cases}$$

である．これは次のようにも表現できる．

$$\max(a, b) = \frac{a+b}{2} + \frac{|a-b|}{2}, \quad \min(a, b) = \frac{a+b}{2} - \frac{|a-b|}{2}$$

部屋割り論法　　n 個の部屋と m 人の人間がいるとする．ただし $n < m$ とする．すべての人は，いずれかの部屋に入室することとする．この結果 2 人以上の部屋が必ず生じる．この推論を部屋割り論法という (鳩の巣論法ともいう)．

---

[6] Leonhard Euler (1707-1783) 数学者．数学の諸分野，剛体や流体の力学，等で業績がある．

第1章

集合, 論理, 写像

1.1 集合

　数学では様々な対象が扱われる．それらは集合や写像などの言葉や記号を用いて作られ，議論や推論が行われる．その際に言葉や記号の定義がきちんと行われることが大切である．それによって意味内容が規定され，あいまいさを排除した明確な議論や推論が可能となるからである．これが数学で定義が重視される理由である．本節では，まず集合や写像に関する性質や様々な演算についての基礎的事項を学んで行く．

　数学的に明確に規定された "もの" あるいは "対象物" の集まりを**集合**という．また個々の "もの" は**要素**あるいは**元**とよばれる．高校までの数学において，すでに様々な集合が現れている．たとえば，直線や円や多角形や曲面は点の集まりという意味で集合である．これらの集合は幾何的な性質が特徴となる．数の集まりの例としては，整数の全体 $\mathbb{Z}$, 有理数の全体 $\mathbb{Q}$, 実数の全体 $\mathbb{R}$ などがあげられる．また，空間のベクトルの全体という集合もある．これらの集合には，四則演算などを導入することで代数的な性質が付与される[1]．さらに別のタイプの集合の例をあげてみよう．

　　　$X = $ 座標平面の中の直線の全体, 　　$Y = 2$ 次以下の多項式の全体

　　　$Z = \mathbb{R}$ 上の実数値の関数全体

このようなものは高校までは現れないので戸惑うかもしれない．集合の要素は普通の感覚では点としてイメージされると思うが，一般には様々な数学的対象

---

[1] このように集合には構造や演算が付加され，数学的に興味ある対象となる．本書で扱うのは位相構造というものである．

が要素となり得る．上の X のようにその要素が図形であったり，また Z の場合は関数である．数学では必要に応じて自由に集合を考え，構造を導入して性質を議論する．本書では集合に位相構造を入れて議論するときの基本用語や用法を学び習熟することを目指す．新しい対象や概念が登場して困惑することがあるかもしれないが，高度な数学分野を学ぶためにぜひ身につける必要がある．時間をかけて証明を読み，多くの例を見ることで次第に慣れ親しむことができる．いずれにしても，頭を柔軟にして新しいものを受け入れる心構えを持つことが必要である．

集合を表す記号としては $X, Y, Z, \cdots$ など大文字を用い，要素には $x, y, z, \cdots$ など小文字を用いることが普通である[2]．

属する，包含関係，部分集合

x が集合 X の要素であること，あるいは x が X に属することを

$$x \in X$$

と表す．これは $X \ni x$ と書いても同じことである．x が X に属さないことを $x \notin X$ と書く．これは $X \not\ni x$ と書くこともある．たとえば $3 \in \mathbb{N}$, $\sqrt{2} \in \mathbb{R}$, $\sqrt{3} \notin \mathbb{Z}$．集合の要素の個数が有限の場合は**有限集合**，有限でない場合は**無限集合**という．X が有限集合のとき $\sharp(X)$ で要素の個数を表す．

複数の集合について相互の関係を明確にすることがしばしば重要になる．まず包含関係について述べる．集合 X, Y について

$$X \subset Y$$

とは，集合 X が集合 Y に包含されること，言い換えると『X のすべての要素が Y に属すること』を意味する．これを $Y \supset X$ とも書く．また，X は Y の**部分集合**であるという．たとえば $\mathbb{N} \subset \mathbb{Z}$, $\mathbb{Z} \subset \mathbb{Q}$ などとなる．2 つの集合 X, Y について $X \subset Y$ かつ $Y \subset X$ が成立するとき $X = Y$ と書く（集合に

---

[2] 集合族にはスクリプト体の記号を用いることが多い．ただし，例外もある．

対する等号[3])．要素を何も持たない集合も部分集合の 1 つと考えることにする．これを**空集合**とよび $\emptyset$ で表す．

また $X \subset Y$ が成立しないことを $X \not\subset Y$ と書く．

集合を表すにはいろいろな方法がある．例をあげてみる．たとえば有限集合

$$X = \{1, 2, 3, 4, 5, 6, 7, 8, 9, 10\}$$

を考える．これは要素をすべて羅列する方式で表現されている．一方

$$X = \{z \in \mathbb{R} \mid z \text{ は } 10 \text{ 以下の正の整数}\}$$

と表すことも可能である．集合はなるべく単純で理解しやすい形に表すことが論理的にも技術的にも望まれる．次の例として

$$Y = \{t \in \mathbb{R} \mid t^2 - 5t + 4 \leqq 0\}$$

を考える．これは実数 t のうち不等式 $t^2 - 5t + 4 \leqq 0$ を満たすようなもの全体という意味である，因数分解によって $t^2 - 5t + 4 = (t-4)(t-1)$ だから $Y = [1, 4]$ (閉区間) としても同じである．次の E, F を考える．

$$E = \{(x_1, x_2) \in \mathbb{R}^2 \mid x_2 = x_1^2\}$$

$$F = \{(x_1, x_2, x_3) \in \mathbb{R}^3 \mid x_1^2 + x_2^2 + x_3^2 < 1\}$$

E は $x_1 x_2$–座標平面の放物線 $x_2 = x_1^2$ のグラフそのもの．F は $x_1 x_2 x_3$–座標空間の半径 1 の球となる (境界は含まず)．Y, E, F のような場合は要素が無数に存在するので，すべての要素を羅列式に表すことは困難である．よって，このように条件式を用いて集合を規定している．この方式では集合は

$$X = \{ \text{ 要素 } \in \text{ 範囲を表す}\textbf{集合} \mid \text{ 要素に関する条件 } \}$$

の形になる．これが一番多く現れる集合の表現であろう．

[3) 要素同士に対して等号 "=" はすでに用いられている．一方，これは集合同士に対する等号であるから本当は別の記号を用いるべきである．ただし，そうすると数学の多くの異なる種類の対象に対して別々の等号記号が果てしなく多く必要になってしまう (行列同士，関数同士，写像同士，…)．よって同じ等号記号が用いられている．

あとあとよく現れる数直線上の区間を復習しておく．$\mathbb{R}$ 内の区間は次の 9 つの形のものである．

$$[a,b] = \{x \in \mathbb{R} \mid a \leqq x \leqq b\}, \quad (a,b) = \{x \in \mathbb{R} \mid a < x < b\}$$

$$[a,b) = \{x \in \mathbb{R} \mid a \leqq x < b\}, \quad (a,b] = \{x \in \mathbb{R} \mid a < x \leqq b\}$$

$$[a,\infty) = \{x \in \mathbb{R} \mid a \leqq x\}, \quad (a,\infty) = \{x \in \mathbb{R} \mid a < x\}$$

$$(-\infty,b) = \{x \in \mathbb{R} \mid x < b\}, \quad (-\infty,b] = \{x \in \mathbb{R} \mid x \leqq b\}, \quad (-\infty,\infty)$$

ここで実数 a,b に対し $a<b$ を仮定した．これらは微分積分で頻出する表現なのでよくなじんでいることであろう．

変数やパラメータを用いて集合を表すこともできる．たとえば

$$V = \{2m-1 \in \mathbb{Z} \mid m \in \mathbb{N}\} \quad (\text{正の奇数全体})$$

$$W = \{(t, 2-t) \in \mathbb{R}^2 \mid t \in \mathbb{R}\} \quad (\mathbb{R}^2 \text{ 内の直線})$$

などである．有理数全体 $\mathbb{Q}$ は $\mathbb{N}, \mathbb{Z}$ を用いて次のように表現できる．

$$\mathbb{Q} = \{q/p \mid p \in \mathbb{N}, q \in \mathbb{Z}\}$$

慣習

点や集合で，"属する" あるいは "包含"，等の表現において，同様のものが複数あるとき，次の短縮形を用いることが多い．

$$x \in A \text{ かつ } y \in A \iff x,y \in A$$
$$U \subset X \text{ かつ } V \subset X \iff U,V \subset X$$
$$U \subset V \text{ かつ } V \subset W \iff U \subset V \subset W$$
$$\ell \geqq n \text{ かつ } m \geqq n \iff \ell, m \geqq n$$

1.2 集合算

1 つあるいは複数の集合から一定の操作によって別の集合を作る，集合算とよばれるを操作について述べる．

2 つの集合 A, B に対して **和集合** (あるいは **合併集合**) $A \cup B$, 共通部分 (あ

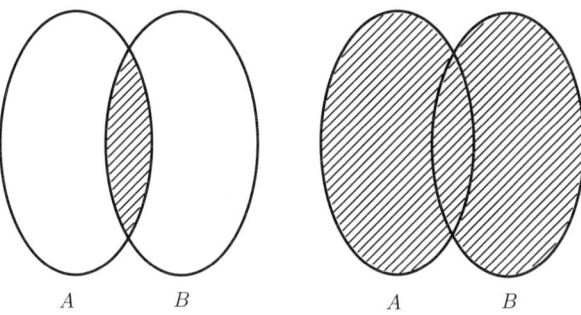

図 1.1 集合 A, B の交わり $A \cap B$ (左斜線部), と和 $A \cup B$ (右斜線部)

るいは**交わり**) $A \cap B$ を次のように定める[4].

$$A \cup B := \{x \mid x \in A \text{ または } x \in B\} \quad (\text{図 1.1 右})$$
$$A \cap B := \{x \mid x \in A \text{ かつ } x \in B\} \quad (\text{図 1.1 左})$$

定義の意味を考えることで $A \cup B = B \cup A$, $A \cap B = B \cap A$ がすぐ従う. 次に集合の**差** $A \setminus B$ を

$$A \setminus B := \{x \mid x \in A \text{ かつ } x \notin B\} \quad (\text{図 1.2})$$

と定める. $A \setminus B$ は $A - B$ と書くこともある. 数の引き算のマイナスとの区別を意識するため, 普通は斜めの棒を用いる.

例 1.1 $A = \{x \in \mathbb{Z} \mid x \text{ は } 2 \text{ の倍数}\}$, $B = \{y \in \mathbb{Z} \mid y \text{ は } 3 \text{ の倍数}\}$ とするとき $A \cap B = \{z \in \mathbb{Z} \mid z \text{ は } 6 \text{ の倍数}\}$ である.

集合算が満たす法則をみていこう.

命題 1.1 集合 A, B, C, D について $A \subset B, C \subset D$ ならば次が成立する.
(ⅰ) $(A \cup C) \subset (B \cup D)$
(ⅱ) $(A \cap C) \subset (B \cap D)$

---

[4] 記号や数式の定義においては, 簡略化のため記号 := がときどき用いられる. たとえば $X := \cdots$ という形式の表現は, 右辺の部分 $\cdots$ が X を定める, という意味である.

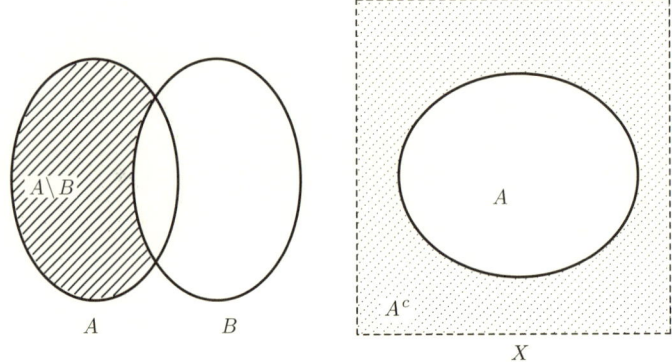

図 1.2　$A \setminus B$ (左斜線部) と全体集合 X における A の補集合 A^c

証明 (i)　任意の $x \in A \cup C$ をとる. このとき $x \in A$ または $x \in C$ が成立する. 前者の場合は $x \in B$ が成立し, 後者の場合は $x \in D$ となる. よっていずれの場合も $x \in B \cup D$ が成立する. 以上から $A \cup C \subset B \cup D$ が成立した.

(ii)　任意の $x \in A \cap C$ をとる. このとき $x \in A$ かつ $x \in C$ が成立する. 前者の場合は $x \in B$ が成立し, 後者の場合は $x \in D$ となる. 両者が同時に成立するから $x \in B \cap D$ が成立する. 以上から $A \cap C \subset B \cap D$ が成立した. □

命題 1.2　集合 A, B, C について次が成立する.
(i)　$A \cup B = A \cup (B \setminus A)$
(ii)　$A \cap (B \cup C) = (A \cap B) \cup (A \cap C)$
(iii)　$A \cup (B \cap C) = (A \cup B) \cap (A \cup C)$

証明 (i)　任意の $x \in A \cup B$ に対して, x は A または B に属している. よって x が A に属しているかどうかで場合分けを行う. A に属している場合は $x \in A$ は自明である. $x \notin A$ の場合は $x \in B$ であるから結局 $x \in B \setminus A$ となる. このことから x は A または $B \setminus A$ に属する. よって $x \in A \cup (B \setminus A)$ である. まとめると $A \cup B \subset A \cup (B \setminus A)$ となる. 逆向きの包含関係は明らかだから (i) が成立する.

(ii)　まず $A \supset A \cap B$, $A \supset A \cap C$ より $A \supset (A \cap B) \cup (A \cap C)$ が従う. また $B \supset (A \cap B)$, $C \supset A \cap C$ から $B \cup C \supset (A \cap B) \cup (A \cap C)$ が従う. 最初

の事実と合わせて
$$A\cap(B\cup C) \supset (A\cap B)\cup(A\cap C)$$
を得る.今度は逆向きの包含関係を示す.任意の $x \in A\cap(B\cup C)$ をとる.これから $x \in A$ が成立し,かつ $x \in B\cup C$ である.よって $x \in B$ または $x \in C$ が成立する.よって $x \in B$ と $x \notin B$ の 2 つの場合に分けて考える.前者の場合は $x \in A\cap B$ となる.後者の場合は前段より $x \in C$ が成立するので結局 $x \in A\cap C$ が成立する. $x \in (A\cap B)\cup(A\cap C)$ が成立する.よって
$$A\cap(B\cup C) \subset (A\cap B)\cup(A\cap C)$$
が従う.これで (ii) が従う.同じような考察で (iii) を導くことができる.読者は各自証明を試みよ. □

全体集合,補集合

実際の問題で現れる集合算は,一定の集合 X がまずあって,そのなかの部分集合同士で行われるのが普通である.このような X を**全体集合**あるいは**普遍集合**とよぶ.こうした際に部分集合 A の外側 $X\setminus A$ も議論でよく用いられる.$A^c := X\setminus A$ を X における A の**補集合**という(図 1.2 右).$A \subset X$ に対して $(A^c)^c = A$ が成立する.補集合に関しては次の法則が有名である.

命題 1.3 (ド・モルガン[5]の法則)　$A, B \subset X$ に対して次が成立する.
(ⅰ)　$(A\cup B)^c = A^c \cap B^c$
(ⅱ)　$(A\cap B)^c = A^c \cup B^c$

証明 (ⅰ) $x \in X$ について $x \in (A\cup B)^c$ が成立するとする.これは『$x \in A$ または $x \in B$』が成立しないということである.これは『$x \notin A$ かつ $x \notin B$』が成立することである.数式で表現しなおすと $x \in A^c$ かつ $x \in B^c$,すなわち $x \in A^c \cap B^c$ である. (ⅱ) も同様に示される. □

---

[5] Augustus De Morgan (1806-1871) 数学者, 論理学者.

多数の集合の合併と交わり

3つの集合 A, B, C について,次のような A, B, C 3つの和と交わりを考える際は操作の順番によらない.すなわち

$$(A \cup B) \cup C = A \cup (B \cup C), \quad (A \cap B) \cap C = A \cap (B \cap C)$$

が成立する.たとえば,前者は A, B, C のどの集合にも属する要素 x ということができ,よって,集合の並びの順番に依存しないからである.したがって,それぞれの集合を単に $A \cup B \cup C$ や $A \cap B \cap C$ と表す.この事実によって一般の有限個や無限個の集合の和と交わりを定める.すなわち集合の列 $A_1, A_2, A_3,$ $\cdots, A_m, \cdots$ に対して,次のように定める.

$$\bigcup_{m=1}^{N} A_m := \{x \mid \text{ある } m \in \{1, 2, \cdots, N\} \text{ があって } x \in A_m\}$$

$$\bigcap_{m=1}^{N} A_m := \{x \mid \text{すべての } m \in \{1, 2, \cdots, N\} \text{ について } x \in A_m\}$$

$$\bigcup_{m=1}^{\infty} A_m := \{x \mid \text{ある } m \in \mathbb{N} \text{ があって } x \in A_m\}$$

$$\bigcap_{m=1}^{\infty} A_m := \{x \mid \text{すべての } m \in \mathbb{N} \text{ について } x \in A_m\}$$

例 1.2 $X = \mathbb{R}$ と区間 $A_m = (-(1/m), 1+(1/m))$, $B_m = (m, \infty)$, $C_m = [(1/m), m]$ とおく.ただし $m \in \mathbb{N}$ である.このとき次が成立する.

$$\bigcap_{m=1}^{\infty} A_m = [0, 1], \quad \bigcap_{m=1}^{\infty} B_m = \varnothing, \quad \bigcup_{m=1}^{\infty} C_m = (0, \infty)$$

例 1.3 3つの集合に対するド・モルガンの法則を示してみよう.集合 $A, B, C \subset X$ に対して

$$(A \cup B \cup C)^c = A^c \cap B^c \cap C^c, \quad (A \cap B \cap C)^c = A^c \cup B^c \cup C^c$$

が成立する.2つの場合のド・モルガンの法則を利用して示す.前半は

$$(A \cup B \cup C)^c = ((A \cup B) \cup C)^c = (A \cup B)^c \cap C^c$$
$$= (A^c \cap B^c) \cap C^c = A^c \cap B^c \cap C^c$$

となり，後半も 2 つの場合の法則を利用して次を得る．

$$(A\cap B\cap C)^c = ((A\cap B)\cap C)^c = (A\cap B)^c \cup C^c$$
$$= (A^c \cup B^c)\cup C^c = A^c \cup B^c \cup C^c$$

命題 1.4 集合 B と集合列 A_m $(m=1,2,3,\cdots)$ に対して

$$\left(\bigcup_{k=1}^{N} A_k\right)\cap B = \bigcup_{k=1}^{N}(A_k\cap B), \quad \left(\bigcap_{k=1}^{N} A_k\right)\cup B = \bigcap_{k=1}^{N}(A_k\cup B)$$

$$\left(\bigcup_{k=1}^{\infty} A_k\right)\cap B = \bigcup_{k=1}^{\infty}(A_k\cap B), \quad \left(\bigcap_{k=1}^{\infty} A_k\right)\cup B = \bigcap_{k=1}^{\infty}(A_k\cup B)$$

証明 2 つの集合の集合算の場合と同様に定義から従う． □

命題 1.5 集合の列 $A_m \subset X$ $(m=1,2,3,\cdots)$ に対して次が成立する．

$$\left(\bigcup_{m=1}^{N} A_m\right)^c = \bigcap_{m=1}^{N}(A_m)^c, \quad \left(\bigcap_{m=1}^{N} A_m\right)^c = \bigcup_{m=1}^{N}(A_m)^c$$

$$\left(\bigcup_{m=1}^{\infty} A_m\right)^c = \bigcap_{m=1}^{\infty}(A_m)^c, \quad \left(\bigcap_{m=1}^{\infty} A_m\right)^c = \bigcup_{m=1}^{\infty}(A_m)^c$$

証明 まず，4 つの等式のうち左下を示す．

$x \in X$ について条件 $x \notin \bigcup_{m=1}^{\infty} A_m$ は，『すべての $m \in \mathbb{N}$ について $x \notin A_m$』ということ，すなわち『すべての $m \in \mathbb{N}$ について $x \in (A_m)^c$』である．これは $x \in \bigcap_{m=1}^{\infty}(A_m)^c$ と同値である．右下の等式は，上の議論で得た式で A_m のところに $(A_m)^c$ をあてはめてすぐ示すことができる．残りの等式 (上の 2 つ) の証明は上の議論に含まれ同様である． □

集合の直積

2 つの集合に対し，その直積というものを導入する．これも集合算のひとつと考えることもできる．2 次元の座標平面の任意の点は $\mathbb{R}$ の要素 x_1, x_2 を用いて (x_1, x_2) と表現できる．逆に 2 つの実数 x_1, x_2 から座標平面の点を 1 つ

指定できる. 座標平面は 2 つの実数のペアと同等である. よって $\mathbb{R} \times \mathbb{R}$ と考え, 表記することが自然である.

このような考え方を発展させ一般の集合の直積を導入する. 2 つの集合 X, Y があったときに, それぞれから取り出した要素 x, y の組 (x, y) の全体を考え, X と Y の**直積集合**という[6]. 数式で表現すると次のようになる.

$$X \times Y := \{(x, y) \mid x \in X, y \in Y\}$$

$Y \times X$ は $X \times Y$ とは別ものと考える. 2 つの集合の直積と同様に 3 つの集合 X, Y, Z の直積も定義できる. すなわち

$$X \times Y \times Z := \{(x, y, z) \mid x \in X, y \in Y, z \in Z\}$$

である. さらに任意の有限個の集合の直積も定義できる.

$$X_1 \times X_2 \times \cdots \times X_n := \{(x_1, x_2, \cdots, x_n) \mid x_j \in X_j \ (1 \leqq j \leqq n)\}$$

問 1.1 $A, B \subset X, C \subset Y$ のとき, 以下の等式を示せ.

$$(A \cap B) \times C = (A \times C) \cap (B \times C)$$

$$(A \cup B) \times C = (A \times C) \cup (B \times C)$$

ベキ集合 2^X

X を集合として, X の部分集合の全体を考える. これも集合とみなすことができる. これを X の**ベキ集合**といい, X のベキ集合を 2^X あるいは $\mathcal{P}(X)$ と書く[7]. 2^X は各要素が集合ということで, 集合族ともいわれるものである[8]. $\emptyset$ や X 自身もその要素となる. 簡単なベキ集合の例を見てみよう.

---

[6] 直交座標系のイメージで捉えても悪くないが, この段階ではまだ抽象的な直積なので幾何的な意味は考えなくてよい.

[7] 本書ではベキ集合の記号として 2^X も $\mathcal{P}(X)$ も使用する. これは文脈や前後の式の形で見やすさを考慮してのことである.

[8] 位相空間論では X の部分集合の族 $\mathcal{O}$ で一定の条件 (4.1 節 開集合系の公理 参照) をみたすものの構造を問題にする.

$$X = \{1, 2, 3, 4\} \quad (4\text{つの数からなる集合})$$

のとき

$$2^X = \left\{ \begin{array}{l} \varnothing, \{1\}, \{2\}, \{3\}, \{4\}, \{1,2\}, \{1,3\}, \{1,4\}, \{2,3\}, \{2,4\}, \\ \{3,4\}, \{1,2,3\}, \{1,2,4\}, \{1,3,4\}, \{2,3,4\}, \{1,2,3,4\} \end{array} \right\}$$

となる. X の要素が増えると 2^X の要素は飛躍的に増大してゆく.

命題 1.6 X が有限集合の場合は 2^X も有限集合となる. さらに X の要素の個数を $\sharp(X)$ とするとき 2^X の要素の個数は $2^{\sharp(X)}$ である.

証明 $\sharp(X) = n$ とする. X の部分集合のうち要素の個数が k のものを選ぶということは, 異なる n 個のものから k 個を選ぶ組み合わせということだから, その場合の数は ${}_nC_k$ である. よって $k = 0, 1, 2, \cdots, n$ について総和をとることを考える. 2項定理により

$${}_nC_0 + {}_nC_1 + {}_nC_2 + \cdots + {}_nC_k + \cdots + {}_nC_n = (1+1)^n = 2^n$$

となる. よって 2^X の要素の個数は 2^n である. □

集合族, 添字

複数の集合を表現する場合に $A, B, C, \cdots$ などと書くほか, $A_1, A_2, \cdots, A_p, \cdots$ など番号付けを用いて表すこともしばしばある. このような番号を**添字**といい, その動く範囲を**添字集合**という. 集合を要素とする集まりを, 集合の族あるいは集合族という. たとえば, 有限個の集合の族 $\mathcal{F} = \{A_1, A_2, \cdots, A_p\}$ や無限個の集合の族 $\mathcal{F} = \{A_j \mid j \in \mathbb{N}\}$ は添字を用いて表されている. それぞれの添字集合は $\{1, 2, \cdots, p\}$, $\mathbb{N}$ である. 添字集合がさらに一般の場合の集合族も考えることができる. すなわち

$$\mathcal{F} = \{A_\alpha \mid \alpha \in \Gamma\}$$

と表される場合である. この場合は α が添字, Γ が添字集合である. これを $\{A_\alpha\}_{\alpha \in \Gamma}$ とも書く. このような一般の集合族について集合算を考えることが

できる. $\{A_\alpha \mid \alpha \in \Gamma\}$ に対し, 次のように和や交わりという集合算が可能で, さらに分配法則やド・モルガンの法則が成立する.

$$\bigcup_{\alpha \in \Gamma} A_\alpha := \{x \mid \text{ある } \alpha \in \Gamma \text{ に対して } x \in A_\alpha\}$$

$$\bigcap_{\alpha \in \Gamma} A_\alpha := \{x \mid \text{すべての } \alpha \in \Gamma \text{ に対して } x \in A_\alpha\}$$

命題 1.7 集合族 $\{A_\alpha \mid \alpha \in \Gamma\}$ と集合 B に対して

$$\left(\bigcup_{\alpha \in \Gamma} A_\alpha\right) \cap B = \bigcup_{\alpha \in \Gamma}(A_\alpha \cap B), \quad \left(\bigcap_{\alpha \in \Gamma} A_\alpha\right) \cup B = \bigcap_{\alpha \in \Gamma}(A_\alpha \cup B)$$

が成立する (分配法則).

証明 有限の場合と同様に直接定義より示すことができる. □

命題 1.8 集合族 $\{A_\alpha \mid \alpha \in \Gamma\} \subset 2^X$ に対して, 次が成立する.

$$\left(\bigcup_{\alpha \in \Gamma} A_\alpha\right)^c = \bigcap_{\alpha \in \Gamma}(A_\alpha)^c, \quad \left(\bigcap_{\alpha \in \Gamma} A_\alpha\right)^c = \bigcup_{\alpha \in \Gamma}(A_\alpha)^c$$

一般の添字集合をもつ集合族 $\{X_\alpha \mid \alpha \in \Gamma\}$ に対しても直積集合

$$X = \prod_{\alpha \in \Gamma} X_\alpha$$

を考えることができる. また射影 $\boldsymbol{p}_\alpha : X \longrightarrow X_\alpha$ を $x = (x_\alpha)_{\alpha \in \Gamma} \in X$ に対して $\boldsymbol{p}_\alpha(x) = x_\alpha$ で定める. ただし本書ではこのような一般の直積集合の位相の性質はあまり多くは扱わない.

問 1.2 $\mathbb{R}$ の部分集合の族 $A_1, A_2, \cdots, A_m, \cdots$ で

$$\bigcup_{m=1}^{\infty} A_m = \mathbb{R}, \quad A_i \cap A_j = \varnothing \quad (1 \leq i < j)$$

となるような例をあげよ.

1.3 条件と論理

数学における議論や推論とは，複数の条件に対して，それらのあいだの関係を論じて明確にすることであるといえる．仮定から結論を得るということを繰り返す過程を経て目的の定理や理論を完成させる．本項ではそれらの議論を行う作法について学ぶ．すでに本章でもいくつかの定理を示すために，複数の条件に対して論理を展開している．ここでは，基礎的な用語を整理しておく[9]．

2つの条件 P, Q があるとする．いま "P ならば Q" のことを記号で

$$P \Longrightarrow Q$$

と表す．また $Q \Longleftarrow P$ も同じことを意味する．この P と Q の関係を "P は Q であるための**十分条件**である" という．また，"Q は P であるための**必要条件**である" ともいう[10]．

$P \Longrightarrow Q$ かつ $P \Longleftarrow Q$ を満たすとき，"P と Q は**同値**である" といい，

$$P \Longleftrightarrow Q$$

と書く．P は Q であるための**必要十分条件**であるという．例をあげてみる．整数 x に対する次の条件として

条件 P：『x は 12 の倍数』， 条件 Q：『x は 3 の倍数』

を考える．12 の倍数は 3 の倍数なので $P \Longrightarrow Q$ である．

変数 x に関する条件 P, Q について $P \Longrightarrow Q$ は，集合を用いて表すと

$$\{x \mid x は P を満たす\} \subset \{x \mid x は Q を満たす\}$$

と同じことである．このように条件の強弱は，変数 x に関して条件の成立範囲に関しては包含関係に対応する．条件が強くなるほど範囲は小さくなる．これについては，次の例を見るとより明確に理解できる．点 $(x_1, x_2) \in \mathbb{R}^2$ に対する次の条件

条件 E：『$x_1^2 + x_2^2 \geqq 2$』 条件 F：『$|x_1| \geqq 1$ かつ $|x_2| \geqq 1$』

---

[9] 高校の課程でいちおう学んでいる．
[10] P は Q より強い条件ともいう．

条件 G: 『$|x_1| + |x_2| \geq 2$』

の間の関係を考える．このとき $F \Longrightarrow E$ となるが $G \Longrightarrow E$ とはならないことがわかる．図を書いて論理と集合の関係を納得しておくことを奨める．

条件の否定

条件 P に対して，P が成立しないということも，1 つの条件となる．これを P の**否定**といい，$\neg P$ と書く．

例をあげてみる．実数 x に関する条件として

P: 『$x > 0$』 とすると，$\neg P$: 『$x \leq 0$』 となる．この場合は単純な条件であったが，条件が少し複雑なものを扱う．実数の組 (x,y) に関する条件として

Q: 『$x > 0$ かつ $y > 0$』

を考えよう．このとき

$\neg Q$: 『$x \leq 0$ または $y \leq 0$』

となる．条件が複合的な場合には注意を要する．

2 つの変数 x, y をもつ実数値関数 $f(x, y)$ があるとする．x に関する条件

P: 『ある y について $f(x,y) \leq 0$』

を考える．これの否定は

$\neg P$: 『すべての y について $f(x,y) > 0$』

となる[11]．

すでにド・モルガンの法則の証明で複合的な条件が出ているが，位相空間論では背理法による証明などで複雑な条件を否定する議論が頻出する．今から少しずつ慣れておこう．

問 1.3 次の文章の否定を述べよ．
 (i) 『すべての日本人は，納豆または卵焼きが好きである』
 (ii) 『A 君はすべての課題に対して熱心に取り組む』

---

[11] 条件を表すとき内容を正確に記述するため『……』のカッコ記号を用いたが，慣れればこれを使用する必要はない．

対偶と背理法

2つの条件 P, Q があるとする．次の関係

(A) $\qquad\qquad P \Longrightarrow Q \qquad (P\text{ ならば }Q)$

が成立すると仮定する．このことから

(B) $\qquad\qquad \neg Q \Longrightarrow \neg P \qquad (Q\text{ でないならば }P\text{ でない})$

が従う．今度は (B) を仮定すれば $\neg(\neg P) \Longrightarrow \neg(\neg Q)$ が従う．つねに $\neg(\neg P) = P$ であるから (A) が再び得られる．このことから (A) と (B) は同値であることがわかる．すなわち (A) を得るため (B) を示せば十分であることになる．(A) から (B) を得ることを (A) の**対偶**をとるという．

定理の証明を背理法によって行う際に上と似た状況が起こる．一般に数学的事実を示す際に，いくつかの仮定を基に推論をして結論 (これを Q とおく) を示す．背理法の議論の道筋とは，示したい結論 Q を否定した条件 $\neg Q$ を起点として推論を重ねることである．そして何らかの矛盾を導く．すなわち，仮定なりすでに確定した事実に反することを示す．これによって，結論の否定 $\neg Q$ が不合理であることを示して Q が正当化される．この背理法の過程で部分的に対偶が現れる．位相空間論では込み入った背理法がよく現れるので，論理の筋を丁寧に追う必要がある．

1.4　関数と写像

X, Y を集合とする．各 $x \in X$ に対して Y のある要素 y を対応させる一定の規則を**写像**という．写像を f と書き，この対応関係を $y = f(x)$ などと表す．Y が $\mathbb{R}$ の場合は f を実数値関数または単に関数といい[12]，今まで中学や高校でよく扱っていたものである．関数といえば2次関数や3次関数や三角関数などをイメージすると思うが，この定義によるとさらに一般的なものも関数とよぶことになる．関数はグラフを用いて表現すると理解しやすい．X から Y

---

[12] $Y = \mathbb{C}$ の場合も関数という (複素数値関数ともいう)．

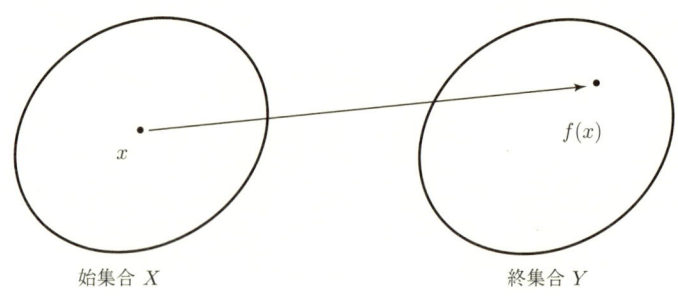

図 **1.3** 写像 $f: X \longrightarrow Y$

への写像 f を考えるとき，この状況を図式

$$f: X \longrightarrow Y$$

で表す[13]．X を写像の**始集合** (source set) または**定義域** (domain of definition) という．また，Y を**終集合** (target set) という．

部分集合 $A \subset X$ に対して

$$f(A) := \{f(x) \in Y \mid x \in A\}$$

とおいて f による A の**像** (Image) という．特に $f(X)$ を f の**値域**という．

$A' \subset Y$ に対して

$$f^{-1}(A') := \{x \in X \mid f(x) \in A'\}$$

とおき f による A' の**逆像**という．定義から $f^{-1}(Y) = X$ が成立する．

例 1.4 $X = Y = \mathbb{R}$, $f(x) = x^2 - 2x$ とおくと写像 $f: \mathbb{R} \longrightarrow \mathbb{R}$ を定める．このとき $f(\mathbb{R}) = [-1, \infty)$ となる．

問 1.4 $A \subset B \subset X$ ならば $f(A) \subset f(B)$ を示せ．

---

[13] 数式を用いて簡明に表現することは，単に記述に便利なだけでなく，さらに上部からものを見ることを可能にする．一面において記号の単純化によって抽象化や概念の高度化が可能になる．大きな行列で個々の成分を一時忘れて単に A と書くだけで議論や推論が容易になる．線形代数で線形変換や固有値の理論を学んでそのようなことを感じた方々も多いと思う．

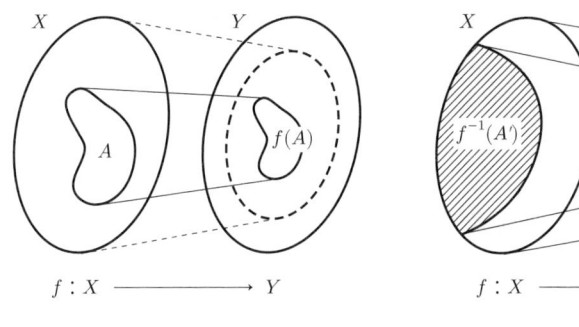

図 **1.4** $A \subset X$ の像　　　図 **1.5** $A' \subset Y$ の逆像

問 1.5 $X = Y = \mathbb{R}$, $f(x) = x^2$ について $f((1,2))$, $f((-1,2))$ を求めよ．

問 1.6 $A' \subset B' \subset Y$ ならば $f^{-1}(A') \subset f^{-1}(B')$ を示せ．

問 1.7 $\mathbb{R}$ 上の関数 $f(x) = x^2 + 3x$ に対して $f^{-1}((0,4))$ を求めよ．

命題 1.9 $f : X \longrightarrow Y$ を写像とする．このとき，$A, B \subset X$ に対して

(i) $f(A) \cup f(B) = f(A \cup B)$

(ii) $f(A) \cap f(B) \supset f(A \cap B)$

が成立する．

証明（i） $f(A) \subset f(A \cup B), f(B) \subset f(A \cup B)$ だから辺々の和集合をとって $f(A) \cup f(B) \subset f(A \cup B)$ を得る．逆向きの包含関係を示す．任意の $y \in f(A \cup B)$ をとる．このとき，ある $x \in A \cup B$ があって $f(x) = y$ となる．$x \in A$ または $x \in B$ である．前者の場合は $f(x) \in f(A)$ となり，後者の場合は $f(x) \in B$ となる．いずれの場合も $y = f(x) \in f(A) \cup f(B)$ となる．まとめると結局 $f(A \cup B) \subset f(A) \cup f(B)$ が成立する．

(ii) 任意の $y \in f(A \cap B)$ をとる．このときある $x \in A \cap B$ があって $y = f(x)$ となる．ここで $x \in A$ かつ $x \in B$ だから $f(x) \in f(A)$ かつ $f(x) \in f(B)$ となる．よって $y = f(x) \in f(A) \cap f(B)$ となり (ii) の結論が成立する． □

注意 1.1 上の命題 1.9 (ii) で逆向きの包含関係は必ずしも成立しない．

命題 1.10 写像 $f: X \longrightarrow Y$ とする. $A' \subset Y$, $B' \subset Y$ に対して
 (i) $f^{-1}(A') \cap f^{-1}(B') = f^{-1}(A' \cap B')$
 (ii) $f^{-1}(A') \cup f^{-1}(B') = f^{-1}(A' \cup B')$
が成立する.

証明 次のように条件の同値変形によって示される. まず (i) は
$$x \in f^{-1}(A') \cap f^{-1}(B') \iff (x \in f^{-1}(A') \text{ かつ } x \in f^{-1}(B'))$$
$$\iff (f(x) \in A' \text{ かつ } f(x) \in B')$$
$$\iff f(x) \in A' \cap B' \iff x \in f^{-1}(A' \cap B')$$
から従う. (ii) は同様に
$$x \in f^{-1}(A') \cup f^{-1}(B') \iff (x \in f^{-1}(A') \text{ または } x \in f^{-1}(B'))$$
$$\iff (f(x) \in A' \text{ または } f(x) \in B')$$
$$\iff f(x) \in A' \cup B' \iff x \in f^{-1}(A' \cup B')$$
から従う. □

問 1.8 写像 $f: \mathbb{R} \longrightarrow \mathbb{R}$ および集合 A, B で $f(A) \cap f(B) \neq f(A \cap B)$ となるような例をあげよ.

定義 1.1 任意の $y \in Y$ に対して $f(x) = y$ となる $x \in X$ が存在するとき f は**全射** (surjection) であるという[14]. この条件は $f(X) = Y$ と表せる.

定義 1.2 $x_1 \neq x_2$ となる任意の $x_1, x_2 \in X$ に対して $f(x_1) \neq f(x_2)$ となるとき f は**単射** (injection) [15]であるという.

f が単射であることは, 次の条件と同値である.
$$\ulcorner x_1, x_2 \in X, f(x_1) = f(x_2) \implies x_1 = x_2 \lrcorner$$

定義 1.3 全射かつ単射であるような写像を**全単射** (bijection) という.

---

[14] 全射は上への写像 (onto map) ということもある.
[15] 単射を, 1 対 1 写像 (one-to-one map) ということもある.

問 1.9 $X = (0, 1), Y = [0, \infty)$ とおくとき，全射 $f : X \longrightarrow Y$ を作れ．

問 1.10 X, Y を有限集合とし，$\sharp(X) = m \leq \sharp(Y) = n$ と仮定する．このとき X から Y への単射はいくつあるか，考察せよ．

例 1.5 座標幾何の分野で回転移動や対称移動という重要な写像がある．座標平面 $X = \mathbb{R}^2$ を用意する．ここでは X の点の成分を縦ベクトルで表示して[16]，点を

$$x = \begin{pmatrix} x_1 \\ x_2 \end{pmatrix} \in X$$

としておく．θ を実数として行列を用いた写像を

$$T_\theta(x) = \begin{pmatrix} \cos\theta & -\sin\theta \\ \sin\theta & \cos\theta \end{pmatrix} \begin{pmatrix} x_1 \\ x_2 \end{pmatrix}$$

と定める．このとき $T_\theta : X \longrightarrow X$ は線形写像となる．これは幾何的には原点中心の**回転移動**を表す．次に

$$S_\theta(x) = \begin{pmatrix} \cos\theta & \sin\theta \\ \sin\theta & -\cos\theta \end{pmatrix} \begin{pmatrix} x_1 \\ x_2 \end{pmatrix}$$

を定めると，これは幾何的には直線 $x_2 \cos(\theta/2) = x_1 \sin(\theta/2)$ に関する**対称移動**を表す線形写像 $S_\theta : X \longrightarrow X$ である．

問 1.11 T_θ は回転移動，S_θ は対称移動であることを確かめよ．

線形写像でない写像の例をあげよう．

例 1.6 $X = \mathbb{R}^2$ とおく．$x = (x_1, x_2) \in X$ に対して

$$G(x) = (x_1^2 - x_2^2, 2x_1 x_2)$$

---

[16] 点の座標成分を横ベクトルで表示しても縦ベクトルで表示しても本質的に同じである．状況毎で記述の便利さ等によって使い分けている．行列を用いて写像を作るときは左からの作用にしたほうが自然なので縦ベクトルを用いる．

とおき写像 $G : X \longrightarrow X$ を定める. この写像を理解するため $x_1 = r\cos\theta$, $x_2 = r\sin\theta$ として

$$G(x) = (r^2(\cos^2\theta - \sin^2\theta), 2r^2\cos\theta\sin\theta) = (r^2\cos(2\theta), r^2\sin(2\theta))$$

となる. G は $x \in X$ を原点からの距離は $|x|$ の 2 乗で x_1 軸との角度 (偏角) が x の場合の 2 倍の点に移動する. $\mathbb{R}^2$ は $\mathbb{C}$ と同一視できるので, この写像を複素平面 $\mathbb{C}$ に移し替えてみると (付録 A.3 節複素数の項を参照), 簡単な計算から, 写像 $\widetilde{G} : \mathbb{C} \ni z \longrightarrow z^2 \in \mathbb{C}$ に対応することがわかる. ちなみに例 1.5 の回転移動は $\mathbb{C}$ で考えた場合 $\widetilde{T}_\theta(z) = e^{\theta i}z$ に対応する.

問 1.12 上の例で与えた $X = \mathbb{R}^2$ における変換 G で次の集合 A, B, C の像 $G(A), G(B), G(C)$ を求め, 概形を図示せよ.

$$A = \{(x_1, x_2) \in X \mid x_1^2 + x_2^2 = 1\}, \quad B = \{(x_1, x_2) \in X \mid x_1 = 1\}$$
$$C = \{(x_1, x_2) \in X \mid (x_1 - 1)^2 + x_2^2 = 4\}$$

合成写像

X, Y, Z を集合とし, 2 つの写像 $f : X \longrightarrow Y$, $g : Y \longrightarrow Z$ があるとする. このとき $x \in X$ に $g(f(x)) \in Z$ を対応させる写像を考えることができる. これを $g \circ f$ と書き f, g の**合成写像**とよぶ.

命題 1.11 上の状況で f, g がともに単射ならば $g \circ f$ は単射である. また, f, g がともに全射ならば $g \circ f$ は全射である.

証明 f, g がともに単射とする. もし $(g \circ f)(x) = (g \circ f)(y)$ ならば定義より $g(f(x)) = g(f(y))$ で g が単射より $f(x) = f(y)$ となる. よって f が単射だから $x = y$ となり, $g \circ f$ が単射となった. f, g がともに全射とする. 任意の $z \in Z$ に対して g が全射だから $g(w) = z$ となる $w \in Y$ が存在する. 次に f が全射だから $f(x) = w$ となる $x \in X$ が存在する. よって $(g \circ f)(x) = z$ となり, $g \circ f$ が全射となった. □

注意 1.2 これより全単射の合成は全単射になることがわかる.

例 1.7　2次元空間で考えた回転移動を組み合わせて3次元空間での写像を考える．$X = \mathbb{R}^3$ を用意する．X の要素は縦ベクトルで表すことにする．θ, φ を実定数として，写像 $R_{(\theta,\varphi)}: X \longrightarrow X$ を次のように定める．

$$R_{(\theta,\varphi)}(x) = A(\theta,\varphi)x \quad (x \in X)$$

$$A(\theta,\varphi) = \begin{pmatrix} \cos\theta & -\sin\theta & 0 \\ \sin\theta & \cos\theta & 0 \\ 0 & 0 & 1 \end{pmatrix} \begin{pmatrix} 1 & 0 & 0 \\ 0 & \cos\varphi & -\sin\varphi \\ 0 & \sin\varphi & \cos\varphi \end{pmatrix}, \quad x = \begin{pmatrix} x_1 \\ x_2 \\ x_3 \end{pmatrix}$$

$R_{(\theta,\varphi)}$ は x_3 軸に関する θ 回転と x_1 軸に関する φ 回転の合成である．

問 1.13　上で与えた写像 $R_{(\theta,\varphi)}: X \longrightarrow X$ はベクトル

$$\boldsymbol{a} = ((1-\cos\varphi)\sin\theta, (1-\cos\varphi)(1-\cos\theta), \sin\varphi(1-\cos\theta))^T$$

に対し $R_{(\theta,\varphi)}(\boldsymbol{a}) = \boldsymbol{a}$ を満たすことを示せ．ベクトルの右肩の T は転置を表す．実は $R_{(\theta,\varphi)}$ は原点を通り方向ベクトル $\boldsymbol{a}$ を軸とする回転移動になる．

変換と反復合成写像

始集合と終集合が一致する写像，すなわち $f: X \longrightarrow X$ を**変換**という．この場合に f を自分自身 f と合成して X での新たな変換 $f \circ f: X \longrightarrow X$ を作ることができる．さらに f を合成して $f \circ (f \circ f)$ を作ることができる．帰納的に f を m 回反復して合成したもの $f^m = f \circ f \circ \cdots \circ f$ を考えることができる[17]．各 x に対して，それ自身 x を対応させる写像は明らかに X から X への全単射である．これを**恒等写像**または，**恒等変換**とよぶ．これを記号で id_X と記す．

逆写像

全単射 $f: X \longrightarrow Y$ があるとする．各 $y \in Y$ に対して $f(x) = y$ を満たす $x \in X$ が一意に定まる．この y から x への対応を写像とみなすことができる．これを f の**逆写像**といい，f^{-1} と書く．すなわち $f^{-1}: Y \longrightarrow X$ となる．

---

[17]　f^m を m 回反復合成写像という．この考えは不動点定理に応用される．またこのような反復写像の大域的構造を調べることが力学系理論の課題となる．

命題 1.12 全単射 $f: X \longrightarrow Y$ に対して, 次が成立する.
$$(f \circ f^{-1})(y) = y \quad (y \in Y), \quad (f^{-1} \circ f)(x) = x \quad (x \in X)$$

証明 1番目の式を示す. $y \in Y$ に対して $x = f^{-1}(y)$ とおく. このとき $f(x) = y$ が成り立つ. よって $y = f(x) = f(f^{-1}(y))$. 2番目を示す. $x \in X$ に対して $f(x) = y$ とおく. $z = f^{-1}(y)$ とすると, 単射の条件より, この $z \in X$ は $f(z) = y$ となる唯一のものだから x である. よって $x = z = f^{-1}(f(x))$. □

注意 1.3 逆像は終集合の部分集合に対し, いつも定義できる. 一方, 逆写像は全単射に対してのみ定まることに注意する. 似た用語なので正確に定義をおさえておくことが必要である.

写像の制限

写像 $f: X \longrightarrow Y$ に対して, X の部分集合 A をとって f の A への制限を考えることができる. これは $x \in A$ に対して $f(x) \in Y$ を対応させる写像である. これを $f_{|A}$ と表す. すなわち $f_{|A}: A \longrightarrow Y$ となる.

集合の集合ベキ

集合 X, Y に対して
$$Y^X := X \text{ から } Y \text{ への写像の全体}$$
とおく[18]. たとえば, $\mathbb{R}$ 上の実数値関数の全体というものをあえてこの方式で表すと $\mathbb{R}^{\mathbb{R}}$ となる. また, 実数列 $\{a_m\}_{m=1}^{\infty}$ は $\mathbb{N}$ から $\mathbb{R}$ への写像とみなせる. よって実数列の全体は $\mathbb{R}^{\mathbb{N}}$ となる.

2つの要素からなる集合 $Y = \{0, 1\}$ の場合を考え, $f \in \{0, 1\}^X$ をとる. f に対して, 集合
$$T(f) = \{x \in X \mid f(x) = 1\}$$
は X の部分集合である. すなわち $T(f) \in 2^X$ である. 異なる f には異なる

---

[18] この記号は頻繁には使用されないがいちおう述べておく.

$T(f)$ が対応する. また, 任意の $A \in 2^X$ に対して

$$f_A(x) = \begin{cases} 1 & (x \in A) \\ 0 & (x \in A^c) \end{cases}$$

を定めると $f_A \in \{0,1\}^X$ となり, $T(f_A) = A$ である. 以上の議論から写像

$$T : \{0,1\}^X \longrightarrow 2^X$$

は全単射になる. このことから X の部分集合の全体と $\{0,1\}^X$ はきちんと対応し, 本質的には同じであることになる. この見方自体しばしば利用されるので重要である. ひとつのものを 2 通りに見ることは数学でよく行われる[19]).

1.5 列, 点列, 部分列

X を集合とする. 番号付けられた X の要素の列 $a_1, a_2, a_3, \cdots, a_m, \cdots$ を X の点列あるいは単に列という. これを $\{a_m\}_{m=1}^{\infty}$ とも書く[20]) X が $\mathbb{R}$ (または $\mathbb{C}$) の場合は数列という[21]). ここでは番号付けられていることが重要である. したがって要素を並べ替えたものは (番号付けが変化してしまうので) 別の列とみなされる. 多くの要素をひとまとめにして扱う点で集合と似ているが, 異なった概念である. また a_m たちのなかに同じものが現れてもよい. この点でも集合の概念とは異なる. むしろ点列を $\mathbb{N}$ から X への写像とみなすほうが自然かもしれない. 番号の集合である $\mathbb{N}$ は添字集合である. 添字集合は別のもので考えることもある (1 から始まっていなくてもよい).

$\{a_m\}_{m=1}^{\infty}$ が与えられたとして, 自然数の狭義単調増加列

$$m(1) < m(2) < m(3) < \cdots < m(p) < \cdots$$

---

[19]) 他に, 必要に応じて視点や重心を移動する, 姿勢を正す, など. 頭は柔らかく使いたい.

[20]) 列を $\{a(m)\}_{m=1}^{\infty}$ という書き方をする場合もある. これは列を $\mathbb{N}$ から X への写像とみなせば不思議ではない.

[21]) X が関数の集合の場合は関数列, 集合族の場合は集合列などという. 行列たちからなる列の場合に行列列というかどうかは知らない.

をとって X の点列

$$a_{m(1)}, a_{m(2)}, a_{m(3)}, \cdots, a_{m(p)}, \cdots$$

を作ることができる[22]．これをもとの列の**部分列**という．またこの操作を**部分列をとる**[23]という．これは $\{a_{m(p)}\}_{p=1}^{\infty}$ とも書く．部分列の作り方はいろいろあり，その時の議論の目的や目標に従って作られる．

例 1.8 $X = \mathbb{R}$ で数列 $a_m = (-1)^m + (1/m)$ の場合を考えてみる．少し観察すると $m \to \infty$ のとき偶数項が 1 に近づき，奇数項が -1 に近づく．もとの数列 $\{a_m\}_{m=1}^{\infty}$ は収束しないが，部分列を適当に選べば収束している．一般に実数列が有界ならば，適当に部分列を選んで収束させることができる (2.5 節の点列コンパクトと付録 A.2 節参照)．

1.6 帰納的な論法，証明，定義

本節では，集合や位相空間の議論や証明でよく用いられる帰納的な論法について説明する．典型的な例をあげて使い方を学ぶ．

数列の漸化式

数列の与え方は幾通りかある．その中で**漸化式**の形で与えられる方法が一番よく用いられる．これは法則を与えて数列をひとつに規定する方法で，記述も単純になる．例をあげる．数列 $\{a_m\}_{m=1}^{\infty}$ を次の式で与えることを考える．

$$a_1 = 2, \quad a_{m+1} = (a_m/2) + (1/a_m) \quad (m \geqq 1)$$

初期値 a_1 を与え，そのあと $m = 1, m = 2, m = 3, \cdots$ とあてはめていけば 1 歩 1 歩と段階を踏んで a_m が定まってゆく．命題の証明や数学的対象の構成において，"将棋倒し[24]" のように段階を踏んで議論を進めて行く方法を**帰納**

---

[22] 自然数の列 $m(1) < m(2) < m(3) < \cdots$ は $m_1 < m_2 < m_3 < \cdots$ と記述する場合もある．使い分けに関しては，それを後で使用する時の式の見やすさで考えていることが多い．

[23] 部分列を選ぶともいう．

[24] ドミノ倒しともいう．

法あるいは**帰納的な手順**という.

上の数列の挙動の特徴を数学的帰納法で示す. すべての自然数 m について条件
$$P(m): \sqrt{2} \leqq a_{m+1} \leqq a_m \leqq 2$$
が成立することを示す.

（Ⅰ） $m=1$ のとき $a_2 = 2/2 + 1/2 = 3/2$ より $\sqrt{2} \leqq 3/2 = a_2 \leqq 2 = a_1$ となり条件 $P(1)$ が成立している.

（Ⅱ） $m=k$ として条件 $P(k)$ が成立と仮定する. すなわち
$$\sqrt{2} \leqq a_{k+1} \leqq a_k \leqq 2$$
とする. $m=k+1$ の場合 $P(k+1)$ を調べる.

$$a_{k+2} - \sqrt{2} = \frac{a_{k+1}}{2} + \frac{1}{a_{k+1}} - \sqrt{2} = \frac{a_{k+1}^2 + 2 - 2\sqrt{2}\,a_{k+1}}{2a_{k+1}}$$
$$= \frac{(a_{k+1} - \sqrt{2})^2}{2a_{k+1}} \geqq 0,$$
$$2 - a_{k+1} = 2 - \frac{a_k}{2} - \frac{1}{a_k} = \frac{4a_k - a_k^2 - 2}{2a_k}$$
$$= \frac{(2 + \sqrt{2} - a_k)(a_k + \sqrt{2} - 2)}{2a_k} > 0,$$
$$a_{k+1} - a_{k+2} = a_{k+1} - \frac{a_{k+1}}{2} - \frac{1}{a_{k+1}} = \frac{a_{k+1}^2 - 2}{2a_{k+1}} \geqq 0$$

となり条件 $P(k+1)$ が成立することがわかった.

(Ⅰ), (Ⅱ) の 2 つを組み合わせることにより, すべての $m \geqq 1$ について条件 $P(m)$ が成立する.

以上の数学的帰納法の証明を一般的に公式化する. 自然数 $m \in \mathbb{N}$ に依存する条件 $P(m)$ の証明の過程は次のようになる.

（Ⅰ） 条件 $P(1)$ が成立する.

（Ⅱ） もし条件 $P(k)$ が成立すれば条件 $P(k+1)$ が成立する.

以上の (Ⅰ), (Ⅱ) が示されれば, すべての $m \in \mathbb{N}$ について $P(m)$ が結論できる.

問 1.14 上で与えられた数列 $\{a_m\}_{m=1}^{\infty}$ の極限が $\sqrt{2}$ であることを示せ.

問 1.15 $\alpha \geqq 0, \beta \geqq 0$ とする. 非負値の実数列 $\{\sigma_m\}_{m=1}^\infty$ が

$$\sigma_{m+1} \leqq \alpha + \beta \sum_{\ell=1}^m \sigma_\ell \quad (m \geqq 1)$$

を満たすなら $0 \leqq \sigma_m \leqq \max(\sigma_1, \alpha)(1+\beta)^{m-1} \ (m \geqq 1)$ であることを示せ.

Max, Min 関数の帰納的定義

実数 a, b の小さくない方を $\max(a, b)$ と書き a, b の最大値という. 大きくない方を $\min(a, b)$ と書き a, b の最小値という. 実数を要素にもつ有限集合 $A = \{a_1, a_2, \cdots, a_m\}$ について $\max A, \min A$ を定める手順を考える. 要素が 2 つの場合は

$$\max(a,b) = \begin{cases} a & (a \geqq b \text{ のとき}) \\ b & (a < b \text{ のとき}) \end{cases}, \quad \min(a,b) = \begin{cases} b & (a \geqq b \text{ のとき}) \\ a & (a < b \text{ のとき}) \end{cases}$$

と記述される. 一般の n 個 $(n \geqq 3)$ の場合は $n = 2$ の場合を利用しながら, 帰納的に

$$\max(a_1, a_2, \cdots, a_n) := \max(\max(a_1, a_2, \cdots, a_{n-1}), a_n)$$

が定まる. 最小値の場合は次のように定義する.

$$\min(a_1, a_2, \cdots, a_n) := \min(\min(a_1, a_2, \cdots, a_{n-1}), a_n)$$

実数の 2 進展開

実数は整数部分と小数部分の和に次の仕方で一意的に表せる.

$$x = z + y \quad (z \in \mathbb{Z}, y \in [0, 1))$$

整数の 2 進展開はすでに学んでいるであろう. 実際, たとえば 13 は

$$13 = 1 \cdot 2^3 + 1 \cdot 2^2 + 0 \cdot 2^1 + 1 \cdot 2^0 = 1101 \quad (2 \text{ 進})$$

という具合に 2 進の表現に書き換えられる. 一般に非負整数 z に対し, それは一意的に

$$z = A_p \cdot 2^p + A_{p-1} \cdot 2^{p-1} + \cdots + A_1 \cdot 2^1 + A_0 \cdot 2^0$$

$$(A_0, A_1, \cdots, A_{p-1}, A_p \in \{0,1\}, A_p = 1)$$

と表される．これは単純に

$$A_p A_{p-1} A_{p-2} \cdots A_1 A_0 \quad (2 \text{進})$$

とも表現できる．これが非負整数の 2 進展開である．

以下で，小数部分を論じる．実数 y を $0 \leqq y < 1$ なるものとして，これを以下の手順で 2 進展開する．

第 1 段：$y \in [0,1) = [0,1/2) \cup [1/2, 1/2^0)$ である．場合に分けて a_1 を定める．

$$a_1 = \begin{cases} 0 & y \in [0, 1/2) \text{ のとき} \\ 1 & y \in [1/2, 1/2^0) \text{ のとき} \end{cases}$$

とおく．いずれの場合も $y - (a_1/2^1) \in [0, 1/2)$ となる．

第 2 段：$y - (a_1/2) \in [0, 1/2) = [0, 1/2^2) \cup [1/2^2, 1/2^1)$ である．

$$a_2 = \begin{cases} 0 & y - (a_1/2) \in [0, 1/2^2) \text{ のとき} \\ 1 & y - (a_1/2) \in [1/2^2, 1/2^1) \text{ のとき} \end{cases}$$

とおく．いずれの場合も $y - (a_1/2) - (a_2/2^2) \in [0, 1/2^2)$ となる．

第 3 段：$y - (a_1/2) - (a_2/2^2) \in [0, 1/2^2) = [0, 1/2^3) \cup [1/2^3, 1/2^2)$ である．

$$a_3 = \begin{cases} 0 & y - (a_1/2) - (a_2/2^2) \in [0, 1/2^3) \text{ のとき} \\ 1 & y - (a_1/2) - (a_2/2^2) \in [1/2^3, 1/2^2) \text{ のとき} \end{cases}$$

とおく．いずれの場合も $y - (a_1/2) - (a_2/2^2) - (a_3/2^3) \in [0, 1/2^3)$ となる．

この手順を第 m 段まで続けて $a_1, \cdots, a_m \in \{0, 1\}$ を定める．このとき

$$y - \sum_{k=1}^{r} \frac{a_k}{2^k} \in \left[0, \frac{1}{2^r}\right) \quad (1 \leqq r \leqq m)$$

が成立する. m は任意の番号だから数列 $\{a_m\}_{m=1}^\infty$ が定まる.

これより
$$y - \frac{1}{2^m} < \sum_{k=1}^{m} \frac{a_k}{2^k} \leqq y$$

となる. $m \to \infty$ の極限をとり, 無限級数の収束を示すことができる. これより y は無限級数の展開式

$$y = \frac{a_1}{2} + \frac{a_2}{2^2} + \frac{a_3}{2^3} + \cdots + \frac{a_m}{2^m} + \cdots \quad (a_j \in \{0,1\}, j \in \mathbb{N})$$

をもつ[25]. $y \in I = [0,1)$ に対して, $\{a_m\}_{m=1}^\infty \in J = \{0,1\}^\mathbb{N}$ を対応させて I から J への写像 Φ を作ることができる.

問 1.16 写像 $\Phi: I \longrightarrow J$ は単射となるか, また, 全射となるか, 考察せよ.

1.7 可算, 非可算

集合のうち要素の個数が有限のものを**有限集合**とよび, そうでない集合を**無限集合**とよぶ. 有限集合は要素の個数が非負整数であるため集合の大きさを明確化できる. 以下, 有限集合 X に対して要素の個数を $\sharp(X)$ で表す. 一方, 無限集合の場合は有限の場合と異なって個数を数値で表せないため同じように考えることができない (集合の大小を数値で区別できない). そのために無限集合については集合の濃度の概念が導入される. これについては第3章で扱うが, 本章では可算集合 (あるいは可付番集合) というものについてのみ述べる. 集合のうち自然数の番号付けができるものを可算集合という. すなわち要素に1番, 2番, 3番, 4番, ⋯ と番号付けをして全部を尽くせるような集合ということである. 自然数の全体 $\mathbb{N}$ は当然ながら可算集合である. 数学的に正確に表現すると次の通りである.

定義 1.4 集合 X で, 自然数全体 $\mathbb{N}$ から全単射 $f: \mathbb{N} \longrightarrow X$ を作ることができるものを**可算無限集合**という. 有限または可算無限の集合を**可算集合**という. 可算集合でない集合を**非可算集合**という.

---

[25] これを $y = 0.a_1 a_2 \cdots a_m \cdots$ (2進) とも表す.

例 1.9 正の奇数全体 $\mathbb{N}_o$, 正の偶数全体 $\mathbb{N}_e$ はそれぞれ可算無限集合である. なぜなら $\phi(n) = 2n - 1$, $\psi(n) = 2n$ $(n \in \mathbb{N})$ とおけば, それぞれ全単射

$$\phi : \mathbb{N} \longrightarrow \mathbb{N}_o, \quad \psi : \mathbb{N} \longrightarrow \mathbb{N}_e$$

となるからである.

例 1.10 直積集合 $\mathbb{N}^2 = \mathbb{N} \times \mathbb{N}$ は可算無限集合である. $\mathbb{N} \times \mathbb{N}$ の要素を図 1.6 の (無限に階のある) ピラミッドのように行別に並べて頂上から順に番号付けて行くことで $\mathbb{N}$ と対応付ける.

```
        1                                    (1,1)
       2, 3                  φ              (1,2), (2,1)
      4, 5, 6               ⟶             (1,3), (2,2), (3,1)
    7, 8, 9, 10                            (1,4), (2,3), (3,2), (4,1)
    ………  ………                              ………  ………  ………
 …… ($X_k$ の要素) ……                   (1,k), (2,k-1), ……, (k-1,2), (k,1)
```

図 1.6 $\mathbb{N}$ と $\mathbb{N} \times \mathbb{N}$ の対応

行毎に注目して写像を数式で記述することを考える. まず $\mathbb{N}$ を互いに交わらない部分集合に分ける. 分け方は上図の行の区別に対応している.

$$\mathbb{N} = \bigcup_{k=1}^{\infty} X_k, \quad X_k = \left\{ n \in \mathbb{N} \,\middle|\, \frac{(k-1)k}{2} < n \leqq \frac{k(k+1)}{2} \right\}$$

k は自然数値をとるパラメータである. 各 X_k 毎に,

$$\varphi(n) = \left(n - \frac{(k-1)k}{2}, \frac{k^2 + k + 2}{2} - n \right) \quad (n \in X_k)$$

と定める. これによって全単射 $\varphi : \mathbb{N} \longrightarrow \mathbb{N} \times \mathbb{N}$ が得られる.

問 1.17 全単射 $\varphi : \mathbb{N} \longrightarrow \mathbb{Z}$ を作れ.

命題 1.13 ベキ集合 $2^{\mathbb{N}}$ は非可算集合である.

証明 背理法で証明する．$2^\mathbb{N}$ は可算集合であると仮定する．これが有限集合でないことは明らかだから可算無限集合となる．よって全単射 $\varphi: \mathbb{N} \longrightarrow 2^\mathbb{N}$ が存在することになる．さて集合 $A = \{n \in \mathbb{N} \mid n \notin \varphi(n)\}$ を定義する．これは $\mathbb{N}$ の部分集合なので $A \in 2^\mathbb{N}$ となる．したがって φ が全単射であることから，ある $m \in \mathbb{N}$ が一意的に存在して $\varphi(m) = A$ となる．ここで，この自然数 m について考える．

（ⅰ）もし $m \in A$ ならば A の条件より $m \notin \varphi(m)$．一方 A 自身は $\varphi(m)$ だから $m \in \varphi(m)$ となり矛盾．

（ⅱ）もし $m \notin A$ ならば A の条件より $m \in \varphi(m)$．一方 A 自身は $\varphi(m)$ だから $m \notin \varphi(m)$ となり矛盾．

いずれにしても矛盾が生じる．全単射 φ の非存在が示された． □

また次のことも示すことができる．

命題 1.14 実数全体 $\mathbb{R}$ は非可算集合である．

証明は 3.3 節 (集合の濃度) において与えられる．

以上のことより無限集合であっても無限の度合いは 1 通りではないことが実例で示された．このことが集合の濃度という概念が必要になる理由である．

1.8 選択公理について

我々は集合における列や集合族など無限の数学的対象を扱ったり論じたりしているが，その際に背後では頻繁に選択公理というものを用いている．次のような議論を考えよう．空でない集合の無限列 $X_1, X_2, \cdots, X_m, \cdots$ があったとする．各自然数 m に対して X_m から元 x_m を選択して取り出す．変数 m は任意の自然数を取り得るから，これによって列 $\{x_m\}_{m=1}^\infty$ が抽出される．位相空間論 (様々な解析学等の諸分野) では，このような議論をよく行うがこれは必ずしも自明なことではない．実際に "このことをしても良い" という規則を認めた数学分野において議論をしているのである．このような規則は**選択公理**とよばれる．たとえば，数列を構成する際や解析の分野で関数列を作るような

際には厳密には選択公理が使われている．ただし，その都度 "選択公理を適用して" と理由を断ることはほとんどない．本書でも距離空間の議論で帰納的に (無限) 列を取り出すことを頻繁に行うが，このような際も同様である．無限を相手に存在を議論する際に選択公理によっていることは意識しておく必要がある．ここで，選択公理を記述しておこう (第 3 章で詳述する)．

選択公理：$\mathcal{X}$ を空でない集合からなる族とする．このとき写像

$$f : \mathcal{X} \longrightarrow S := \bigcup_{X \in \mathcal{X}} X$$

であって $f(X) \in X$ $(X \in \mathcal{X})$ となるものがある．この f を **選択関数** という．

このように記述すると漠然として何を言わんとしているか判然としないが，要は，各集合 $X \in \mathcal{X}$ から適当に要素を抽出する操作 f を認めているにすぎない．よって，我々はこれを自然に受け入れられるであろう．選択公理は，直積集合を定める際にも関連する．空でない集合の列 $X_1, X_2, \cdots, X_m, \cdots$ に対し

$$\prod_{m=1}^{\infty} X_m = \{(x_1, x_2, \cdots, x_m, \cdots) \mid x_k \in X_k \ (k \geqq 1)\}$$

を考えると，この直積集合は上の選択公理で $\mathcal{X} = \{X_m \mid m \geqq 1\}$ とした場合の選択関数の全体とみなすことができる．これを直積集合の定義にしてもよい．

1.9 章末問題

問題 1.1 集合 A, B に対して，次の同値関係を示せ．

$$A \cap B = A \Longleftrightarrow A \subset B, \quad A \cup B = A \Longleftrightarrow B \subset A$$

問題 1.2 $A_1, B_1 \subset X, A_2, B_2 \subset Y$ のとき，以下の等式を示せ．

$$(A_1 \cap B_1) \times (A_2 \cap B_2) = (A_1 \times A_2) \cap (B_1 \times B_2)$$

また $(A_1 \cup B_1) \times (A_2 \cup B_2)$ はどうなるか考察せよ．

問題 1.3 与えられた集合 A, B に対して 全単射 $f : A \longrightarrow B$ の例を作れ．
(1) $A = \mathbb{Z}, B = \mathbb{N}$, (2) $A = \mathbb{R}, B = (0, \infty)$

問題 1.4 次の各条件の否定を述べよ.

P: 『どの国にも身長 170 センチ以下のバスケットボールの選手はいない』
Q: 『地球上のすべての人には, 日本人あるいは中国人の友達がいる』
R: 『すべての学生は勉強しないと卒業できない』
S: 『ある日本人は元旦におせち料理またはラーメンを食べる』

問題 1.5 写像 $f : X \longrightarrow Y$ および集合 $A \subset X, B \subset X$ があるとする. もし f が単射ならば $f(A \cap B) = f(A) \cap f(B)$ が成立することを示せ.

問題 1.6 A, B, C を集合とし, 写像 $f : A \longrightarrow B, g : B \longrightarrow C$ が与えられているとする. このとき次を示せ.
（i） $g \circ f : A \longrightarrow C$ が全射ならば g が全射となることを示せ.
（ii） $g \circ f : A \longrightarrow C$ が単射ならば f が単射となることを示せ.

問題 1.7 $t \in \mathbb{R}$ として, 集合 $P, Q(t), R$ を次のように定める

$$P = \{(x_1, x_2) \in \mathbb{R}^2 \mid |x_1| + |x_2| < 1\}, R = \{(x_1, x_2) \in \mathbb{R}^2 \mid x_2 > -2\}$$
$$Q(t) = \{(x_1, x_2) \in \mathbb{R}^2 \mid (x_1 - t)^2 + x_2^2 < 4t^2\}.$$

このとき $P \subset Q(t) \subset R$ となるような t の条件を求めよ.

問題 1.8 A, B を有限集合とし, それぞれの要素の個数は m, n とする. このとき A から B への写像は全部でいくつあるか.

問題 1.9 写像 $f : X \longrightarrow Y, g : Y \longrightarrow X$ があり $f \circ g = \mathrm{id}_Y$ とする. ただし id_Y は Y における恒等写像, id_X は X における恒等写像とする. このとき (i) f が単射なら $g \circ f = \mathrm{id}_X$, また, (ii) g が全射なら $g \circ f = \mathrm{id}_X$ を示せ.

問題 1.10 X を集合とし A を部分集合とする. A に依存して決まる写像 $\Phi_A : X \longrightarrow E = \{0, 1\}$ を $\Phi_A(x) = 0$ $(x \in X \setminus A)$, $\Phi_A(x) = 1$ $(x \in A)$ と定める. これによって部分集合 A から $\Phi_A \in E^X$ への対応がつく. さて, 集合 A, B に対し $1 - \Phi_A, \Phi_A \Phi_B$ はそれぞれ E^X に属するが, どのような集合に対応するか. また $\Phi_{A \cup B}$ を Φ_A, Φ_B 用いて表せ.

問題 1.11 写像 $f : \mathbb{N} \longrightarrow \mathbb{N}$ は単射であると仮定する．このときに次のことが成立することを示せ．
『任意の $R \in \mathbb{N}$ に対し，ある番号 $N \in \mathbb{N}$ があって，$m \geqq N \Longrightarrow f(m) \geqq R$』

問題 1.12 写像 $f : \mathbb{N} \longrightarrow \mathbb{N}$ で次の条件を満たすものを作れ．
『任意の $m, n \in \mathbb{N}$ に対し，ある $p \in \mathbb{N}$ があって $f(p) = m, p \geqq n$』

問題 1.13 区間 $[0, 2]$ 上の関数を

$$f(x) = \begin{cases} 2x & (0 \leqq x \leqq 1) \\ 4 - 2x & (1 < x \leqq 2) \end{cases}$$

とするとき，関数 $f \circ f$, $f \circ (f \circ f)$ のグラフの概形を描け．

問題 1.14 実数列 $\{a_m\}_{m=1}^{\infty}$ を漸化式 $a_{m+1} = 2a_m/(1 + a_m^2)$ $(m \geqq 1)$, $a_1 = 1/2$ によって定める．このとき a_m は $m \to \infty$ のとき極限値をもつことを示せ．

問題 1.15 全単射 $f : [0, \infty) \longrightarrow (0, \infty)$ を作れ．

問題 1.16 n を自然数とする．$X = \{1, 2, 3, \cdots, n\}$ に対して，写像 $f : X \longrightarrow X$ で $f \circ f$ が恒等写像 id_X となるものを考える．f は全単射となることを示せ．n が偶数 $(n = 2m)$ のとき，このような f はいくつあるか？

問題 1.17 X を有限集合とする．写像 $f : X \longrightarrow X$ が全単射ならば，適当に自然数 m をとれば f^m が恒等写像となることを示せ．

問題 1.18 $\mathbb{Z}$ の部分集合の列 B_m $(m \in \mathbb{N})$ が $B_p \neq B_q$ (if $p \neq q$) をみたすならば $\bigcup_{m=1}^{\infty} B_m$ は無限集合であることを示せ．

問題 1.19 写像 $f : \mathbb{Q} \longrightarrow \mathbb{Q}$ は
$$f(1) = 1, \qquad f(x + y) = f(x) + f(y) \quad (x, y \in \mathbb{Q})$$
を満たすとする．このとき $f(x) = x$ $(x \in \mathbb{Q})$ を示せ．

第 2 章
距離空間と位相

　位相空間は，集合であって，その中に "遠い", "近い", "限りなく近づく" の意味や概念を与える位相の構造を備えた集合であるということができる．距離空間は，位相空間のうちの特別な場合であって，特に上にあげた意味や概念が明確である．本章では距離空間について定義やその性質や具体例を解説する．まず一番基本的な距離空間の場合であるユークリッド[1]空間 $\mathbb{R}^n$ について述べる．標準距離を定め，開集合や閉集合などの基本的用語や性質について基礎事項を述べてゆく．次にそれらを一般化して距離空間を導入し，基礎理論を展開する．不動点定理やアスコリ-アルツェラの定理などについても述べる．

2.1　準備

　ユークリッド空間 $\mathbb{R}^n$ の距離を定める準備として n 次元実ベクトルに対する内積とノルムを定める[2]．これによって空間に"長さ"や"角度"といった幾何的性質が付与される．それらに付随するシュワルツの不等式，三角不等式を復習する．

　定義 2.1 (内積，ノルム)　ベクトル $\boldsymbol{a} = (a_1, a_2, \cdots, a_n), \boldsymbol{b} = (b_1, b_2, \cdots, b_n)$ (成分は実数) に対して，$\boldsymbol{a}, \boldsymbol{b}$ の内積:

$$(\boldsymbol{a}, \boldsymbol{b}) := a_1 b_1 + a_2 b_2 + \cdots + a_n b_n$$

および $\boldsymbol{a}$ のノルム:

---

[1] Euclid (300 BC 頃) ギリシアの数学者. Father of Geometry といわれる.
[2] これらは線形代数で学ぶ基礎的事項である.

$$|\boldsymbol{a}| := (\boldsymbol{a}, \boldsymbol{a})^{1/2}$$

を定める．

まず内積の基本的な性質として，次の等式が成立する．

命題 2.1 実数 α, α' とベクトル $\boldsymbol{a}, \boldsymbol{a}', \boldsymbol{b}$ に対して次の等式が成立する．

$$(\alpha\boldsymbol{a} + \alpha'\boldsymbol{a}', \boldsymbol{b}) = \alpha(\boldsymbol{a}, \boldsymbol{b}) + \alpha'(\boldsymbol{a}', \boldsymbol{b}), \quad (\boldsymbol{a}, \boldsymbol{b}) = (\boldsymbol{b}, \boldsymbol{a})$$

証明 この等式は，直接左辺を計算して右辺に変形することで示される．□

定理 2.1 ベクトル $\boldsymbol{a}, \boldsymbol{b}$ に対して次の不等式が成立する．

$$|(\boldsymbol{a}, \boldsymbol{b})| \leqq |\boldsymbol{a}|\,|\boldsymbol{b}| \quad (シュワルツの不等式)$$
$$|\boldsymbol{a} + \boldsymbol{b}| \leqq |\boldsymbol{a}| + |\boldsymbol{b}| \quad (三角不等式)$$

証明 まず単純な式変形を行う．

$$0 \leqq \sum_{i=1}^{n}\sum_{j=1}^{n}(a_i b_j - a_j b_i)^2 = \sum_{i=1}^{n}\sum_{j=1}^{n}(a_i^2 b_j^2 - 2a_i a_j b_i b_j + a_j^2 b_i^2)$$
$$= \left(\sum_{i=1}^{n} a_i^2\right)\left(\sum_{j=1}^{n} b_j^2\right) - 2\left(\sum_{i=1}^{n} a_i b_i\right)\left(\sum_{j=1}^{n} a_j b_j\right) + \left(\sum_{j=1}^{n} a_j^2\right)\left(\sum_{i=1}^{n} b_i^2\right)$$
$$= |\boldsymbol{a}|^2|\boldsymbol{b}|^2 - 2(\boldsymbol{a}, \boldsymbol{b})^2 + |\boldsymbol{a}|^2|\boldsymbol{b}|^2$$

これらを整理して $(\boldsymbol{a}, \boldsymbol{b})^2 \leqq |\boldsymbol{a}|^2|\boldsymbol{b}|^2$ を得る．これからシュワルツ[3]の不等式が従う．次に内積の性質を用いて計算して

$$|\boldsymbol{a} + \boldsymbol{b}|^2 = (\boldsymbol{a} + \boldsymbol{b}, \boldsymbol{a} + \boldsymbol{b}) = (\boldsymbol{a}, \boldsymbol{a}) + 2(\boldsymbol{a}, \boldsymbol{b}) + (\boldsymbol{b}, \boldsymbol{b})$$

となり，シュワルツの不等式より右辺を評価して

$$上式の右辺 \leqq |\boldsymbol{a}|^2 + 2|\boldsymbol{a}|\,|\boldsymbol{b}| + |\boldsymbol{b}|^2 = (|\boldsymbol{a}| + |\boldsymbol{b}|)^2$$

となり，これから三角不等式が従う．□

---

[3] Karl Hermann Amandus Schwarz (1843-1921) 数学者．シュワルツの不等式はコーシー–シュワルツの不等式ともいわれる．

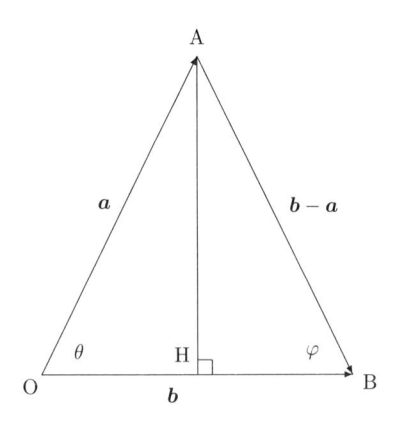

図 2.1　三角形 OAB

次に, 内積とベクトルのなす角度の関係をみる.

命題 2.2　ベクトル $\boldsymbol{a}, \boldsymbol{b}$ のなす角度を θ とするとき, 次の等式[4] を得る.

$$(\boldsymbol{a}, \boldsymbol{b}) = |\boldsymbol{a}|\,|\boldsymbol{b}| \cos \theta$$

証明　三角形 OAB において $\boldsymbol{a} = \overrightarrow{OA},\ \boldsymbol{b} = \overrightarrow{OB}$ とする.

$|\boldsymbol{a}| \cos \theta + |\boldsymbol{b} - \boldsymbol{a}| \cos \varphi = |\boldsymbol{b}|, \quad |\boldsymbol{a}| \sin \theta = |\boldsymbol{b} - \boldsymbol{a}| \sin \varphi$ （図 2.1 参照）

ここから $\cos^2 \varphi + \sin^2 \varphi = 1$ を用いて φ を消去することを考える.

$$(|\boldsymbol{a}| \cos \theta - |\boldsymbol{b}|)^2 = |\boldsymbol{b} - \boldsymbol{a}|^2 \cos^2 \varphi, \quad |\boldsymbol{a}|^2 \sin^2 \theta = |\boldsymbol{b} - \boldsymbol{a}|^2 \sin^2 \varphi$$

辺々を加えて $(|\boldsymbol{a}| \cos \theta - |\boldsymbol{b}|)^2 + |\boldsymbol{a}|^2 \sin^2 \theta = |\boldsymbol{b} - \boldsymbol{a}|^2$ これを計算して

$$|\boldsymbol{a}|^2 \cos^2 \theta - 2|\boldsymbol{a}|\,|\boldsymbol{b}| \cos \theta + |\boldsymbol{b}|^2 + |\boldsymbol{a}|^2 \sin^2 \theta = |\boldsymbol{b}|^2 - 2(\boldsymbol{b}, \boldsymbol{a}) + |\boldsymbol{a}|^2$$

$\cos^2 \theta + \sin^2 \theta = 1$ を用いて $(\boldsymbol{a}, \boldsymbol{b}) = |\boldsymbol{a}|\,|\boldsymbol{b}| \cos \theta$ を得る.　□

---

[4]　この等式を内積の定義として, 定義 2.1 の内積を導いてもよい.

2.2 ユークリッド空間, 距離, 位相

実数の集合 $\mathbb{R}$ の n 個の直積集合 $\mathbb{R}^n$ を考える. すなわち

$$\mathbb{R}^n := \{(x_1, x_2, \cdots, x_n) \mid x_j \in \mathbb{R} \ (1 \leqq j \leqq n)\}$$

とおく. $\mathbb{R}^n$ の 2 つの要素 $x = (x_1, \cdots, x_n), y = (y_1, \cdots, y_n)$ に対してベクトル $y - x$ のノルムを以下のように定める.

$$|y - x| = \sqrt{(y_1 - x_1)^2 + (y_2 - x_2)^2 + \cdots + (y_n - x_n)^2}$$

2 点 x, y の**距離**を $d(x, y) = |y - x|$ と定める. $\mathbb{R}^n$ を n 次元ユークリッド空間という. この距離はユークリッド空間の**標準距離**ともいわれる.

命題 2.3 (距離の性質[5])　上の d は次の性質を満たす.

(I)　$\begin{cases} d(x, y) \geqq 0 & (x, y \in \mathbb{R}^n) \\ d(x, y) = 0 \iff x = y \end{cases}$ 　　　　(正値性)

(II)　$d(x, y) = d(y, x) \quad (x, y \in \mathbb{R}^n)$ 　　　　(対称性)

(III)　$d(x, z) \leqq d(x, y) + d(y, z) \quad (x, y, z \in \mathbb{R}^n)$ 　(三角不等式)

証明　それぞれ定義から明らかである. 三角不等式はベクトルの三角不等式からすぐ従う. 　　□

これによってユークリッド空間の 2 点間の距離が定まる. また, 点列がある点に収束するということが明確に規定される. $\{x(m)\}_{m=1}^{\infty} \subset \mathbb{R}^n$ を点列とする. この列が $x \in \mathbb{R}^n$ に収束するとは $\lim_{m \to \infty} d(x(m), x) = 0$ となることである. 2 点が限りなく接近するとは, その距離がゼロに近づくということで定められる.

記号

点 x 中心の r 近傍を

$$B(x, r) := \{y \in \mathbb{R}^n \mid |x - y| < r\}$$

---

[5] 距離という概念を規定する基本的な条件で, 距離空間の理論ではこれが基本となる.

と定める．ただし $r > 0$ である．$B(x,r)$ の実体は $\mathbb{R}^n$ の球体である (境界は含まず)．$n = 1$ の場合，$B(x,r)$ は開区間 $(x-r, x+r)$ となる．

定義 2.2 (内点，触点)　$A \subset \mathbb{R}^n$ を集合とする．

(i)　$x \in \mathbb{R}^n$ が A の**内点**であるとは，ある $\delta > 0$ が存在して $B(x,\delta) \subset A$ となることである．A の内点の全体を A° と書き A の**内部**という．

(ii)　$x \in \mathbb{R}^n$ が A の**触点**であるとは，任意の $\varepsilon > 0$ に対し $B(x,\varepsilon) \cap A \neq \emptyset$ となることである．A の触点の全体を $\overline{A}$ と書き A の**閉包**という．

(iii)　$\partial A := \overline{A} \setminus A^\circ$ を A の**境界**という．∂A の点を**境界点**という．

注意 2.1　定義からどんな集合 A についても $A^\circ \subset A \subset \overline{A}$ となる．

命題 2.4　集合 $A, B \subset \mathbb{R}^n$ に対して，次が成立する．
$$\overline{(A^c)} = (A^\circ)^c, \quad (\overline{B})^c = (B^c)^\circ$$

証明 (i)　$x \in \overline{(A^c)}$ は，任意の $\varepsilon > 0$ に対して $B(x,\varepsilon) \cap (A^c) \neq \emptyset$ と同値である．この式は $B(x,\varepsilon) \not\subset A$ と同じ．したがって x は A の内点でないことと同値．このことは $x \in (A^\circ)^c$ と同値．前半の等式を得る．2 つ目の等式を示す．B に対して $B^c = A$ として A を定め，今示した等式に代入する．$A^c = B$ であるから $\overline{B} = ((B^c)^\circ)^c$ となり，補集合をとって結論の等式を得る． $\square$

例 2.1　$n = 1$ の場合で例を見てみよう．$X = \mathbb{R}$ で $a < b$ とする．$I_1 = (a,b)$, $I_2 = (a,b]$, $I_3 = [a,b)$, $I_4 = [a,b]$ は X の部分集合である．内点，触点を考えて
$$\overline{I_1} = \overline{I_2} = \overline{I_3} = \overline{I_4} = [a,b], \quad I_1^\circ = I_2^\circ = I_3^\circ = I_4^\circ = (a,b)$$
を得る．いずれの場合でも $\partial I_j = \{a,b\}$ $(1 \leqq j \leqq 4)$ となる．

例 2.2　$\mathbb{R}^2$ の部分集合 $A = \{(x_1, x_2) \in \mathbb{R}^2 \mid x_1^2 + x_2^2 < 1\}$ を考える．任意の $x = (x_1, x_2) \in A$ に対して $\delta = (1 - |x|)/2 > 0$ とおくと $B(x,\delta) \subset A$ となる．よって $A^\circ = A$ となる．

$$\overline{A} = \{(x_1, x_2) \in \mathbb{R}^2 \mid x_1^2 + x_2^2 \leqq 1\}, \quad \partial A = \{(x_1, x_2) \in \mathbb{R}^2 \mid x_1^2 + x_2^2 = 1\}$$

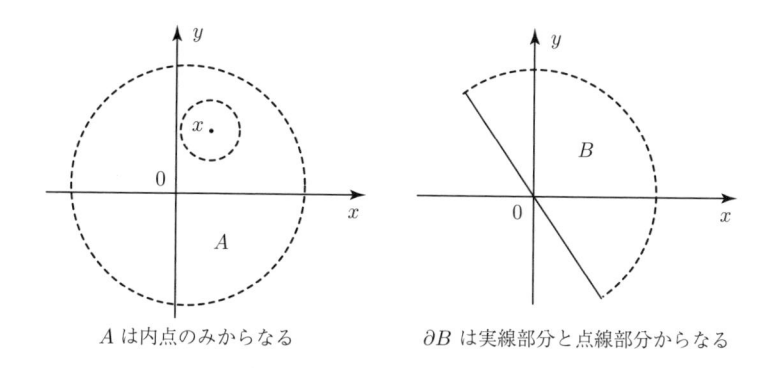

A は内点のみからなる　　∂B は実線部分と点線部分からなる

図 **2.2**　例 2.2 の A (左), 例 2.3 の B (右)

もう少し複雑な集合を考える.

例 2.3　$\mathbb{R}^2$ の部分集合 $B = \{(x_1, x_2) \in \mathbb{R}^2 \mid x_1^2 + x_2^2 < 1,\ x_1 + x_2 \geqq 0\}$ を考える. B の内部, 閉包, 境界は次の通り.

$$B^\circ = \{(x_1, x_2) \in \mathbb{R}^2 \mid x_1^2 + x_2^2 < 1,\ x_1 + x_2 > 0\}$$
$$\overline{B} = \{(x_1, x_2) \in \mathbb{R}^2 \mid x_1^2 + x_2^2 \leqq 1,\ x_1 + x_2 \geqq 0\}$$
$$\partial B = \{(x_1, x_2) \in \mathbb{R}^2 \mid x_1^2 + x_2^2 = 1, x_1 + x_2 \geqq 0\}$$
$$\cup \{(x_1, x_2) \in \mathbb{R}^2 \mid x_1^2 + x_2^2 \leqq 1,\ x_1 + x_2 = 0\}$$

∂B は半円の部分 (点線) と直径に相当する線分 (実線) からなる. このように複数の条件で集合が定まる場合は幾何的に理解する必要がある.

定義 2.3 (開集合, 閉集合) (i)　$\mathbb{R}^n$ の部分集合 A が**開集合**であるとは, 任意の $x \in A$ に対して, ある $\delta > 0$ が存在して $B(x, \delta) \subset A$ となることとする. $\varnothing$ は開集合であるとする.

(ii)　$\mathbb{R}^n$ の部分集合 B が**閉集合**であるとは, B の補集合 $B^c = \mathbb{R}^n \setminus B$ が開集合であることとする.

注意 2.2　$\varnothing, \mathbb{R}^n$ は開集合であり, かつ閉集合となる.

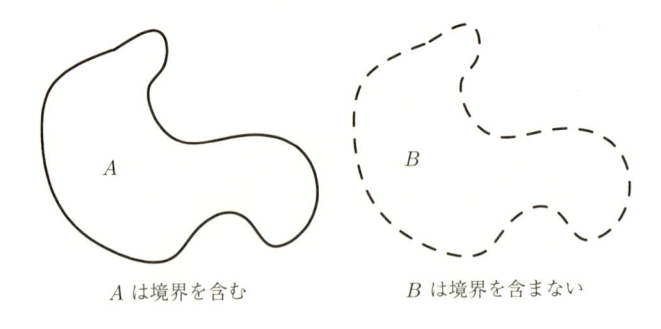

A は境界を含む　　B は境界を含まない

図 2.3　閉集合 (左) と開集合 (右) のイメージ

命題 2.5　$A, B \subset \mathbb{R}^n$ とする.
(ⅰ)　A が開集合であることと $A = A^\circ$ となること, は同値である.
(ⅱ)　B が閉集合であることと $B = \overline{B}$ となること, は同値である.

証明(ⅰ)　開集合の定義から自明である.
(ⅱ)　B の補集合に対し (i) を利用.

$$B^c : 開集合 \iff (B^c) = (B^c)^\circ \iff B^c = (\overline{B})^c \iff \overline{B} = B$$

となる. □

この命題から $A : 開 \iff A \cap \partial A = \varnothing$ であり, $B : 閉 \iff \partial B \subset B$ がいえる.

命題 2.6　任意の集合 $A \subset \mathbb{R}^n$ に対して

$$(A^\circ)^\circ = A^\circ, \quad \overline{(\overline{A})} = \overline{A}$$

となる. すなわち A° は開集合, $\overline{A}$ は閉集合となる.

証明　$(A^\circ)^\circ \subset A^\circ$ は自明である. 逆向きの包含を示す. 任意の $x \in A^\circ$ をとる. このとき, ある $\delta > 0$ が存在して $B(x, \delta) \subset A$ となる. さて x の $\delta/2$-近傍 $B(x, \delta/2)$ を考察する. 任意の $y \in B(x, \delta/2)$ に対して, $B(y, \delta/2) \subset B(x, \delta)$ となることに注意しよう. これによって $B(y, \delta/2) \subset A$ となり $y \in A^\circ$ となる. よって $B(x, \delta/2) \subset A^\circ$ となる. これは $x \in (A^\circ)^\circ$ を意味する. 議論全体

を見直して $A^\circ \subset (A^\circ)^\circ$ が従う．2番目の等式を示す．今示した等式の A のところに A^c を代入することで

$$((A^c)^\circ)^\circ = (A^c)^\circ \iff ((\overline{A})^c)^\circ = (\overline{A})^c \iff \overline{(\overline{A})^c} = (\overline{A})^c$$

最後の式の両辺で補集合を考えて命題の2番目の式を得る． □

例 2.4 $\overline{\mathbb{Q}^n} = \mathbb{R}^n$.

1.6 節で考えた実数の2進展開を利用する．2進展開を有限項で打ち切れば有理数であるから，有理数近似が可能となる点がポイントとなる．まず最初に $n=1$ の場合を考察する．$x \in \mathbb{R}$ に対し $x - [x] \in [0,1), [x] \in \mathbb{Z} \subset \mathbb{Q}$ であり，$a(1), a(2), \cdots, a(p), \cdots \in \{0,1\}$ があって

$$0 \leqq x - [x] - \frac{a(1)}{2^1} - \frac{a(2)}{2^2} - \cdots - \frac{a(p)}{2^p} < \frac{1}{2^p} \quad (p \geqq 1)$$

となるから

$$x(p) = [x] + \sum_{k=1}^{p}(a(k)/2^k) \in \mathbb{Q}$$

とおけば $|x - x(p)| < 1/2^p$ $(p \geqq 1)$ となる．よって，任意の $\varepsilon > 0$ に対して $1/2^p < \varepsilon$ となるように p をとればよい．これは $n=1$ の場合に $\overline{\mathbb{Q}} = \mathbb{R}$ を意味している．一般の n の場合を考察する．任意の $x = (x_1, \cdots, x_n) \in \mathbb{R}^n$ に対して成分毎に考え，上の1次元の場合を適用する．$x_\ell \in \mathbb{R}$ に対して，ある $a_\ell(1), a_\ell(2), \cdots, a_\ell(p), \cdots \in \{0,1\}$ があって

$$x_\ell(p) = [x_\ell] + \sum_{k=1}^{p}\frac{a_\ell(k)}{2^k} \in \mathbb{Q}, \quad |x_\ell(p) - x_\ell| < \frac{1}{2^p} \quad (p \geqq 1,\ 1 \leqq \ell \leqq n)$$

となる．任意の $\varepsilon > 0$ に対して $1/2^p < \varepsilon/\sqrt{n}$ となるように p をとれば

$$x(p) := (x_1(p), \cdots, x_n(p)), \quad |x(p) - x| < \varepsilon$$

を得る．すなわち $B(x,\varepsilon) \cap \mathbb{Q}^n \neq \emptyset$ が成立し $\overline{\mathbb{Q}^n} = \mathbb{R}^n$ が従う．

$\mathbb{R}^n$ の具体的な集合を扱う際に重要になる有界性と凸性を導入しておく．

定義 2.4 集合 $E \subset \mathbb{R}^n$ が**有界**であるとは，正の数 r があって $E \subset B(\mathbf{0}, r)$ とできることである．$B(\mathbf{0}, r)$ は原点 $\mathbf{0}$ の r 近傍である．

定義 2.5 $\mathbb{R}^n$ の部分集合 M が**凸集合**であるとは，次の条件が成立することである．
$$x, y \in M, \ 0 \leqq t \leqq 1 \implies (1-t)x + ty \in M$$

問 2.1 $M \subset \mathbb{R}^n$ が凸集合なら M° と $\overline{M}$ は凸集合になることを示せ．

2.3 一般の距離空間

前節で見たように，$\mathbb{R}^n$ には自然に幾何学的な距離が入っている．これを抽象化して一般の集合上の距離 d を導入する．

定義 2.6 X を集合とする．直積集合 $X \times X$ 上の実数値関数 $d = d(x, y)$ が次の性質を満たすとき d を X 上の**距離関数**という．

(Ⅰ) $\begin{cases} d(x,y) \geqq 0 \quad (x,y \in X) \\ d(x,y) = 0 \iff x = y \end{cases}$ （正値性）

(Ⅱ) $d(x,y) = d(y,x) \quad (x,y \in X)$ （対称性）

(Ⅲ) $d(x,z) \leqq d(x,y) + d(y,z) \quad (x,y,z \in X)$ （三角不等式）

この 3 条件を距離の公理という．集合 X とその上の距離関数 d が与えられたとき，この系 (X, d) を**距離空間**という．これは 2 点 $x, y \in X$ に対してその間の距離 $d(x,y)$ を与える仕組みで，集合に "点列の収束" や "近傍" の概念を与えるものと理解できる．

点列の収束

集合 X に距離 $d = d(x,y)$ が与えられれば，それに応じて点列の収束が意味付けられる．すなわち X の列 $\{x(m)\}_{m=1}^\infty$ が x に収束するとは $\lim_{m \to \infty} d(x(m), x) = 0$ が成立することである．

2.2 節にあげたユークリッド空間 $\mathbb{R}^n$ (標準距離) が距離空間の典型例である. しかし, 一般化によって様相が異なるものも多く出てくる. 代表的なものは関数空間で, 高度な解析学に役立てられる. 第 5 章では応用的な例を扱う.

例 2.5 $X = \mathbb{C}$ (複素数全体), $d(z_1, z_2) = |z_1 - z_2|$ $(z_1, z_2 \in \mathbb{C})$ とおく. ただし, この絶対値は複素数に対する絶対値である. (X, d) は距離空間になる. 証明は $\mathbb{R}^2$ の標準距離の場合を言い換えるだけである.

行列の族を扱う際に必要になる距離を紹介する.

例 2.6 (行列空間)　$X = M_{mn}(\mathbb{R})$ ($m \times n$ 行列の全体) に対して

$$d(A, B) = \left(\sum_{i=1}^{m} \sum_{j=1}^{n} (a_{ij} - b_{ij})^2 \right)^{1/2} \quad (A = (a_{ij}), B = (b_{ij}) \in X)$$

と定める. このとき, これは X 上の距離関数となる. $M_{mn}(\mathbb{R})$ は本質的に $\mathbb{R}^{mn}$ と同じである (ベクトルの成分を縦横に並べるか, 全部を縦に並べるかの違いがある). 証明はユークリッド空間の場合と同じであるので省略する.

集合としては $\mathbb{R}^n$ であるが標準距離と異なる距離を入れてみる.

例 2.7　$X = \mathbb{R}^n$ とする. $p \geqq 1$ を実定数とする. このとき n 次元の実ベクトル $\xi = (\xi_1, \xi_2, \cdots, \xi_n)$ に対して

$$|\xi|_p = \left(\sum_{i=1}^{n} |\xi_i|^p \right)^{1/p}$$

と定める. このとき A.4 節のミンコフスキー不等式より $|\xi + \eta|_p \leqq |\xi|_p + |\eta|_p$ が成立する. ここで $\xi = (\xi_1, \xi_2, \cdots, \xi_n)$, $\eta = (\eta_1, \eta_2, \cdots, \eta_n)$ は n 次元実ベクトルである. これを用いて X に $d(x, y) = |x - y|_p$ を定めると, これは X 上の距離関数となる (三角不等式は上のミンコフスキー不等式による). $p = 2$ の場合がユークリッド空間の標準距離である.

以下, 一般の距離空間 (X, d) に対して様々な概念を導入してゆく.

定義 2.7（近傍） 点 $x \in X$ からの距離が ε より近い点の全体，すなわち
$$B(x, \varepsilon) := \{y \in X \mid d(x, y) < \varepsilon\}$$
を x の ε 近傍という．

記号の注意点: 集合 B と x の ε 近傍 $B(x, \varepsilon)$ が同時に使われることもある．異なるものであるが，記号が似ているので混乱しないよう気をつけよう．

定義 2.8（内点，触点） 集合 A を X の部分集合とする．
（i） 点 $x \in X$ が集合 A の**内点**であるとは，ある $\delta > 0$ があって $B(x, \delta) \subset A$ となることである．A の内点の全体を A° と記し A の**内部**という．
（ii） 点 $x \in X$ が集合 A の**触点**であるとは，任意の $\varepsilon > 0$ に対し $B(x, \varepsilon) \cap A \neq \emptyset$ となることである．触点の全体を $\overline{A}$ と記し A の**閉包**という．
（iii） $\partial A := \overline{A} \setminus A^\circ$ を集合 A の**境界**という．境界の点は**境界点**とよばれる．

注意 2.3 （i）（ii）の定義から集合 $A, B \subset X$ に対して，つねに $A^\circ \subset A \subset \overline{A}$ である．また $A \subset B \Longrightarrow A^\circ \subset B^\circ, \overline{A} \subset \overline{B}$ となることも定義からすぐ従う．

命題 2.7 集合 A は X の部分集合であるとする．このとき次が成立する．
$$(\overline{A})^c = (A^c)^\circ, \quad \partial A = \partial(A^c) = \overline{(A^c)} \cap \overline{A}$$

証明 前半はユークリッド空間の場合と同様なので略する．
$$\partial A = \overline{A} \setminus A^\circ = \overline{A} \cap (A^\circ)^c = \overline{A} \cap \overline{(A^c)}$$
最後の式変形は前半で得た式を利用した．今得た等式で A を A^c に取り替えて
$$\partial(A^c) = \overline{(A^c)} \cap \overline{((A^c)^c)} = \overline{(A^c)} \cap \overline{A}$$
となる．右辺の式を比較して ∂A と $\partial(A^c)$ は一致することを結論する． □

ユークリッド空間の場合の定義を一般化して開集合，閉集合を定義する．

定義 2.9 (開集合, 閉集合) 集合 A, B を X の部分集合とする.
（ⅰ） A が**開集合**であるとは, 任意の $x \in A$ に対して, ある $\delta > 0$ があって $B(x, \delta) \subset A$ となることである. $\emptyset$ は開集合とする.
（ⅱ） B が**閉集合**であるとは $B^c = X \setminus B$ が開集合となることである.

命題 2.8 任意の $x \in X, \varepsilon > 0$ に対し $B(x, \varepsilon)$ は開集合である.

証明 $\varepsilon > 0, x \in X$ とする. 任意の $z \in B(x, \varepsilon)$ をとる. このとき $d(z, x) < \varepsilon$ である. ここで $\delta = \varepsilon - d(z, x)$ とおくと $\delta > 0$ で $B(z, \delta) \subset B(x, \varepsilon)$ となる. なぜなら三角不等式より

$$d(y, z) < \delta \Longrightarrow d(y, x) \leqq d(y, z) + d(z, x) < \delta + d(z, x) = \varepsilon$$

が成立するからである. よって z は $B(x, \varepsilon)$ の内点である. ゆえに $B(x, \varepsilon)$ は開集合である. □

問 2.2 2 つの異なる点 $x, y \in X$ に対して, ある $\varepsilon_1 > 0, \varepsilon_2 > 0$ があって $B(x, \varepsilon_1) \cap B(y, \varepsilon_2) = \emptyset$ となることを示せ.

問 2.3 $z \in X, \delta > 0$ に対し $M = \{x \in X \mid d(x, z) \leqq \delta\}$ は閉集合になることを示せ. また, $\varepsilon > 0, \eta > 0$ に対し $\overline{B(x, \varepsilon)} \subset B(x, \varepsilon + \eta)$ を示せ.

次の 2 つの命題は $\mathbb{R}^n$ の場合の結果の一般化である. 証明は省略する.

命題 2.9 (X, d) の部分集合 A について, 次が成立する.

$$(A^\circ)^\circ = A^\circ, \quad \overline{(\overline{A})} = \overline{A}$$

命題 2.10 (X, d) の部分集合 A, B について, 次が成立する.
（ⅰ） A が開集合であることと, 条件 $A = A^\circ$ は同値である.
（ⅱ） B が閉集合であることと, 条件 $\overline{B} = B$ は同値である.

閉集合の有用な特徴付けを与える.

命題 2.11 (X, d) の部分集合 A について次の条件は同値である.
（ⅰ） A は閉集合である.

(ii) A に含まれる任意の点列 $\{x(m)\}_{m=1}^{\infty}$ が $m \to \infty$ に対して $z \in X$ に収束するならば $z \in A$ である.

証明 (i) $\Rightarrow$ (ii)　点列 $\{x(m)\}_{m=1}^{\infty} \subset A$ は $z \in X$ に収束すると仮定する. $\forall m \in \mathbb{N}$ に対し $x(m) \in A$ で $\lim_{m \to \infty} d(x(m), z) = 0$ より, これは $\forall \varepsilon > 0$ に対し $B(z, \varepsilon) \cap A \neq \emptyset$ を意味する. これより $z \in \overline{A}$ が従う. 一方 $\overline{A} = A$ より (ii) の結論を得る.

(ii)$\Rightarrow$(i)　$\forall z \in \overline{A}$ をとり出す. $\forall \varepsilon > 0$ に対し $B(z, \varepsilon) \cap A$ が空でないから, ここから点 $x(\varepsilon) \in A$ をとる. さて各 $m \in \mathbb{N}$ に対し $z(m) = x(1/m)$ とおけば $\{z(m)\}_{m=1}^{\infty}$ は A に含まれる収束点列で, $m \to \infty$ に対し z に収束する. なぜならば $d(z(m), z) < 1/m$ だからである. (ii) を適用して $z \in A$ を得る. よって $\overline{A} \subset A$ となり, 逆の包含関係はいつも正しいから $\overline{A} = A$ となる. よって (i) が成立する. □

命題 2.12　U, V を開集合とするとき $U \cup V, U \cap V$ は開集合である.

証明　U, V を開集合とする. 任意の $x \in U \cup V$ をとる. $x \in U$ または $x \in V$ が成り立つ. 前者であるとすると, U が開集合であることから, ある $\delta > 0$ があって $B(x, \delta) \subset U$ となる. よって $B(x, \delta) \subset U \cup V$ を得る. $x \in V$ の場合についても V が開集合であるから, 同様に x は $U \cup V$ の内点となる. ゆえに $U \cup V$ の任意の点はその内点となる. したがって $U \cup V$ は開集合である.

任意の $x \in U \cap V$ をとる. $x \in U$ かつ $x \in V$ である. U, V がそれぞれ開集合であることから, ある $\delta_1 > 0, \delta_2 > 0$ があって $B(x, \delta_1) \subset U, B(x, \delta_2) \subset V$ となる. よって $\delta_3 = \min(\delta_1, \delta_2) > 0$ とおけば $B(x, \delta_3) \subset U \cap V$ を得る. x は $U \cap V$ の内点である. したがって $U \cap V$ の任意の点はその内点となり, $U \cap V$ は開集合となる. □

命題 2.13　M, N を閉集合とするとき $M \cup N, M \cap N$ は閉集合である.

証明　$M \cup N, M \cap N$ の補集合を考える. ド・モルガンの法則より

$$(M \cup N)^c = M^c \cap N^c, \quad (M \cap N)^c = M^c \cup N^c$$

が成立する. M, N は閉集合より M^c, N^c はそれぞれ開集合となるから, 命題 2.12 より $(M \cup N)^c, (M \cap N)^c$ は開集合となる. よって $M \cup N, M \cap N$ は閉集合となる. □

命題 2.14 開集合の族 $\{U_\alpha\}_{\alpha \in \Gamma}$ に対して $\bigcup_{\alpha \in \Gamma} U_\alpha$ は開集合である.

証明 任意の $x \in U := \bigcup_{\alpha \in \Gamma} U_\alpha$ をとる. ある $\alpha_0 \in \Gamma$ があって $x \in U_{\alpha_0}$ となる. U_{α_0} が開集合であることから, ある $\delta > 0$ があって $B(x, \delta) \subset U_{\alpha_0}$ となる. これより $B(x, \delta) \subset \bigcup_{\alpha \in \Gamma} U_\alpha = U$ が従う. よって U は開集合となる. □

命題 2.15 閉集合の族 $\{M_\alpha\}_{\alpha \in \Gamma}$ に対して $\bigcap_{\alpha \in \Gamma} M_\alpha$ は閉集合である.

証明 ド・モルガンの法則を適用して

$$\left(\bigcap_{\alpha \in \Gamma} M_\alpha \right)^c = \bigcup_{\alpha \in \Gamma} (M_\alpha)^c$$

を得る. 仮定と前命題よりこの式の右辺は開集合となり結論を得る. □

本章の議論の中でもしばしば用いた性質であるが, 開集合と閉集合は補集合を考えることで互いに対応する. すなわち開集合の全体 $\mathcal{O}$ と閉集合の全体 $\mathcal{C}$ の間には全単射が存在する.

開集合系の公理と位相

距離空間 (X, d) の開集合の全体 $\mathcal{O}$ が満たす基本性質をまとめておこう.

(I) $\emptyset \in \mathcal{O}, X \in \mathcal{O}$
(II) $U, V \in \mathcal{O} \Longrightarrow U \cap V \in \mathcal{O}$
(III) $\{U_\alpha\}_{\alpha \in \Gamma} \subset \mathcal{O} \Longrightarrow \bigcup_{\alpha \in \Gamma} U_\alpha \in \mathcal{O}$

この 3 条件を**開集合系の公理**という. このような開集合系が定まることが集合に**位相**が入るということである[6].

---

6) 一般の集合における開集合の公理は 4.1 節を参照

命題 2.16 集合 $A, B \subset X$ に対して，次が成立する．
$$\overline{A \cup B} = \overline{A} \cup \overline{B}, \quad (A \cap B)^\circ = A^\circ \cap B^\circ$$
$$\overline{A \cap B} \subset \overline{A} \cap \overline{B}, \quad (A \cup B)^\circ \supset A^\circ \cup B^\circ$$

証明 $A \cap B \subset A \subset A \cup B, A \cap B \subset B \subset A \cup B$ であるから，
$$(A \cap B)^\circ \subset A^\circ \subset (A \cup B)^\circ, \quad (A \cap B)^\circ \subset B^\circ \subset (A \cup B)^\circ$$
辺々の和と交わりをとって $(A \cap B)^\circ \subset A^\circ \cap B^\circ$ と $A^\circ \cup B^\circ \subset (A \cup B)^\circ$ を得る．次に
$$\overline{A \cap B} \subset \overline{A} \subset \overline{A \cup B}, \quad \overline{A \cap B} \subset \overline{B} \subset \overline{A \cup B}$$
であるから，同様に $\overline{A \cap B} \subset \overline{A} \cap \overline{B}$ と $\overline{A} \cup \overline{B} \subset \overline{A \cup B}$ を得る．以上で 4 つの包含関係を得た．そのうち 2 つは逆向きの包含も成立する．まず
$$(A \cap B)^\circ \supset A^\circ \cap B^\circ$$
を示す．$\forall x \in A^\circ \cap B^\circ$ を取る．$x \in A^\circ$ かつ $x \in B^\circ$ だから $\varepsilon_1 > 0, \varepsilon_2 > 0$ があって $B(x, \varepsilon_1) \subset A, B(x, \varepsilon_2) \subset B$ となる．ここで $\varepsilon_3 = \min(\varepsilon_1, \varepsilon_2) > 0$ とおけば $B(x, \varepsilon_3) \subset B(x, \varepsilon_1) \subset A$，$B(x, \varepsilon_3) \subset B(x, \varepsilon_2) \subset B$ となり，これを合わせて $B(x, \varepsilon_3) \subset A \cap B$ となる．よって $x \in (A \cap B)^\circ$ である．
$$(A \cap B)^\circ = A^\circ \cap B^\circ$$
となった．さて今得た等式で A, B をそれぞれ A^c, B^c に置き換えて
$$(A^c \cap B^c)^\circ = (A^c)^\circ \cap (B^c)^\circ \iff ((A \cup B)^c)^\circ = (A^c)^\circ \cap (B^c)^\circ$$
$$\iff (\overline{A \cup B})^c = (\overline{A})^c \cap (\overline{B})^c = (\overline{A} \cup \overline{B})^c$$

以上から $\overline{A \cup B} = \overline{A} \cup \overline{B}$ となる (直接示しても手間はあまり違わない)．一般に $\overline{A \cap B} = \overline{A} \cap \overline{B}, (A \cup B)^\circ = A^\circ \cup B^\circ$ は成立しない． □

問 2.4 (X, d) の部分集合 A に対して，A° は A に含まれる開集合のうち，最大のものであることを示せ．$\overline{A}$ は A を含む閉集合のうち，最小のものであることを示せ．ただしこの場合，集合の大小は包含関係で定める．

距離空間の部分空間

距離空間 (X,d) があるとする. X の部分集合 Y も距離空間とすることができる. 単に X の距離関数 d を Y 上でそのまま利用する. すなわち定義域を $Y \times Y$ に制限して $d_{|Y \times Y}$ を考えるだけで Y 上の距離関数とすることができる. すなわち距離空間 $(Y, d_{|Y \times Y})$ を得る. 位相に関しては X の開集合と Y との交わりをとることで $(Y, d_{|Y \times Y})$ の開集合とすることができる. このようにして Y に入る位相を**相対位相**とよぶ. 記号を用いて表せば Y の開集合系は $\mathcal{O}_Y = \{U \cap Y \mid U \in \mathcal{O}\}$ である. ここで $\mathcal{O}$ は (X,d) の開集合系とした.

定義 2.10 部分集合 $A \subset X$ が $\overline{A} = X$ を満たすとき A は X で**稠密**であるという.

問 2.5 (X,d) において $\overline{A} = X \iff (X \setminus A)^\circ = \varnothing$ を示せ.

距離空間の直積

2 つの距離空間 $(X_1, d_1), (X_2, d_2)$ があるとする. 直積集合 $X = X_1 \times X_2$ に距離を導入してみよう. X の 2 つの要素 $x = (x_1, x_2), y = (y_1, y_2) \in X$ に対して

$$d(x,y) = (d_1(x_1,y_1)^2 + d_2(x_2,y_2)^2)^{1/2}$$

と定義する. この d が X 上の距離関数となることをみる. d_1, d_2 がそれぞれ X_1, X_2 上の距離関数となることを使用すると, $d(x,y) \geqq 0, d(x,y) = d(y,x)$ は明らか. $d(x,y) = (d_1(x_1,y_1)^2 + d_2(x_2,y_2)^2)^{1/2} = 0$ なら, $d_1(x_1,y_1) = 0$, $d_2(x_2,y_2) = 0$ が成立するから $x_1 = y_1, x_2 = y_2$ となり $x = y$ となる. 次に三角不等式を示す. $z = (z_1, z_2) \in X$ をとって

$$d(x,z) = (d_1(x_1,z_1)^2 + d_2(x_2,z_2)^2)^{1/2}$$
$$\leqq \{(d_1(x_1,y_1) + d_1(y_1,z_1))^2 + (d_2(x_2,y_2) + d_2(y_2,z_2))^2\}^{1/2}$$

ここで $\mathbb{R}^2$ における通常のベクトルの三角不等式

$$((a_1+a_2)^2 + (b_1+b_2)^2)^{1/2} \leqq (a_1^2+b_1^2)^{1/2} + (a_2^2+b_2^2)^{1/2}$$

を $a_1 = d_1(x_1, y_1)$, $a_2 = d_2(x_2, y_2)$, $b_1 = d_1(y_1, z_1)$, $b_2 = d_2(y_2, z_2)$ としてあてはめて，前の不等式につなげると

$$d(x, z) \leqq (d_1(x_1, y_1)^2 + d_2(x_2, y_2)^2)^{1/2} + (d_1(y_1, z_1)^2 + d_2(y_2, z_2)^2)^{1/2}$$
$$= d(x, y) + d(y, z)$$

となり，d に対する三角不等式が示された．

定義より d の定める距離による収束は，X_1 成分，X_2 成分がともに収束することと同じになっていることに注意する．また上で行った (X_1, d_1), (X_2, d_2) から (X, d) を定める操作は $\mathbb{R}$ と $\mathbb{R}$ から $\mathbb{R}^2$ の距離を定めることの一般化になっていることがわかる．

以上より距離空間 (X, d) が定められた．同様に 3 つ以上の距離空間の直積も定義できる．

問 2.6 2 つの距離空間 (X_1, d_1), (X_2, d_2) のそれぞれの閉部分集合 A_1, A_2 に対し，$A_1 \times A_2$ は，直積距離空間 $X_1 \times X_2$ の閉集合になることを示せ．

2.4 連続写像

距離空間の間の連続写像を考えよう．2 つの距離空間 (X, d_X), (Y, d_Y) があるとして，写像 $f : X \longrightarrow Y$ を考える．連続性とは x が微小変化したとき $f(x)$ の変化が微小にとどまることである．この考えを基に連続を定義する．定義を与える前に記号を少し準備する．$z \in X, \delta > 0$ に対して $B_X(z, \delta)$ は (X, d_X) における z の δ 近傍とする．すなわち

$$B_X(z, \delta) = \{x \in X \mid d_X(x, z) < \delta\}$$

である．同様に $w \in Y, \eta > 0$ に対し $B_Y(w, \eta)$ は (Y, d_Y) における w の η 近傍とする．

$$B_Y(w, \eta) = \{y \in Y \mid d_Y(y, w) < \eta\}$$

また (X, d_X), (Y, d_Y) それぞれの開集合系を $\mathcal{O}_X, \mathcal{O}_Y$ と書く．写像の連続性の定義を与える．

定義 2.11 (写像の連続性) 距離空間 (X, d_X) から距離空間 (Y, d_Y) への写像 f が **連続** (または **連続写像**) であるとは, 次の条件が成立することである.

(∗)『任意の $z \in X$ と $\varepsilon > 0$ に対して, ある $\delta = \delta(z, \varepsilon) > 0$ があって $f(B_X(z, \delta(z, \varepsilon))) \subset B_Y(f(z), \varepsilon)$ となる』

これは次のように言い換えられる.

命題 2.17 距離空間 (X, d_X) から距離空間 (Y, d_Y) への写像 f が連続であることは, 次の条件 (∗∗) と同値である.

(∗∗)『任意の $z \in X$ と z に収束する X の任意の点列 $\{x(m)\}_{m=1}^{\infty}$ に対して $\lim_{m \to \infty} d_Y(f(x(m)), f(z)) = 0$ となる.』

証明 (∗) ⇒ (∗∗) 任意の $z \in X$ と $\lim_{m \to \infty} d_X(x(m), z) = 0$ となる任意の点列 $\{x(m)\}_{m=1}^{\infty}$ をとる. 任意の $\varepsilon > 0$ をとる. (∗) より, ある $\delta(\varepsilon) > 0$ があって

$$f(B_X(z, \delta(\varepsilon))) \subset B_Y(f(z), \varepsilon).$$

ここで $x(m)$ の仮定より, ある番号 m_0 (ε に依存してよい) があって

$$x(m) \in B_X(z, \delta(\varepsilon)) \quad (m \geqq m_0).$$

となるから $f(x(m)) \in B_Y(f(z), \varepsilon)$ $(m \geqq m_0)$ が従う. よって

$$d_Y(f(x(m)), f(z)) < \varepsilon \quad (m \geqq m_0)$$

が従う. これは (∗∗) の条件に相当する.

(∗∗) ⇒ (∗) (∗) が成立しないとする. ある $\varepsilon_0 > 0$ が存在して, $\forall \delta > 0$ に対し

$$f(B_X(z, \delta)) \not\subset B_Y(f(z), \varepsilon_0)$$

となる. 任意の自然数 m に対して $\delta = 1/m$ として上の条件にあてはめると, ある $x(m) \in B_X(z, 1/m)$ で $f(x(m)) \notin B_Y(f(z), \varepsilon_0)$ となるものが存在する. これを書き換えると

$$d_X(x(m), z) < 1/m, \quad d_Y(f(x(m)), f(z)) \geqq \varepsilon_0 \quad (m \geqq 1)$$

となり (∗∗) に反する. □

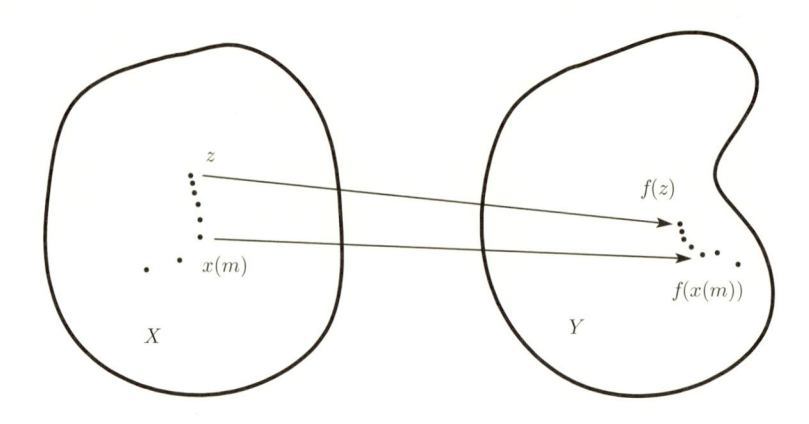

図 2.4　収束点列と連続写像

いささか抽象的な表現となるが, 連続性は別の言い方も可能である.

命題 2.18　f が連続であることと, 次の条件は同値である.

$(***)$ 『(Y,d_Y) の任意の開集合 W に対して $f^{-1}(W)$ は (X,d_X) の開集合となる』

証明 $(***) \Rightarrow (*)$　任意の $z \in X, \varepsilon > 0$ に対して $W = B_Y(f(z),\varepsilon) \in \mathcal{O}_Y$ である. $(***)$ より $U = f^{-1}(W) \in \mathcal{O}_X$ である. ここで $z \in U \in \mathcal{O}_X$ であるから, ある $\delta > 0$ があって $B_X(z,\delta) \subset U$ となり $f(B_X(z,\delta)) \subset B_Y(f(z),\varepsilon)$ が得られる.

$(*) \Rightarrow (***)$　任意の $W \in \mathcal{O}_Y$ に対し $U = f^{-1}(W)$ を考える. 任意の $z \in U$ をとる. $f(z) \in W$ で $W \in \mathcal{O}_Y$ より, ある $\varepsilon_0 > 0$ があり $B_Y(f(z),\varepsilon_0) \subset W$ となる. $(*)$ を用いると $\delta_0 = \delta(z,\varepsilon_0) > 0$ があって $f(B_X(z,\delta_0)) \subset B_Y(f(z),\varepsilon_0)$. これより $B_X(z,\delta_0) \subset U$. よって $U \in \mathcal{O}_X$ となる. □

以上の命題 2.17, 命題 2.18 を合わせて $(*), (**), (***)$ の同値性がいえた.

$\mathcal{O}_X, \mathcal{O}_Y$ は, それぞれ $(X,d_X), (Y,d_Y)$ の開集合系だから, f の連続性の条件は, 次のように簡略に記述できる.

$$W \in \mathcal{O}_Y \Longrightarrow f^{-1}(W) \in \mathcal{O}_X$$

この定義は，標語的には "開集合の逆像が開集合" と覚えるとよい．この条件は x の微小変化に対して $f(x)$ の変化が微小に留まる，というイメージにピッタリとは合っていないように感じられるかと思う．しかし，上の命題の証明を丁寧に読めば理解が深まって納得できるであろう．

問 2.7 (X, d_X) から (Y, d_Y) への連続写像 f に対し，任意の集合 $A \subset X$ に対して $f(\overline{A}) \subset \overline{f(A)}$ が成立することを示せ．

定義 2.12 (関数の連続性) 上で定義された連続写像 f で，特に $Y = \mathbb{R}$ で $d_Y(\xi, \eta) = |\xi - \eta|$ (通常の距離) の場合に f を**連続関数**という．

これにより関数の連続性の条件は，(∗∗) を用いて次のように言い換えられる．
『$\forall z \in X, \forall \varepsilon > 0, \exists \delta > 0,$ s.t. $x \in B(z, \delta) \implies |f(x) - f(z)| < \varepsilon$』
一般に $\delta > 0$ は z や ε に依存するため $\delta(z, \varepsilon)$ と書くことが多い．これは微分積分学で現れるユークリッド空間の領域の場合などの連続関数の定義と一致している．

例 2.8 距離空間 (X, d) 上の連続関数 f と実数 $a < b$ に対し，集合
$$A = \{x \in X \mid a < f(x) < b\}, \quad B = \{x \in X \mid a \leqq f(x) \leqq b\}$$
を定める．A は開集合，B は閉集合になる．

(説明) 集合 A は $A = f^{-1}((a, b))$ と書くことができる．(a, b) は $\mathbb{R}$ の開集合であるから f による逆像 A は開集合である．

B^c は次のように書ける．$B^c = X \setminus (f^{-1}((-\infty, a)) \cup f^{-1}((b, \infty)))$ 上の場合と同じ論法で $f^{-1}((-\infty, a)), f^{-1}((b, \infty))$ はそれぞれ開集合となり，その和を取って，さらに補集合が B であるから B が閉集合となる．(説明終)

問 2.8 距離空間 (X, d) 上の連続関数 f, g に対して
$$A = \{x \in X \mid f(x) \neq 0, \quad g(x) \neq 0\}$$
は開集合になることを示せ．

例 2.9 (X,d) 上の連続関数 f,g と実数 α,β に対して $\alpha f(x)+\beta g(x)$ (線形結合), $f(x)g(x)$ (積) は連続関数となることを示せ.

また $Z=\{x\in X \mid g(x)\neq 0\}$ とおくとき $f(x)/g(x)$ は Z で連続関数になることを示せ.

(説明) 命題 2.17 の条件 $(**)$ を調べる. 点列 $x(m)\to z$ $(m\to\infty)$ とすると f,g の連続性より $\lim_{m\to\infty}f(x(m))=f(z)$, $\lim_{m\to\infty}g(x(m))=g(z)$ である. 付録の定理 A.3 において $a_m=f(x(m))$, $a=f(z)$, $b_m=g(x(m))$, $b=g(z)$ としてやれば

$$\lim_{m\to\infty}(\alpha f(x(m))+\beta g(x(m)))=\alpha f(z)+\beta g(z)$$

$$\lim_{m\to\infty}f(x(m))g(x(m))=f(z)g(z)$$

また $g(z)\neq 0$ のときは定理 A.3 より $\lim_{m\to\infty}f(x(m))/g(x(m))=f(z)/g(z)$ となる. (説明終)

これにより微分積分学で学んだケースと同様で, 連続関数の和差積商が (定義された範囲で) 連続となる. また関数列に関する次の性質もそのまま成立する.

命題 2.19 距離空間 (X,d) の上の連続関数の列 $\{f_m\}_{m=1}^{\infty}$ があって, 各 $x\in X$ に対し $m\to\infty$ のとき $f_m(x)$ は極限値 $f(x)$ をもち, 収束が一様であるとする. すなわち任意の $\varepsilon>0$ に対し, ある $m_0=m_0(\varepsilon)\in\mathbb{N}$ があって

$$m\geqq m_0(\varepsilon)\Longrightarrow |f_m(x)-f(x)|<\varepsilon \quad (x\in X)$$

であるとする. このとき f は X 上の連続関数である.

証明 $z\in X$ を任意にとる.

$$|f(x)-f(z)|\leqq |f(x)-f_m(x)|+|f_m(x)-f_m(z)|+|f_m(z)-f(z)|$$

任意の $\varepsilon>0$ に対して $m\geqq m_0(\varepsilon/3)$ となる m をとって固定すると

$$|f(x)-f(z)|\leqq (2\varepsilon/3)+|f_m(x)-f_m(z)| \quad (x\in X)$$

ここで f_m は連続であるから,ある $\delta(\varepsilon) > 0$ があって

$$x \in B(z, \delta(\varepsilon)) \Longrightarrow |f_m(x) - f_m(z)| < \varepsilon/3$$

となる.よって $x \in B(z, \delta(\varepsilon)) \Longrightarrow |f(x) - f(z)| < \varepsilon$ となり,これより f の連続性が従う. □

集合への距離関数

A を距離空間 (X, d) の空でない部分集合であるとする.A への距離関数を次のように定義する.

$$\mathrm{dist}(x, A) := \inf\{d(x, z) \mid z \in A\} \quad (x \in X)$$

inf の定義は付録の定義 A.5 を参照せよ.

命題 2.20 上の状況で $\mathrm{dist}(x, A)$ は X 上の連続関数となる.また不等式

$$|\mathrm{dist}(x, A) - \mathrm{dist}(y, A)| \leqq d(x, y) \quad (x, y \in X)$$

が従う.また同値性 $\mathrm{dist}(x, A) = 0 \Longleftrightarrow x \in \overline{A}$ が成立する.

証明 $x, y \in X$, $z \in A$ を任意にとる.三角不等式より

$$d(x, z) \leqq d(x, y) + d(y, z), \quad d(y, z) \leqq d(y, x) + d(x, z)$$

$z \in A$ に関する下限をとって

$$\inf\{d(x, z) \mid z \in A\} \leqq d(x, y) + \inf\{d(y, z) \mid z \in A\}$$

$$\inf\{d(y, z) \mid z \in A\} \leqq d(y, x) + \inf\{d(x, z) \mid z \in A\}$$

を得る.これより

$$\mathrm{dist}(x, A) \leqq d(x, y) + \mathrm{dist}(y, A), \quad \mathrm{dist}(y, A) \leqq d(y, x) + \mathrm{dist}(x, A)$$

となり,これを合わせて $-d(x, y) \leqq \mathrm{dist}(x, A) - \mathrm{dist}(y, A) \leqq d(x, y)$ となるから

$$|\mathrm{dist}(x, A) - \mathrm{dist}(y, A)| \leqq d(x, y) \quad (x, y \in X)$$

が従う．これより $\mathrm{dist}(x, A)$ の連続性が従う．次に同値性を示す．

($\Rightarrow$) $\mathrm{dist}(x, A) = 0$ より $\inf\{d(x, z) \mid z \in A\} = 0$ から，任意の $\varepsilon > 0$ に対して，ある $z \in A$ があって $d(x, z) < \varepsilon$ とできる．よって任意の $\varepsilon > 0$ に対し $B(x, \varepsilon) \cap A \neq \emptyset$ となる．よって $x \in \overline{A}$ となる．

($\Rightarrow$) $x \in \overline{A}$ とすると，任意の $\varepsilon > 0$ に対し $B(x, \varepsilon) \cap A \neq \emptyset$．任意の自然数 m に対して，ある $z(m) \in A$ で $d(x, z(m)) < 1/m$ となるものがある．よって $\mathrm{dist}(x, A) = 0$ となる． □

命題 2.21（**閉集合の分離**）　距離空間 (X, d) の空でない閉部分集合 A, B が $A \cap B = \emptyset$ を満たすとする．このとき開集合 U, V で

$$A \subset U, \quad B \subset V, \quad U \cap V = \emptyset$$

となるものが存在する．

証明　A, B に対して，命題 2.20 より

$$\mathrm{dist}(x, A) = \inf\{d(x, z) \mid z \in A\}, \quad \mathrm{dist}(x, B) = \inf\{d(x, z) \mid z \in B\}$$

は連続になる．A, B が閉集合であることと命題 2.20 より

$$\mathrm{dist}(x, A) = 0 \iff x \in A, \quad \mathrm{dist}(y, B) = 0 \iff y \in B$$

である．ここで

$$F(x) = \mathrm{dist}(x, A)/(\mathrm{dist}(x, A) + \mathrm{dist}(x, B)) \quad (x \in X)$$

とおく．$A \cap B = \emptyset$ より，この式の分母がつねに正であることに注意せよ．$F(x)$ は X 上の連続関数として定まる．ここで

$$U = \{x \in X \mid F(x) < 1/3\}, \quad V = \{x \in X \mid F(x) > 2/3\}$$

とおくと，$U = F^{-1}((-\infty, 1/3))$, $V = F^{-1}((2/3, \infty))$ であるから，U, V は開集合となり $x \in A \Rightarrow F(x) = 0 \Rightarrow x \in U$, $y \in B \Rightarrow F(y) = 1 \Rightarrow y \in V$ となる．この U, V は $A \subset U, B \subset V$ と $U \cap V = \emptyset$ も満たす． □

問 2.9 $X = \mathbb{R}$, d：標準距離とする．X 上の関数 $f(x) = \mathrm{dist}(x, \mathbb{Z})$ とおくとき $y = f(x)$ のグラフの概形を描け．

問 2.10 距離空間 (X, d) において空でない閉集合 A, B, C があり，どの 2 つも交わらないと仮定する．このとき X 上の連続関数 f で

$$f(x) = 1 \quad (x \in A), \quad f(x) = 2 \quad (x \in B), \quad f(x) = 3 \quad (x \in C)$$

となるものがあることを示せ．

ここで，連続性よりも強い性質を導入しておく．

定義 2.13 距離空間 (X, d_X) から距離空間 (Y, d_Y) への写像 f が**一様連続**（または**一様連続写像**）であるとは，次の条件が成立することである．

『任意の $\varepsilon > 0$ に対し，ある $\delta = \delta(\varepsilon) > 0$ があって，
$x, y \in X$, $d_X(x, y) < \delta(\varepsilon) \Longrightarrow d_Y(f(x), f(y)) < \varepsilon$. 』

この条件は f の連続性の条件 (*)（定義 2.11）における δ が z に依存せず，ε のみに依存するということと同じである．

2.5 全有界，点列コンパクト

距離空間で特に重要な全有界と点列コンパクト[7]の概念について述べる．これは第 4 章で扱うコンパクト性という重要な性質と関係がある．

定義 2.14 距離空間 (X, d) の部分集合 A が**全有界**であるとは，次の条件が成立することである．
（条件）『任意の $\varepsilon > 0$ に対して有限個の点 $a_1, \cdots, a_p \in A$ が存在して $A \subset B(a_1, \varepsilon) \cup \cdots \cup B(a_p, \varepsilon)$ となる』

有界性も定義しておこう．

定義 2.15 距離空間 (X, d) の部分集合 A が**有界**であるとは，ある $z \in X$ と $r > 0$ があって $A \subset B(z, r)$ が成立することである．

---

[7] 距離空間においては点列コンパクトはコンパクトと同値となる．第 4 章参照．

全有界の条件を使い勝手良くするため言い換えをする.

命題 2.22 もし A が全有界であるならば, 任意の $\varepsilon > 0$ に対して有限個の点 $a_1, \cdots, a_p \in A$ が存在して

$$\overline{A} \subset B(a_1, \varepsilon) \cup \cdots \cup B(a_p, \varepsilon)$$

となる. よって $\overline{A}$ は全有界となる. 逆に $\overline{A}$ が全有界であるとすると A は全有界である. すなわち次の同値が成立する.

$$A : 全有界 \iff \overline{A} : 全有界$$

証明 A が全有界とする. 任意の $\varepsilon > 0$ に対して $a_1, \cdots, a_p \in A$ が存在して

$$A \subset B(a_1, (\varepsilon/2)) \cup \cdots \cup B(a_p, (\varepsilon/2))$$

となるが, 両辺の閉包をとって

$$\overline{A} \subset \overline{B(a_1, (\varepsilon/2)) \cup \cdots \cup B(a_p, (\varepsilon/2))}$$
$$= \overline{B(a_1, (\varepsilon/2))} \cup \cdots \cup \overline{B(a_p, (\varepsilon/2))} \subset B(a_1, \varepsilon) \cup \cdots \cup B(a_p, \varepsilon)$$

よって $\overline{A}$ は全有界となる. 逆に $\overline{A}$ は全有界とする. このとき任意の $\varepsilon > 0$ に対し $b_1, \cdots, b_p \in \overline{A}$ が存在して

$$\overline{A} \subset B(b_1, (\varepsilon/2)) \cup \cdots \cup B(b_p, (\varepsilon/2))$$

となる. 各 $j = 1, 2, \cdots, p$ に対して $b_j \in \overline{A}$ であるから, ある $a_j \in A \cap B(b_j, (\varepsilon/2))$ がとれる. このとき $B(b_j, (\varepsilon/2)) \subset B(a_j, \varepsilon)$ となり

$$A \subset B(a_1, \varepsilon) \cup \cdots \cup B(a_p, \varepsilon)$$

となる. よって A は全有界である. □

定義より全有界な集合は有界集合である. 逆は必ずしも成立しない.

定義 2.16 距離空間 (X, d) の部分集合 A が**点列コンパクト**[8]であるとは,

---

[8] 第 4 章で扱うコンパクトと密接な関係がある.

次の条件が成立することである.

(条件)『A に含まれる任意の列 $\{x(m)\}_{m=1}^{\infty}$ に対して, ある部分列 $\{x(m(p))\}_{p=1}^{\infty}$ が $p \to \infty$ のとき A のある点 z に収束する』

X 自身が点列コンパクトであるとき, (X, d) は点列コンパクトな空間であるという.

命題 2.23 距離空間 (X, d) の部分集合 A が点列コンパクトであるとする. このとき, A は閉集合である. さらに閉部分集合 B が $B \subset A$ を満たすなら B は点列コンパクト集合となる.

証明 任意の $z \in \overline{A}$ に対して, A に含まれる点列 $\{x(m)\}_{m=1}^{\infty}$ で $m \to \infty$ のとき z に収束するものがある. A の点列コンパクトの条件より, ある部分列 $\{x(m(p))\}_{p=1}^{\infty}$ があって $p \to \infty$ のとき A のある点に収束する. その点は z に他ならない. よって $z \in A$ である. 以上より $\overline{A} \subset A$. 逆向きの包含は自明だから $\overline{A} = A$ となり A は閉集合となる. 次に B から任意の点列をとる. これは A の点列でもあるので A の中に収束する部分列をもつ. B が閉集合であることからその極限は B に属する. □

例 2.10 距離空間 (X, d) の点列コンパクトな集合は有界集合である.

(説明) 背理法でこれを示そう. 集合 $A \subset X$ が有界でないと仮定する. すなわち, $\forall z \in A$ と $\forall r > 0$ に対し $A \setminus B(z, r) \neq \emptyset$ となるとする. この性質を繰り返し用いて, 次のような条件を満たす列 $x(m) \in A$ ($m \geqq 1$) を作成する.

$$d(x(\ell), x(m)) \geqq 1 \qquad (\ell > m \geqq 1)$$

この列のどんな部分列も収束列ではないので仮定に反することになり, 結論に到達する. それでは作成にかかる. まず点 $z \in X$ をとり固定する.

第 1 段: $x(1) = z$ とおく. $r_1 = 1$ とおく.

第 2 段: $A \setminus B(z, r_1)$ は空でないから点をとり $x(2)$ とし, $r_2 = d(z, x(2)) + 1$ を定める.

第 3 段: $A \setminus B(z, r_2)$ は空でないから点をとり $x(3)$ とし $r_3 = d(z, x(3)) + 1$ を定める. この操作を続けて繰り返し $\{x(m)\}_{m=1}^{\infty}$ を作成する. これで目的

の列を作成できる. (説明終)

問 2.11 距離空間 (X, d) の 2 つの部分集合 A, B が点列コンパクトならば, 集合 $A \cup B$, $A \cap B$ はそれぞれ点列コンパクトになることを示せ.

定理 2.2 ユークリッド空間 $\mathbb{R}^n$ (標準位相) の集合 A について, 点列コンパクトとなるための必要十分条件は, 有界閉集合であることである (ボルツァノ-ワイエルシュトラス[9])の定理).

証明 必要性はすでに命題 2.23 と例 2.10 よりわかっているので十分性を示す. まず $\mathbb{R}$ の任意の有界数列が収束する部分列をもつことを思い出しておこう (付録 A.1 節参照). 有界閉集合 A から任意に列 $\{x(m)\}_{m=1}^{\infty}$ をとる. 成分表示して $x(m) = (x_1(m), x_2(m), \cdots, x_n(m))$ とおく. 仮定より実数列 $\{x_1(m)\}_{m=1}^{\infty}$ は有界から収束する部分列をもつ. すなわち単調増加自然数列 $\{m(1, \ell)\}_{\ell=1}^{\infty}$ があって $\{x_1(m(1, \ell))\}_{\ell=1}^{\infty}$ は収束する. 極限値を z_1 とおく. 次に実数列 $\{x_2(m(1, \ell))\}_{\ell=1}^{\infty}$ は有界だから収束する部分列をもつ. よって, 単調増加自然数列 $\{m(2, \ell)\}_{\ell=1}^{\infty} \subset \{m(1, \ell)\}_{\ell=1}^{\infty}$ があって $\{x_2(m(2, \ell))\}_{\ell=1}^{\infty}$ は収束する. 極限値を z_2 とおく. このように成分毎に議論して次々と部分列をとっていき第 n 成分まで到達する. このとき単調増加自然数列 $\{m(n, \ell)\}_{\ell=1}^{\infty}$ があって, 各 k 成分 $\{x_k(m(n, \ell))\}_{\ell=1}^{\infty}$ が極限値 z_k をもつ. よって点列 $\{x(m(n, \ell))\}_{\ell=1}^{\infty}$ が極限 $z = (z_1, \cdots, z_n)$ をもつ. A が閉集合だから $z \in A$ となり結論がいえる. □

命題 2.24 距離空間 (X, d) の部分集合 A が点列コンパクトならば A は全有界になる.

証明 A が全有界でないと仮定する. すなわち, ある $\varepsilon_0 > 0$ があっていかなる有限個の点 $a_1, a_2, \cdots, a_p$ をとっても

$$B(a_1, \varepsilon_0) \cup B(a_2, \varepsilon_0) \cup \cdots \cup B(a_p, \varepsilon_0) \not\supset A$$

となっているとする. この条件を用いて点列を帰納的に作成してゆく.

---

[9] Bernard Bolzano (1781-1848) 数学者. Karl Weierstrass (1815-1897) 数学者.

第 1 段: A から任意の点 $z_1 \in A$ をとる.
このとき仮定より $B(z_1, \varepsilon_0) \not\supset A$.
第 2 段: $A \setminus B(z_1, \varepsilon_0)$ から任意の点 z_2 をとる.
このとき仮定より $B(z_1, \varepsilon_0) \cup B(z_2, \varepsilon_0) \not\supset A$.
第 3 段: $A \setminus (B(z_1, \varepsilon_0) \cup B(z_2, \varepsilon_0))$ から任意の点 z_3 をとる.
このとき仮定より $B(z_1, \varepsilon_0) \cup B(z_2, \varepsilon_0) \cup B(z_3, \varepsilon_0) \not\supset A$.
この操作は無限に続けることができて $\{z_m\}_{m=1}^\infty \subset A$ で

$$z_p \in A \setminus \left(\bigcup_{k=1}^{p-1} B(z_k, \varepsilon_0) \right) \neq \emptyset \quad (p \geq 2)$$

を満たすようにできる. 結果 $d(z_i, z_j) \geq \varepsilon_0$ $(1 \leq i < j)$ となる. これより $\{z_m\}_{m=1}^\infty$ の任意の部分列は収束列になり得ない. これは A が点列コンパクトでないことを意味し, 矛盾となる. □

注意 2.4 この命題の仮定である "A が点列コンパクト", という部分を "$\overline{A}$ が点列コンパクト", に置き換えても同じ結論が成立することに注意せよ.

命題 2.25 距離空間 (X, d) の点列コンパクト部分集合の単調列

$$A_1 \supset A_2 \supset \cdots \supset A_m \supset \cdots$$

は $A_m \neq \emptyset$ $(m \geq 1)$ を満たすとする. このとき $\bigcap_{m=1}^\infty A_m \neq \emptyset$ が成立する.

証明 各 A_m から要素 $x(m)$ をとる. この点列 $\{x(m)\}_{m=1}^\infty$ は点列コンパクト集合 A_1 に含まれるから, 自然数列 $m(1) < m(2) < \cdots < m(p) < \cdots$ を選んで収束列 $\{x(m(p))\}_{p=1}^\infty$ を得る. また A_1 は閉集合だから極限 z は A_1 に属する. さらに任意の自然数 r に対し $r \leq m(q)$ ならば $\{x(m(p))\}_{p \geq q} \subset A_r$ となり A_r は閉集合だから $x(m(p))$ の極限 z は A_r に属する. r は任意だから $z \in \bigcap_{r=1}^\infty A_r$. □

注意 2.5 上の定理で A_m の条件である点列コンパクト性をゆるめると結論は成立するとは限らない. たとえば $X = \mathbb{R}$, $A_m = (0, 1/m)$, $B_m = [m, \infty)$

とおくと $\bigcap_{m=1}^{\infty} A_m = \varnothing$, $\bigcap_{m=1}^{\infty} B_m = \varnothing$ となる. A_m は有界だが閉集合でない (点列コンパクトではない). B_m は閉集合だが有界でない (点列コンパクトではない).

命題 2.26 距離空間 (X, d_X), (Y, d_Y) および連続写像 $f : X \longrightarrow Y$ があるとする. (X, d_X) の任意の点列コンパクト集合 A に対して $f(A)$ は (Y, d_Y) の点列コンパクト集合となる.

証明 $f(A)$ に含まれる任意の列 $\{y(m)\}_{m=1}^{\infty}$ をとる. ある $x(m) \in A$ が存在して $f(x(m)) = y(m)$ となる. A が点列コンパクトであるから $\{x(m)\}_{m=1}^{\infty}$ にある部分列 $\{x(m(p))\}_{p=1}^{\infty}$ および $z \in A$ があって $\lim_{p \to \infty} d_X(x(m(p)), z) = 0$ となる. f の連続性より $\lim_{p \to \infty} d_Y(f(x(m(p))), f(z)) = 0$ となる. さて, $f(x(m(p)))$ は $y(m(p))$ そのものであるから, これは $\{y(m)\}_{m=1}^{\infty}$ が $f(A)$ の点 $f(z)$ に収束する部分列を含むことを示している. □

定理 2.3 (最大値最小値の定理) 距離空間 (X, d) の空でない部分集合 A は点列コンパクトであると仮定する. X 上の連続関数 f は, A において最大値および最小値をとる. すなわち, ある $z_*, z^* \in A$ があって次のようになる.

$$f(z_*) \leqq f(x) \leqq f(z^*) \quad (x \in A)$$

証明 まず f が A で有界であることを背理法で示す. すなわち任意の自然数 m に対して集合

$$A_m = \{x \in A \mid f(x) \geqq m\} \neq \varnothing$$

と仮定する. A は点列コンパクトで f が連続だから A_m は閉集合 (そして点列コンパクト) で $A_m \supset A_{m+1} \neq \varnothing$ を満たす. このとき命題 2.23, 2.25 により $\bigcap_{m=1}^{\infty} A_m \neq \varnothing$ となる. ここから点 $z \in \bigcap_{m=1}^{\infty} A_m$ をとると $f(z) \geqq m$ となるが m が任意であるから矛盾である. 以上より f は上に有界となる. $-f$ に対して同じ議論を適用して, f が下にも有界であることが示せる.

$L = \sup_{x \in A} f(x)$ とおくと f の有界性より, L は有限値となる. 集合

$$A_m = \{x \in A \mid L - (1/m) \leqq f(x) \leqq L\} \quad (閉集合)$$

は空でないから f の有界性を示したときと同様にして命題 2.23, 2.25 により $\bigcap_{m=1}^{\infty} A_m \neq \emptyset$ となる. よってある要素 $z \in \bigcap_{m=1}^{\infty} A_m \neq \emptyset$ をとることができ, 任意の m に対して $L - (1/m) \leqq f(z) \leqq L$ が成立する. m の任意性により $f(z) = L$ が従う. これは $f(x)$ が $x = z$ で最大値をとることを意味する. $z^* = z$ とおく. $-f$ について同じ議論をして最小値を与える z_* の存在も示すことができる. □

問 2.12 $\mathbb{R}^n$ の空でない有界閉集合 M に対して, ある $x, y \in M$ があって

$$|x - y| = \sup\{|\xi - \eta| \mid \xi, \eta \in M\}$$

となることを示せ.

問 2.13 距離空間 (X, d) の上の連続関数 f が次の条件を満たすとする.
(条件)『任意の $\varepsilon > 0$ に対して, ある点列コンパクトな集合 K があって $|f(x)| < \varepsilon \quad (x \in X \setminus K)$ である』. このとき f は X で有界であることを示せ. また f は最大値または最小値をとることを示せ.

2.6 完備性

定義 2.17 X の点列 $\{x(m)\}_{m=1}^{\infty}$ が**コーシー**[10]**列**であるとは, 次の条件が成立することである.
(条件) 任意の $\varepsilon > 0$ に対して, 番号 $m_0 = m_0(\varepsilon) \in \mathbb{N}$ があって次が成立する.

$$\ell, m \geqq m_0(\varepsilon) \implies d(x(\ell), x(m)) < \varepsilon$$

次のことはすぐに従う.

---

[10] Augustin Louis Cauchy (1789-1857) 数学者. コーシー列は基本列ともいう.

命題 2.27 任意の収束列 $\{x(m)\}_{m=1}^\infty$ はコーシー列となる．

証明 収束列 $\{x(m)\}_{m=1}^\infty$ の極限を z とする．すなわち
$\forall \varepsilon > 0, \exists n_0 = n_0(\varepsilon)$ s.t. $d(x(m), z) < \varepsilon \ (m \geqq n_0(\varepsilon))$. 三角不等式より

$$d(x(\ell), x(m)) \leqq d(x(\ell), z) + d(z, x(m))$$

が従う．任意の $\varepsilon > 0$ に対し $\ell, m \geqq n_0(\varepsilon/2)$ なら $d(x(\ell), x(m)) < \varepsilon$ となる．
$\square$

定義 2.18（完備性） 距離空間 (X, d) が**完備**であるとは，X の任意のコーシー列 $\{x(m)\}_{m=1}^\infty$ に対して，ある $z \in X$ があって $\lim_{m \to \infty} d(x(m), z) = 0$ となることである．このとき (X, d) を**完備距離空間**という．

例 2.11 $\mathbb{R}$（標準距離）は完備である．証明は付録 A.1 節を参照．$\mathbb{R}^n$（標準距離）も完備となる．証明は成分毎に議論して $\mathbb{R}$ の場合に帰着して行う．

例 2.12 $I = [0, 1]$（閉区間）上の連続関数の空間 X を考える．

$$X = C^0([0, 1]) = \{\phi : I \longrightarrow \mathbb{R} \ 連続\}$$
$$d(\phi, \psi) = \sup_{x \in I} |\phi(x) - \psi(x)|$$

このとき (X, d) は完備距離空間となる．

（説明） 距離空間であることを示すのは読者に任せて完備性を調べる．$\{\phi_m\}_{m=1}^\infty$ を X の任意のコーシー列とする．すなわち任意の $\varepsilon > 0$ に対して，ある $m_0 = m_0(\varepsilon) \in \mathbb{N}$ があって

$$\sup_{x \in I} |\phi_\ell(x) - \phi_m(x)| < \varepsilon \quad (\ell, m \geqq m_0(\varepsilon))$$

とする．これより任意の $x \in I$ に対して実数列 $\{\phi_m(x)\}_{m=1}^\infty$ は $\mathbb{R}$ のコーシー列となる．よって $\mathbb{R}$ の完備性により極限値 $\phi(x)$ が存在する．これを $x \in I$ の関数と見る．関数列は各点で収束していることが示された．ϕ の連続性をみる．任意の $\varepsilon > 0$ に対し，条件より

$$|\phi_\ell(x) - \phi_m(x)| < \varepsilon/2 \quad (\ell, m \geqq m_0(\varepsilon/2), x \in I)$$

が成立する．ここで，$\ell \to \infty$ の極限をとって

$$|\phi(x) - \phi_m(x)| \leqq \varepsilon/2 \quad (m \geqq m_0(\varepsilon/2), x \in I)$$

を得る．これは ϕ が連続関数 ϕ_m の $m \to \infty$ に対する一様収束極限となっていることを意味する．命題 2.19 より ϕ が連続関数となり $\phi \in X = C^0(I)$ となる．また $\sup_{x \in I} |\phi(x) - \phi_m(x)| \leqq \varepsilon/2 < \varepsilon \quad (m \geqq m_0(\varepsilon/2))$．これは $\lim_{m \to \infty} d(\phi, \phi_m) = 0$ を意味する．(説明終)

問 2.14 正の実数からなる集合 $X = (0, \infty)$ に対して

$$d(x, y) = |x - y| + |(1/x) - (1/y)|$$

とおくと (X, d) は完備距離空間になることを示せ．

数列空間 $\ell^2(\mathbb{N}, \mathbb{R})$

無限個の実数成分をもつベクトル $(x_k)_{k \geqq 1}$ のうち 2 乗和が有限であるようなクラスを位相空間に見立てることを考える．まずその定義を与える．

$$X = \ell^2(\mathbb{N}, \mathbb{R}) = \left\{ (x_k)_{k \geqq 1} \,\middle|\, \sum_{k=1}^{\infty} x_k^2 < \infty \right\}$$

X に対してユークリッド空間のように内積とノルムを導入する．X の 2 つの要素 $x = (x_k)_{k \geqq 1}, y = (y_k)_{k \geqq 1}$ に対して

$$(x, y)_{\ell^2} = \sum_{k=1}^{\infty} x_k y_k \quad (内積), \quad \|x\|_{\ell^2} = \left(\sum_{k=1}^{\infty} x_k^2 \right)^{1/2} \quad (ノルム)$$

を定める．ノルムが有限確定値になることは明らかである．内積が有限確定値になることはシュワルツの不等式より従う，次の性質

$$\sum_{k=1}^{N} |x_k y_k| \leqq \left(\sum_{k=1}^{N} x_k^2 \right)^{1/2} \left(\sum_{k=1}^{N} y_k^2 \right)^{1/2} \leqq \left(\sum_{k=1}^{\infty} x_k^2 \right)^{1/2} \left(\sum_{k=1}^{\infty} y_k^2 \right)^{1/2}$$

において $N \to \infty$ を考えれば, 内積を定める級数が絶対収束していることが確かめられる. またその結果としてシュワルツの不等式の一般化も得られる.

$$|(x, y)_{\ell^2}| \leq \|x\|_{\ell^2} \|y\|_{\ell^2}$$

さて X がベクトル空間となることを示す. $x = (x_k)_{k \geq 1}, y = (y_k)_{k \geq 1}, \alpha, \beta \in \mathbb{R}$ とする. N を任意の自然数として

$$\sqrt{\sum_{k=1}^{N} (\alpha x_k + \beta y_k)^2} \leq \sqrt{\sum_{k=1}^{N} (\alpha x_k)^2} + \sqrt{\sum_{k=1}^{N} (\beta y_k)^2}$$

$$= |\alpha| \sqrt{\sum_{k=1}^{N} x_k^2} + |\beta| \sqrt{\sum_{k=1}^{N} y_k^2} \leq |\alpha| \sqrt{\sum_{k=1}^{\infty} x_k^2} + |\beta| \sqrt{\sum_{k=1}^{\infty} y_k^2}$$

$N \to \infty$ として

$$\sqrt{\sum_{k=1}^{\infty} (\alpha x_k + \beta y_k)^2} \leq |\alpha| \sqrt{\sum_{k=1}^{\infty} x_k^2} + |\beta| \sqrt{\sum_{k=1}^{\infty} y_k^2} < \infty$$

となり $z_k = \alpha x_k + \beta y_k$ $(k \geq 1)$ として $z = (z_k)_{k \geq 1} \in X$ となる. すなわち X は線形結合を定義できる集合である. また, この不等式を $\alpha = \beta = 1$ として再利用することで $x = (x_k)_{k \geq 1}, y = (y_k)_{k \geq 1}$ に対して

$$\|x + y\|_{\ell^2} \leq \|x\|_{\ell^2} + \|y\|_{\ell^2}$$

となりノルムの三角不等式も従う. X において $d(x, y) = \|x - y\|_{\ell^2}$ とすることで (X, d) が距離空間になることが示される. さてこの空間の完備性を示す. X の列を $\{x(m)\}_{m=1}^{\infty}$ の一般項を

$$x(m) = (x_1(m), x_2(m), \cdots, x_n(m), \cdots) = (x_k(m))_{k \geq 1} \quad (m \geq 1)$$

と成分を用いて表示する. これがコーシー列であるとする. すなわち

$\forall \varepsilon > 0, \exists m_0(\varepsilon) \in \mathbb{N}$ s.t.

$$d(x(\ell), x(m)) = \left(\sum_{k=1}^{\infty} |x_k(\ell) - x_k(m)|^2 \right)^{1/2} < \varepsilon \quad (\ell, m \geq m_0(\varepsilon)).$$

これより各成分 $k \geqq 1$ について $\{x_k(m)\}_{m=1}^{\infty}$ が実数列として $\mathbb{R}$ のコーシー列となる．よって x_k が存在して $\lim_{m \to \infty} x_k(m) = x_k$ となる．任意の $N \geqq 1$ に対して
$$\sum_{k=1}^{N} |x_k(\ell) - x_k(m)|^2 < \varepsilon^2 \quad (\ell, m \geqq m_0(\varepsilon))$$
である．$m_0(\varepsilon)$ が N に依存しないことに注意せよ．ここで $\ell \to \infty$ として $\sum_{k=1}^{N} |x_k - x_k(m)|^2 \leqq \varepsilon^2$ $(m \geqq m_0(\varepsilon))$ を得る．また，三角不等式より
$$\left(\sum_{k=1}^{N} x_k^2\right)^{1/2} \leqq \left(\sum_{k=1}^{N} x_k(m)^2\right)^{1/2} + \left(\sum_{k=1}^{N} (x_k(m) - x_k)^2\right)^{1/2}$$
にも注意しておく．ここで $N \to \infty$ として $x = (x_k)_{k \geqq 1} \in \ell^2(\mathbb{N}, \mathbb{R})$, $\sum_{k=1}^{\infty} |x_k - x_k(m)|^2 \leqq \varepsilon^2$ $(m \geqq m_0(\varepsilon))$ を得る．よって $d(x, x(m)) \leqq \varepsilon$ $(m \geqq m_0(\varepsilon))$ となり完備性の証明が完成する．

ここで得られた完備距離空間 $\ell^2(\mathbb{N}, \mathbb{R})$ は**ヒルベルト**[11]**空間**とよばれるものの代表例である．

例 2.13 $c > 0$ を定数とする．集合 $S = \{x \in \ell^2(\mathbb{N}, \mathbb{R}) \mid \|x\|_{\ell^2} \leqq c\}$ と
$$S(r) = \{(x_k)_{k \geqq 1} \in \ell^2(\mathbb{N}, \mathbb{R}) \mid \|(x_k)_{k \geqq 1}\|_{\ell^2} \leqq c, x_j = 0 \text{ if } j \geqq r+1\}$$
を考える．ただし $r \in \mathbb{N}$ である．S は点列コンパクトな集合ではない (次の問を参照)．一方，$S(r)$ は点列コンパクトで $\bigcup_{r=1}^{\infty} S(r)$ は S で稠密となる．

問 2.15 数列空間 $\ell^2(\mathbb{N}, \mathbb{R})$ を考える．
$$e(m) = (0, \cdots, 0, 1, 0, \cdots) \quad (\text{第 } m \text{ 成分が } 1, \text{他の成分は } 0)$$
とおく．集合 $\{e(m) \in \ell^2(\mathbb{N}, \mathbb{R}) \mid m \geqq 1\}$ は有界集合であって全有界集合でないことを示せ．また点列コンパクトでないことを示せ．

---

[11] David Hilbert (1862-1943) 数学者．ヒルベルト空間は，関数解析，偏微分方程式，数理物理など多くの分野で用いられる．

完備距離空間における,点列コンパクトと全有界の関係をまとめておく.

命題 2.28 完備距離空間 (X, d) の部分集合 A に対して, A が全有界であることと, $\overline{A}$ が点列コンパクトであることは同値である.

証明 $\overline{A}$ が点列コンパクトであるならば前節の命題 2.24 より $\overline{A}$ は全有界となる. したがって, 命題 2.22 より A が全有界となる. 逆を示す. A が全有界であると仮定する. 同時に $\overline{A}$ は全有界となるから, 次の条件が成立する.

(∗) 任意の $\varepsilon > 0$ に対して, ある $a_1, \cdots, a_p \in \overline{A}$ があって
$$B(a_1, (\varepsilon/2)) \cup \cdots \cup B(a_p, (\varepsilon/2)) \supset \overline{A}$$

この条件 (∗) を以下繰り返し用いる.

$\overline{A}$ が点列コンパクトであることを示すため, $\{x(m)\}_{m=1}^{\infty}$ を $\overline{A}$ の任意の列とする. 以下, 対角線論法と呼ばれる方法を適用する.

第 1 段: $\varepsilon = 1$ として条件を適用. $\{x(m)\}_{m=1}^{\infty}$ はある有限個の点たちの $1/2$ 近傍の合併によって包含される. よって自然数からなる単調増加列 $\{m(1,k)\}_{k=1}^{\infty}$ を選んで, $\{x(m(1,k))\}_{k=1}^{\infty}$ がある点の $1/2$ 近傍に包含される. すなわち
$$d(x(m(1,k)), x(m(1,\ell))) < 1 \quad (k, \ell \geqq 1)$$

第 2 段: $\varepsilon = 1/2$ として条件を適用. $\{x(m(1,k))\}_{k=1}^{\infty}$ はある有限個の点たちの $1/2^2$ 近傍の合併で被覆される. よって部分列 $\{m(2,k)\}_{k=1}^{\infty} \subset \{m(1,k)\}_{k=1}^{\infty}$ を選んで, $\{x(m(2,k))\}_{k=1}^{\infty}$ がある点の $1/2^2$ 近傍に包含される. すなわち
$$d(x(m(2,k)), x(m(2,\ell))) < 1/2 \quad (k, \ell \geqq 1)$$

第 3 段: $\varepsilon = 1/2^2$ として条件を適用. $\{x(m(2,k))\}_{k=1}^{\infty}$ はある有限個の点たちの $1/2^3$ 近傍の合併で被覆される. よって部分列 $\{m(3,k)\}_{k=1}^{\infty} \subset \{m(2,k)\}_{k=1}^{\infty}$ を選んで, $\{x(m(3,k))\}_{k=1}^{\infty}$ がある点の $1/2^3$ 近傍に包含される. すなわち
$$d(x(m(3,k)), x(m(3,\ell))) < 1/2^2 \quad (k, \ell \geqq 1)$$

この操作を続けることで部分列の列
$$\{m(1,k)\}_{k=1}^{\infty} \supset \{m(2,k)\}_{k=1}^{\infty} \supset \cdots \supset \{m(p,k)\}_{k=1}^{\infty} \supset \cdots$$

ができて
$$d(x(m(p,k)), x(m(p,\ell))) < 1/2^{p-1} \quad (k, \ell \geqq 1)$$
となる．ここで $z(p) = x(m(p,p))$ $(p \geqq 1)$ とおけば列の選び方から
$$d(z(p), z(q)) < 1/2^{p-1} \quad (q \geqq p \geqq 1)$$
が成立する．さらに，この不等式を利用して $\{z(p)\}_{p=1}^{\infty}$ がコーシー列になることが示せる．そして空間 X の完備性を用いれば，この列が極限をもち，極限点は $\overline{A}$ に属することがわかる． □

定理 2.4 (ベール[12]のカテゴリ定理) (X, d) を完備距離空間とする．各自然数 $j \in \mathbb{N}$ について U_j は X の稠密な開集合であるとする．このとき $\bigcap_{j=1}^{\infty} U_j$ は X で稠密である．

証明 背理法で示す．結論を否定して
$$V = X \setminus \left(\overline{\bigcap_{j \geqq 1} U_j} \right) \neq \varnothing$$
を仮定する．これは空でない開集合となる．

第1段: U_1 は稠密な開集合であるから $V \cap U_1 \neq \varnothing$ となる．よって $x(1) \in V \cap U_1$ をとり，$\delta_1 > 0$ を小さく選べば $B(x(1), \delta_1) \subset V \cap U_1$ とできる．ここで $V_1 = B(x(1), \delta_1/2)$ とおく．このとき $\overline{V_1} \subset V \cap U_1$ となる．

第2段: U_2 は稠密な開集合であるから $V_1 \cap U_2 \neq \varnothing$ となる．よって $x(2) \in V_1 \cap U_2$ をとり，$\delta_2 > 0$ を小さく選べば $B(x(2), \delta_2) \subset V_1 \cap U_2$ とできる．ただし $\delta_2 \leqq \delta_1/2$ として良い．ここで $V_2 = B(x(2), \delta_2/2)$ とおく．このとき $\overline{V_2} \subset V_1 \cap U_2$ となる．

第3段: U_3 は稠密な開集合であるから $V_2 \cap U_3 \neq \varnothing$ となる．よって $x(3) \in V_2 \cap U_3$ をとり，$\delta_3 > 0$ を小さく選べば $B(x(3), \delta_3) \subset V_2 \cap U_3$ とできる．ただし $\delta_3 \leqq \delta_2/2$ としてよい．ここで $V_3 = B(x(3), \delta_3/2)$ とおく．このとき $\overline{V_3} \subset V_2 \cap U_3$ となる．

---

[12] René Louis Baire (1874-1932) 数学者．

この手順を繰り返すことで列 $x(1), x(2), \cdots, x(m) \in X$ および正の数 $\delta_1, \delta_2, \cdots, \delta_m$ が定まり

$$V_m = B(x(m), \delta_m/2), \quad 0 < \delta_{m+1} \leqq \delta_m/2, \quad \overline{V_{m+1}} \subset V_m \cap U_{m+1}$$

が成立する．構成法より

$$d(x(m+1), x(m)) \leqq \delta_m/2, \quad 0 < \delta_m \leqq \delta_1/2^{m-1} \quad (m \geqq 1)$$

であるから $\{x(m)\}_{m=1}^{\infty}$ はコーシー列となり (X, d) が完備距離空間より，この列は収束する．すなわち，ある $z \in X$ があって $\lim_{m \to \infty} d(x(m), z) = 0$ となる．さて $x(m) \in V_p$ $(m \geqq p \geqq 1)$ より $z \in \overline{V_p}$ $(p \geqq 1)$. $\overline{V_p} \subset U_p$ $(p \geqq 1)$ より $z \in \bigcap_{k=1}^{\infty} U_k$ が成立する．これは最初の V の仮定に矛盾する． □

系 2.5 完備距離空間 (X, d) において閉部分集合の列 M_k $(k \in \mathbb{N})$ によって $X = \bigcup_{k=1}^{\infty} M_k$ と表されるなら，ある番号 p があって $(M_p)^\circ \neq \emptyset$ となる．

証明 背理法によって示す．すべての番号 k について $M_k^\circ = \emptyset$ と仮定する．これの補集合を考えると $X = (M_k^\circ)^c = \overline{(M_k)^c}$ となり $(M_k)^c$ は X の稠密な開集合となる．与えられた仮定の補集合を考えると $\bigcap_{k=1}^{\infty} (M_k)^c = \emptyset$ となる．これはベールのカテゴリ定理に矛盾する． □

2.7 不動点定理

距離空間の理論の重要な応用の 1 つである縮小写像に関する不動点定理について述べる．これは応用解析学の分野において重要な道具となっている．(X, d) を距離空間とする．以下 X は空でない集合とし，写像 $T : X \longrightarrow X$ を考える．

定義 2.19 T が縮小写像であるとは，$0 \leqq \delta < 1$ となる定数 δ が存在して

$$d(T(x), T(y)) \leqq \delta\, d(x, y) \quad (x, y \in X)$$

となることである．

注意 2.6 T が縮小写像ならば連続である．

単純だが強力な**不動点定理** (または, バナッハ[13])の不動点定理) を紹介しよう.

定理 2.6 (X, d) を完備距離空間とする．写像 $T : X \longrightarrow X$ は縮小写像であると仮定する．このとき $T(z) = z$ となる $z \in X$ (不動点) が存在する．また，このような z は唯一である．

この結果を**縮小写像の原理**ともいう．

証明 $z_0 \in X$ を任意にとって固定する．漸化式

$$z_m = T(z_{m-1}) \qquad (m \geqq 1)$$

によって列 $\{z_m\}_{m=0}^{\infty}$ を定める．以下，これがコーシー列になることを示す．

$$d(z_{m+1}, z_m) = d(T(z_m), T(z_{m-1})) \leqq \delta\, d(z_m, z_{m-1}) \qquad (m \geqq 1)$$

これより $d(z_{m+1}, z_m) \leqq \delta^m d(z_1, z_0) \quad (m \geqq 1)$ が従う．$m > \ell \geqq 1$ とし，三角不等式を適用する．

$$\begin{aligned}
d(z_m, z_\ell) &\leqq d(z_m, z_{m-1}) + d(z_{m-1}, z_{m-2}) + \cdots + d(z_{\ell+1}, z_\ell) \\
&\leqq \delta^{m-1} d(z_1, z_0) + \delta^{m-2} d(z_1, z_0) + \cdots + \delta^\ell d(z_1, z_0) \\
&= \frac{\delta^\ell - \delta^m}{1 - \delta} d(z_1, z_0) \leqq \frac{\delta^\ell}{1 - \delta} d(z_1, z_0)
\end{aligned}$$

仮定より $\lim_{p \to \infty} \delta^p = 0$ であるから，任意の $\varepsilon > 0$ に対して，m_0 を大きくとって

$$(\delta^{m_0}/(1-\delta)) d(z_1, z_0) < \varepsilon$$

とできる．これより $d(z_m, z_\ell) < \varepsilon \ (m > \ell \geqq m_0)$ を得る．これによって $\{z_m\}_{m=1}^{\infty}$ はコーシー列となる．したがって X の完備性より極限 z をもつ．$T(z_m) = z_{m+1}$ において $m \to \infty$ として $T(z) = z$ となる．一意性を示す．$z, z' \in X$ が両方とも不動点であると仮定する．

---

[13] Stefan Banach (1892-1945) 数学者．

$$d(z,z') = d(T(z), T(z')) \leq \delta\, d(z,z')$$

$0 \leq \delta < 1$ より $d(z,z') = 0$ が従う.よって $z = z'$ である. □

系 2.7 完備距離空間 (X,d) において,写像 $T: X \longrightarrow X$ があるとする.いまある自然数 p があって T^p が縮小写像であるとする.このとき $T(z) = z$ となる $z \in X$ (不動点) が存在する.また,このような z は唯一である.

証明 縮小写像 $T^p: X \longrightarrow X$ に対して不動点定理 (定理 2.6) を適用して T^p に唯一の不動点 $z \in X$ が存在する.すなわち $T^p(z) = z$ を得る.これを用いて式変形をする.$T^p(T(z)) = T(T^p(z)) = T(z)$ となる.これより $T(z)$ も T^p の不動点となる.T^p の不動点の一意性より $T(z) = z$ となる. □

例 2.14 方程式 $x + (\sin x)/2 + 1 = 0$ は唯一の実数解をもつ.

(説明) $X = \mathbb{R}$ を考える.写像 $T: \mathbb{R} \longrightarrow \mathbb{R}$ を $T(x) = -(\sin x)/2 - 1$ によって定める.これが縮小写像であることを示す.
$$|T(x) - T(y)| = |-(1/2)\sin x - 1 + (1/2)\sin y + 1| = (1/2)|\sin x - \sin y|$$
$y \leq x$ として式変形をして
$$|\sin x - \sin y| = \left|\int_y^x \cos t\, dt\right| \leq \int_y^x |\cos t|\, dt \leq |x - y|$$
となる.上の不等式の両辺は x, y に関して対称なので,一般の x, y に対して
$$|T(x) - T(y)| \leq (1/2)|x - y|.$$
T は縮小写像となり不動点定理を適用して唯一の不動点をもつ.これが解となる.(説明終)

この問題は中間値の定理でも解くことができる.

問 2.16 完備距離空間 (X,d) と連続写像 $f: X \longrightarrow X$ が,定数 $c > 0$ に対して $d(f(x), f(y)) \geq c\, d(x,y)$ $(x, y \in X)$ を満たすとする.このとき,任意の閉集合 K に対して $f(K)$ は閉集合になることを示せ.

問 2.17 距離空間 (X,d) と縮小写像 $f: X \longrightarrow X$ があるとする.空でない有界集合 K が $f(K) = K$ を満たすなら K は 1 点になることを示せ.

2.8 アスコリ-アルツェラの定理＊

距離空間 (X,d) 上の関数のなす族 $\mathcal{F}$ の "ある種の収束性" について議論する．これは微分方程式や関数論などで解の存在定理を示す際に近似的な解を構成する議論に現れる．そしてその列の極限として真の解を求めるという方法がしばしば用いられるが，その際，収束定理が必要になる．そのような場面でよく活躍する代表的なものとしてアスコリ-アルツェラ[14] の定理がある．本節ではこれを紹介しよう．

定義 2.20 (X,d) 上の関数族 $\mathcal{F}$ が**一様有界**であるとは，ある定数 $M>0$ があって $|f(x)| \leqq M \quad (x \in X, \ f \in \mathcal{F})$ となることである．

定義 2.21 (X,d) 上の関数族 $\mathcal{F}$ が**同等連続**であるとは，任意の $z \in X$ および任意の $\varepsilon > 0$ に対して，ある $\delta = \delta(z,\varepsilon) > 0$ が存在して

$$|f(x) - f(z)| < \varepsilon \quad (x \in B(z, \delta(z,\varepsilon)), \ f \in \mathcal{F})$$

となることである．

定義 2.22 (X,d) 上の関数族 $\mathcal{F}$ が**同等一様連続**であるとは，任意の $\varepsilon > 0$ に対して，ある $\delta = \delta(\varepsilon) > 0$ が存在して

$$|f(x) - f(y)| < \varepsilon \quad (x, y \in X, \ d(x,y) < \delta(\varepsilon), \ f \in \mathcal{F})$$

となることである．

この 2 つの条件は似ているが一般に後者のほうが強い条件である．

関数族の収束性について次の性質が従う．

定理 2.8 点列コンパクトである距離空間 (X,d) 上の関数列 $\{f_m\}_{m=1}^{\infty}$ が一様有界かつ同等連続であるとする．このとき，ある部分列 $\{f_{m(p)}\}_{p=1}^{\infty}$ は一様収束する．すなわち，ある連続関数 $f: X \longrightarrow \mathbb{R}$ があって次が成立する．

$$\lim_{p \to \infty} \sup_{x \in X} |f_{m(p)}(x) - f(x)| = 0$$

---

[14] Giulio Ascoli (1843-1896) 数学者．Cesare Arzelà (1847-1912) 数学者．

証明 点列コンパクトな空間 X は全有界であるから X の稠密な可算部分集合 $E = \{a_p\}_{p=1} \subset X$ が存在する (問題 2.1 参照). また同等連続性の仮定より $\forall \varepsilon > 0, \forall x \in X, \exists \delta = \delta(x, \varepsilon) > 0$ s.t.

$$|f(y) - f(x)| < \varepsilon \quad (y \in B(x, \delta(x, \varepsilon)), f \in \mathcal{F})$$

これらを準備して証明にとりかかる.

第 1 段: $\{f_m(a_1)\}_{m=1}^\infty$ は $\mathbb{R}$ の有界数列であるから, 狭義単調増加の自然数の列 $\{m(1,r)\}_{r=1}^\infty$ をとって, 部分列 $\{f_{m(1,r)}(a_1)\}_{r=1}^\infty$ が極限値をもつようにできる.

第 2 段: $\{f_{m(1,r)}(a_2)\}_{r=1}^\infty$ は $\mathbb{R}$ の有界数列であるから, $\{m(1,r)\}_{r=1}^\infty$ の狭義単調増加の部分列 $\{m(2,r)\}_{r=1}^\infty$ をとって, 部分列 $\{f_{m(2,r)}(a_2)\}_{r=1}^\infty$ が極限値をもつようにできる.

第 3 段: $\{f_{m(2,r)}(a_3)\}_{r=1}^\infty$ は $\mathbb{R}$ の有界数列であるから, $\{m(2,r)\}_{r=1}^\infty$ の狭義単調増加の部分列 $\{m(3,r)\}_{r=1}^\infty$ をとって, 部分列 $\{f_{m(3,r)}(a_3)\}_{r=1}^\infty$ が極限値をもつようにできる.

この手順を続けることで狭義単調な自然数列 $\{m(k,r)\}_{r=1}^\infty$ が各 $k \in \mathbb{N}$ に対して存在して

$$\{m(1,r)\}_{r=1}^\infty \supset \{m(2,r)\}_{r=1}^\infty \supset \cdots \supset \{m(k,r)\}_{r=1}^\infty \supset \{m(k+1,r)\}_{r=1}^\infty \supset \cdots$$

のように次々と部分列となり, さらに極限値 $\lim_{r \to \infty} f_{m(k,r)}(a_k)$ が存在する. さて $m(r) = m(r,r)$ $(r \geq 1)$ とおく.[15] このとき作り方から $\{m(r)\}_{r=p}^\infty$ は $\{m(p,r)\}_{r=p}^\infty$ の部分列となる. よって各 k に対して極限値 $\lim_{r \to \infty} f_{m(r)}(a_k)$ が存在する. さてこの関数列 $\{f_{m(r)}\}_{r=1}^\infty$ が, 任意の x で収束することを示す. 以下, 記号のさらなる複雑化を防ぐため $g_r(x) := f_{m(r)}(x)$ とおく.

任意の $x \in X$ をとって固定する. $\forall \varepsilon > 0, \exists z \in E \cap B(x, \delta(x, \varepsilon/3))$. このとき次の式変形をする.

$$|g_r(x) - g_s(x)| \leq |g_r(x) - g_r(z)| + |g_r(z) - g_s(z)| + |g_s(z) - g_s(x)|$$
$$\leq (2\varepsilon/3) + |g_r(z) - g_s(z)|$$

---

[15] 対角線論法という.

E での性質から,極限値 $\lim_{r\to\infty} g_r(z)$ が存在するので,ある $r_0 \in \mathbb{N}$ があって

$$|g_r(z) - g_s(z)| < \varepsilon/3 \quad (r, s \geqq r_0)$$

となる.よって $|g_r(x) - g_s(x)| < \varepsilon \ (r, s \geqq r_0)$ となり,$\{g_r(x)\}_{r=1}^{\infty}$ は $\mathbb{R}$ のコーシー列となり,$\mathbb{R}$ の完備性から収束する.以上から $\{g_r\}_{r=1}^{\infty}$ は各点収束する.すなわち,X 上の関数 g があり次が成立する.

$$\lim_{r\to\infty} g_r(x) = g(x) \quad (x \in X)$$

g の連続性を示そう.仮定より任意の $\varepsilon > 0$ に対して

$$|g_r(x) - g_r(z)| < \varepsilon/2 \quad (x \in B(z, \delta(z, \varepsilon/2)), r \geqq 1)$$

ここで $r \to \infty$ として $|g(x) - g(z)| \leqq \varepsilon/2 < \varepsilon \ (x \in B(z, \delta_0(z, \varepsilon/2)))$ を得る.これは g の X での連続性を示している.

次に $\{g_r\}_{r=1}^{\infty}$ が g に一様収束することを背理法で示す.一様収束しないと仮定すると,ある $\varepsilon_0 > 0$,自然数列 $r(1) < r(2) < \cdots < r(p) < \cdots$,点列 $z(1), z(2), \cdots, z(p), \cdots$ があって

$$|g_{r(p)}(z(p)) - g(z(p))| \geqq \varepsilon_0 \quad (p \geqq 1)$$

となる.X が点列コンパクトであることから自然数列 $p(1) < p(2) < \cdots$ があって $k \to \infty$ のとき $z(p(k))$ が収束する.この極限を $z_* \in X$ とおく.よって k が十分大きいと $z(p(k)) \in B(z_*, \delta(z_*, \varepsilon_0/3))$ となるから

$$\varepsilon_0 \leqq |g_{r(p(k))}(z(p(k))) - g(z(p(k)))|$$
$$\leqq |g_{r(p(k))}(z(p(k))) - g_{r(p(k))}(z_*)|$$
$$\quad + |g_{r(p(k))}(z_*) - g(z_*)| + |g(z_*) - g(z(p(k)))|$$
$$\leqq (\varepsilon_0/3) + |g_{r(p(k))}(z_*) - g(z_*)| + |g(z_*) - g(z(p(k)))|$$

ここで,$k \to \infty$ のとき各点収束と $\lim_{k\to\infty} z(p(k)) = z_*$ および g の連続性により $\varepsilon_0 \leqq \varepsilon_0/3$ となり矛盾.これより一様収束が示された.$f := g$ とおいて結論を得る. □

2.9　距離空間の完備化＊

　完備距離空間は，関数やその族を扱ったり極限操作を行ったり，あるいは方程式の解を求めるなど応用的な議論を行う上で重要な仕組みである．一般の距離空間は必ずしも完備ではない．このため，適当に空間を拡張して完備なものを作成することが必要になる．このことは実際可能で，その操作の過程あるいは結果を**完備化**という．以下それを定式化した定理を述べる．

定理 2.9　任意の距離空間 (X,d) に対して，距離空間 $(\widetilde{X},\widetilde{d})$ が存在して，次の条件 (i), (ii) を満たす．
　(i)　$(\widetilde{X},\widetilde{d})$ は完備距離空間である．
　(ii)　写像 $\iota: X \longrightarrow \widetilde{X}$ が存在して $\widetilde{d}(\iota(x),\iota(y))=d(x,y)$ $(x,y \in X)$ であり，$\iota(X)$ は $(\widetilde{X},\widetilde{d})$ において稠密である．

　この定理の証明は第 4 章で与えられる．例をあげる．

例 2.15　$X=\mathbb{Q}, d(x,y)=|x-y|$ とすると (X,d) は距離空間であるが完備ではない．実際，任意の無理数 z に対し，z に収束する有理数の列 a_m が存在する (1.6 節 2 進展開)．$\{a_m\}_{m=1}^{\infty}$ はこの (X,d) においてコーシー列となっている．この場合は，$\widetilde{X}=\mathbb{R}, \widetilde{d}(x,y)=|x-y|$ として (X,d) の完備化になっている．

例 2.16　$\mathbb{R}$ 上の連続関数 $\phi = \phi(t)$ で
$$\mathrm{supp}(\phi) := \overline{\{t \in \mathbb{R} \mid \phi(t) \neq 0\}} \quad (\phi \text{ の台または}\textbf{サポート}\text{とよばれる})$$
が有界閉集合となるものの全体を X とおく．X に
$$d(\phi,\psi)=\sup_{t \in \mathbb{R}}|\phi(t)-\psi(t)| \quad (\phi,\psi \in X)$$
を定めると d は距離関数となる．このとき (X,d) は距離空間ではあるが完備ではない．実際に X の中に極限をもたないコーシー列を作ってみる．
$$\phi_m(t) = \begin{cases} (\sin(\pi t))/(1+t^2) & (-m \leq t \leq m) \\ 0 & (|t| > m) \end{cases} \quad (m \geq 1)$$

$\{\phi_m\}_{m=1}^\infty$ は X でコーシー列になることを示す. $\ell \geqq m \geqq 1$ として

$$d(\phi_\ell, \phi_m) = \sup_{t \in \mathbb{R}} |\phi_\ell(t) - \phi_m(t)|$$

$$= \sup_{m \leqq |t| \leqq \ell} |\sin(\pi t)/(1+t^2)|$$

$$\leqq 1/(1+m^2) \to 0 \quad (m \to \infty)$$

よって $\{\phi_m\}_{m=1}^\infty$ はコーシー列となる. (X,d) が完備ならば, ϕ_m が $m \to \infty$ に対し, ある ϕ に (X,d) の意味で収束する. そして当然, 各点収束するから

$$\phi(t) = \sin(\pi t)/(1+t^2)$$

とならざるを得ないが, ϕ の台は $\mathbb{R}$ で有界にならない. よって (X,d) は完備でない. そこで完備化を与えよう. $\mathbb{R}$ 上の連続関数 $\widetilde{\phi}$ で $\lim_{t \to \pm\infty} \widetilde{\phi}(t) = 0$ となるようなもの全体を $\widetilde{X}$ とおく. この集合に距離

$$\widetilde{d}(\widetilde{\phi}, \widetilde{\psi}) = \sup_{t \in \mathbb{R}} |\widetilde{\phi}(t) - \widetilde{\psi}(t)| \quad (\phi, \psi \in \widetilde{X})$$

を与える. こうすれば $(\widetilde{X}, \widetilde{d})$ は完備距離空間になる. また, 任意の $\Phi \in \widetilde{X}$ が X の元で近似できることを次のように示すことができる. まず補助関数として

$$\xi_m(t) = \begin{cases} 1 & (-m \leqq t \leqq m) \\ 1 + (m-|t|)/m & (m < |t| \leqq 2m) \\ 0 & (|t| > 2m) \end{cases}$$

を定める. $\phi_m(t) := \Phi(t)\xi_m(t)$ とおくと $\phi_m \in X$, $\lim_{m \to \infty} \widetilde{d}(\Phi, \phi_m) = 0$ となる.

問 2.18 距離空間 (X,d) の 2 つのコーシー列 $\{x(m)\}_{m=1}^\infty$, $\{y(m)\}_{m=1}^\infty$ に対して極限 $\lim_{m \to \infty} d(x(m), y(m))$ が存在することを示せ.

2.10 章末問題

問題 2.1 距離空間 (X, d) の全有界な部分集合 A に対して，可算列 $\{a_m\}_{m=1}^\infty \subset A$ があって $\overline{\{a_m\}_{m=1}^\infty} \supset A$ が成り立つことを示せ．

問題 2.2 正の実数からなる集合 $X = (0, \infty)$ に対して
$$d(x, y) = |\log x - \log y|$$
とおくと (X, d) は完備距離空間になることを示せ．

問題 2.3 距離空間 (X, d) の空でない点列コンパクト集合 A と X の列 $\{x(m)\}_{m=1}^\infty$ に対して $\lim_{m \to \infty} \text{dist}(x(m), A) = 0$ が成立していると仮定する．このとき $\{x(m)\}_{m=1}^\infty$ は収束する部分列をもつことを示せ．

問題 2.4 距離空間 (X, d) に対し，$X \times X$ 上の関数 d' を
$$d'(x, y) = \frac{d(x, y)}{1 + d(x, y)} \quad (x, y \in X)$$
とおくとき，$d'(x, y)$ も距離の公理を満たすことを示せ．このとき恒等写像 $f(x) = x$ は (X, d) から (X, d') への連続写像になることを示せ．

問題 2.5 距離空間 (X, d) (完備とは限らない) に対し，あるコーシー列 $\{x(m)\}_{m=1}^\infty$ が収束する部分列をもつとする．このとき，$\{x(m)\}_{m=1}^\infty$ 自身が収束列になることを示せ．

問題 2.6 距離空間 $(X_1, d_1), (X_2, d_2)$ に対し，直積集合 $X = X_1 \times X_2$ を考える．$x = (x_1, x_2), y = (y_1, y_2) \in X$ に対し
$$d(x, y) = \sqrt{d_1(x_1, y_1)^2 + d_2(x_2, y_2)^2}, \ d'(x, y) = d_1(x_1, y_1) + d_2(x_2, y_2)$$
とおくと d' も X 上の距離になることを示せ．このとき，恒等写像 $f(x) = x$ は (X, d) から (X, d') への連続写像になることを示せ．

問題 2.7 距離空間 $(X_1, d_1), (X_2, d_2)$ に対し，前問の方式でできる直積距離空間 (X, d) を考える．A, B が，それぞれ $(X_1, d_1), (X_2, d_2)$ で点列コンパクトなら $A \times B$ は X で点列コンパクトになることを示せ．

問題 2.8 n 次元ユークリッド空間 $X = \mathbb{R}^n$ (標準距離) の点列 $\{x(m)\}_{m=1}^{\infty}$ を考える．いま $|x(\ell) - x(m)| \geq 1 \ (\ell > m \geq 1)$ とする．このとき $\lim_{m \to \infty} |x(m)| = \infty$ を示せ．

問題 2.9 n 次元ユークリッド空間 $\mathbb{R}^n$ (標準距離) の空でない部分集合 A, B は次の条件を満たすとする．
（ⅰ） A, B はそれぞれ閉集合で，$A \cap B = \emptyset$ である．
（ⅱ） A または B は有界である．
このとき $a \in A, b \in B$ があって A, B の間の最短距離を与えることを示せ．(ⅱ) の条件がないと，この結論は必ずしも成立しないことを例をあげて説明せよ．

問題 2.10 (X, d) は距離空間で，X の点列コンパクト集合からなる列

$$A_1 \supset A_2 \supset \cdots \supset A_m \supset \cdots$$

があるとする．$f : X \longrightarrow X$ を連続写像としたとき次を示せ．

$$\bigcap_{m=1}^{\infty} f(A_m) = f\left(\bigcap_{m=1}^{\infty} A_m\right)$$

問題 2.11 本章で与えた距離空間 $X = \ell^2(\mathbb{N}, \mathbb{R})$ を考える．$\lim_{n \to \infty} \alpha_n = \infty$ を満たす正の数列 $\{\alpha_n\}_{n=1}^{\infty}$ および定数 $c > 0$ を与えて，部分集合

$$A = \left\{x = (x_n)_{n \geq 1} \in X \ \Big|\ \sum_{n=1}^{\infty} \alpha_n x_n^2 \leq c\right\}$$

を定める．このとき A は点列コンパクトになることを示せ．

問題 2.12 A, B は，それぞれ $\mathbb{R}^n$ の有界閉集合かつ凸集合で $A \cap B = \emptyset$ を満たすと仮定する．このとき，$\mathbb{R}^n$ 上の 1 次関数

$$f(x_1, x_2, \cdots, x_n) = a_1 x_1 + a_2 x_2 + \cdots + a_n x_n + b$$

が存在して $f(x) > 0 \ (x \in A), \ f(x) < 0 \ (x \in B)$ とできることを示せ．

問題 2.13 区間 $J = [0, \infty)$ 上の関数の集合を考える.
$$X = \left\{ u \in C^0(J) \mid \lim_{x \to \infty} u(x) = 0 \right\}$$
X に属する, 任意の $u = u(x)$ は J で有界になることを示せ.
$$d(u, v) = \sup_{x \in J} |u(x) - v(x)| \quad (u, v \in X)$$
とおくと (X, d) は完備距離空間となることを示せ.

問題 2.14 1 変数関数 $\Phi = \Phi(\xi), \Psi = \Psi(\xi)$ は $\mathbb{R}$ 上の微分可能な関数で, ある定数 $\alpha > 0, \beta > 0$ があって
$$|\Phi'(\xi)| \leqq \alpha, \quad |\Psi'(\xi)| \leqq \beta, \quad \alpha\beta < 1 \quad (\xi \in \mathbb{R})$$
が成立するとする. このとき連立方程式 $y = \Phi(x), x = \Psi(y)$ は解 $(x, y) \in \mathbb{R}^2$ をちょうど 1 組もつことを示せ.

問題 2.15 $X = \mathbb{R}^n$ (標準距離) における写像 $f : X \longrightarrow X$ は縮小写像であるとする. このとき $F(x) = x + f(x)$ で与えられる写像 $F : X \longrightarrow X$ は全単射になることを示せ. また, F の逆写像は連続になることを示せ.

問題 2.16 距離空間 (X, d) に点列コンパクトである部分集合の族 $A_1, A_2, \cdots, A_m, \cdots$ に対して $\bigcap_{m=1}^{\infty} A_m$ は点列コンパクトになることを示せ.

問題 2.17 距離空間 (X, d) は稠密な可算部分集合をもつとする. A を任意の部分集合として A に属する列 $\{y(m)\}_{m=1}^{\infty}$ が存在して次が成立することを示せ.
$$\overline{\{y(1), y(2), \cdots, y(m), \cdots\}} \supset A$$

問題 2.18 距離空間 (X, d) の部分集合 A 上の関数 f が A 上で一様連続であるとする (定義 2.13 参照). このとき f は $\overline{A}$ 上の連続関数に拡張できることを示せ.

問題 2.19 $X = \mathbb{R}^n$ に対し, $d(x,y)$ を次のように定める.

$$d(x,y) = \left| \frac{|x|}{1+|x|^2} x - \frac{|y|}{1+|y|^2} y \right| \quad (x,y \in X)$$

d は X で距離関数となることを示し, (X,d) は完備であるかを調べよ.

問題 2.20 (数列空間 $\ell^p(\mathbb{N}, \mathbb{R})$) $p \geqq 1$ を定数とし, 集合 X と関数 d を

$$X = \ell^p(\mathbb{N}, \mathbb{R}) = \left\{ (x_n)_{n \geqq 1} \ \bigg| \ \sum_{n=1}^{\infty} |x_n|^p < \infty \right\}$$

$$\|(x_n)_{n \geqq 1}\|_{\ell^p} = \left(\sum_{n=1}^{\infty} |x_n|^p \right)^{1/p}, \quad d(x,y) = \|x-y\|_{\ell^p} \quad (x,y \in \ell^p(\mathbb{N}, \mathbb{R}))$$

で定めると (X,d) は完備距離空間になることを示せ.

問題 2.21 点列コンパクトな距離空間 (X,d) 上の関数族 $\mathcal{F}$ について, 同等連続であることと, 同等一様連続であることは同値であることを示せ.

問題 2.22 点列コンパクトな距離空間 (X, d_X) から距離空間 (Y, d_Y) への連続写像 f は, 一様連続写像 (定義 2.13) になることを示せ.

第3章
同値関係, 順序関係

本章では, 2つの数学的対象の相等や大小の概念の明確化および拡張である同値関係と順序関係を学ぶ. 同値関係を使い同値類と商空間を定義する. 応用として, 無限集合の大きさを記述する濃度の概念を扱う. また, 構成や存在に関する論議で用いられる選択公理を説明する. 順序集合を扱う際に有用なツォルンの補題とその応用を与える.

3.1　2項関係

集合 X に対して直積集合 $X \times X$ を考える. $X \times X$ から $\{0,1\}$ への写像 R を集合 X 上の **2項関係**という[1]. 集合 X の元 x と y に対し $R(x,y) = 1$ が成立するとき, x と y は **関係 R をもつ**といい, これを xRy と表す. 集合や数において現われる様々な条件式は2項関係で記述される. たとえば, 実数の大小関係は2項関係の1つである. X を実数の集合, 2項関係 R を実数 x と y に対し $y-x \geqq 0$ ならば 1, その他の場合は 0 と定義すると, $xRy \iff x \leqq y$ となるからである.

もう1つ例を見てみよう. X を整数の集合とし2項関係 R を整数 x と y に対し $x-y$ が2の倍数ならば 1, その他の場合は 0 と定義する. このとき xRy は整数 x と y の偶奇が一致することを意味する. 整数の集合 X は, X の元が互いに関係 R をもつかもたないかで2つの集合 X_0 と X_1 に分割される. 実際 X の部分集合 $X_0 := \{0, \pm 2, \pm 4, \cdots\}$ と $X_1 := \{\pm 1, \pm 3, \pm 5, \cdots\}$ を考えると, 同じ部分集合に属する任意の2元は関係 R をもち, また, 異る部

---

[1]　$\{0,1\}$ は2つの要素 0 と 1 をもつ集合. 2つの要素をもつ集合なら別のものを採用してもよい.

分集合に属する 2 元は関係 R をもたない. このように, 2 項関係 R によって, 偶数の集合 X_0 と奇数の集合 X_1 が自然に導かれる. さて, X 上に 2 項関係を与えることと, 直積集合 $X \times X$ の部分集合を与えることは同値である. なぜなら 2 項関係 R に対して,

$$A_R := \{(x,y) \in X \times X \mid R(x,y) = 1\}$$

で $X \times X$ の部分集合 A_R を与えることができる. また, 逆に $X \times X$ の部分集合 A が与えられたとき, 2 項関係を

$$R(x,y) := \begin{cases} 1 & ((x,y) \in A) \\ 0 & ((x,y) \notin A) \end{cases}$$

で定義すると $A_R = A$ とできるからである.

このように 2 項関係は直積集合の部分集合と等価のものと考えられる. したがって様々な 2 項関係を設定できる. じつは, この章の最初にあげた 2 つの例は, 前者は順序関係, 後者は同値関係とよばれる特別な 2 項関係であり, 基本的かつ重要なものである. 以下の節で, これら同値関係と順序関係がどのようなものなのか, また, それらのもつ様々な性質とその応用について述べていくこととする. 本章では, 同値関係を表す xRy を $x \sim y$ と書き, また, 順序関係 xRy を表すときは $x \preceq y$ と書くことをあらかじめ注意しておく.

3.2 同値関係

数学に限らず, ある性質を共有するものを同じ仲間と考え, 分類を行うことはよくある. たとえば, $\mathbb{R}^2$ の多角形は三角形, 四角形, $\cdots$ と角の個数で分類される. このような分類で, 2 つの元が同じ分類に属すか違う分類に属すかを定める 2 項関係が同値関係である. 同値関係には最低限満たすべき性質がある. 例えば, 2 つの元が同じであれば, それらは同じ分類に属さなければいけない. また, 推移律が成立しなければいけない. つまり, x と y および y と z が同じ分類に属すならば, x と z も同じ分類に属さなければいけない. これら同値関係が満たすべき規則をまとめたものが, 以下の同値関係の定義である.

定義 3.1 X を集合とする.2 項関係 $\sim$ が X 上の**同値関係**であるとは,$\sim$ が次の 3 条件を満たすことをいう.

(i)　すべての $x \in X$ に対し $x \sim x$ 　　　（反射律）

(ii)　$x \sim y$ ならば $y \sim x$ 　　　（対称律）

(iii)　$x \sim y$ かつ $y \sim z$ ならば $x \sim z$ 　　　（推移律）

同値関係の例をいくつか挙げよう.

例 3.1（自明な同値関係）　X を任意の集合とする.X 上の 2 項関係を X の 2 つの元 x と x' に対し $x \sim x' \iff x = x'$ で定義すると $\sim$ は同値関係となる.これを**自明な同値関係**とよぶ.

例 3.2　n を自然数とし $X = \mathbb{Z}$ を整数の集合とする.X 上の 2 項関係を

$$x \sim x' \iff x - x' \text{ が } n \text{ の倍数}$$

とする.$\sim$ は同値関係の条件を満たしている.$x \sim x'$ は,x と x' のそれぞれを n で割った余りが一致することを意味する[2].

例 3.3　n を自然数,$X = M_{nn}(\mathbb{C})$（複素数成分の n 次正方行列全体）.行列 x と x' が**相似**であるとは,ある正則行列[3] z が存在して $x = zx'z^{-1}$ となることをいう.X 上に 2 項関係を

$$x \sim x' \iff \text{行列 } x \text{ と } x' \text{ が相似}$$

で定めると,これは同値関係となる[4].

問 3.1　例 3.3 の $\sim$ が同値関係であることを確かめよ.

X を集合とし $\sim$ を X 上の同値関係とする.元 $x \in X$ に対し,x と同値な元全体のなす X の部分集合を $[x]$ で表す[5].つまり $[x]$ は

---

[2]　剰余によるこの様な同値関係を $x \equiv x' \bmod n$ と書くこともある.

[3]　行列 x が正則行列とは x が逆行列 x^{-1} をもつことである.

[4]　相似な 2 つの行列の行列式,固有値,特性多項式や階数は一致する.

[5]　実数 x に対するガウスの記号 $[x]$ と混同しないようにすること.本書では同値類を表す記号を太字にしてある.

$$[x] := \{x' \in X \mid x' \sim x\}$$

で定義される X の部分集合である．X の部分集合 B が，ある元 $x \in X$ によって $B = [x]$ となるとき，B を集合 X の同値関係 $\sim$ による**同値類**といい，x を同値類 B の**代表元**という．同値類 B の代表元は一般的には一意に定まらないことに注意する．B に属する任意の元が B の代表元となれるからである．

例 3.4 例 3.2 の集合 $X = \mathbb{Z}$ において $n = 3$ の場合を考える．元 1 の同値類は $[1] = \{\cdots, -5, -2, 1, 4, 7, \cdots\}$ で与えられる．また $B_0 := \{0, \pm 3, \pm 6, \cdots\}$ は $B_0 = [0]$ となるので，X の $\sim$ による同値類の 1 つであり，その代表元は，例えば 0 である．もちろん $B_0 = [-3], B_0 = [3]$ も正しい．

問 3.2 X の元 x と y に対し，同値類 $[x]$ と $[y]$ が等しくなるための必要十分条件は $x \sim y$ であることを示せ．

定義 3.2 集合 X の $\sim$ による同値類全体のなす集合を，X の同値関係 $\sim$ による**商集合**といい $X/\sim$ と表す．より正確に述べると商集合 $X/\sim$ はベキ集合 $\mathcal{P}(X)$ の部分集合で

$$X/\sim := \{B \in \mathcal{P}(X) \mid B \text{ は } \sim \text{ による同値類}\}$$

と定義される集合である．

相異なる同値類 B_1 と B_2 は $B_1 \cap B_2 = \emptyset$ を満たす．実際，もし 2 つの同値類 B_1, B_2 が共通の元 $x \in X$ をもてば，x は B_1 と B_2 両方の代表元となり $B_1 = [x] = B_2$ となるからである．また，任意の $x \in X$ は，必ずある同値類に属する．なぜなら，$x \in X$ は同値類 $[x]$ に属するからである．X の同値関係 $\sim$ による同値類を B_λ $(\lambda \in \Lambda)$ と表すものとする (Λ は添字集合)．このとき，上に述べたように

(1) $\lambda \neq \mu$ ならば $B_\lambda \cap B_\mu = \emptyset$, (2) $\bigcup_{\lambda \in \Lambda} B_\lambda = X$

が成り立つ．つまり，集合 X は同値類によって互いに交わらないいくつかの集合たちに分割されるのである．これを集合 X の**同値類による分割**という．これは，ある集団を同じ性質をもつものにグループ分けすることと対比して考え

るとわかりやすいであろう．商集合とは，この各グループを 1 つのものとみなし，それを元とした集合を考えることに相等する．つまり，集合 X の分割の各 B_λ が商集合の元となるのである．

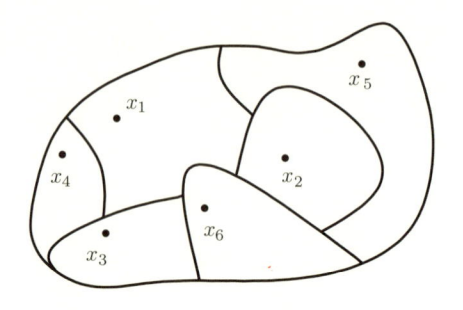

図 3.1 同値関係による X の分割の 1 つのイメージ

例 3.5 例 3.2 の商集合を見てみよう．$k = 0, 1, \cdots, n-1$ に対して，X の部分集合 B_k を n による剰余が k になる整数全体で定義する．

$$B_k = \{\ell n + k \in X \mid \ell \in \mathbb{Z}\}$$

B_k は X の同値類であり，その代表元として k をとることができる．$B_k = [k]$．B_k の代表元は B_k に属する元であれば別のものでもよく $B_k = [n+k]$ とも書ける．X の同値類は $B_0, B_1, \cdots, B_{n-1}$ の n 個であり，

$$X/\sim\, = \{B_0, B_1, \cdots, B_{n-1}\}$$

となる．この商集合を $\mathbb{Z}/n\mathbb{Z}$ と書く．商集合 $\mathbb{Z}/n\mathbb{Z}$ には $\mathbb{Z}$ の加法と乗法より導かれる自然な加法と乗法を定義することができ，代数的に重要な例となる．

例 3.6 $X = \mathbb{R}^n \setminus \{\mathbf{0}\}$ とし，2 項関係 $\sim$ を，$x, x' \in X$ に対し

$$x \sim x' \iff \text{ある実数} c > 0 \text{が存在して} cx = x'$$

で定義する．これは同値関係になる．この商集合を考えてみよう．定義から，2 つの X の点が $\sim$ で同値になるのは，原点から出る同一半直線上にこの 2 点があるときであり，そのときに限る．したがって X の同値類は，これら半直線

(ただし, 原点を除く) である. 同値類の代表元を考えてみよう. 原点から出る半直線は必ず X の (原点を中心とした) 単位球面と 1 点で交わるから, 単位球面上の点を代表元とする同値類で, この商集合の全ての元を与えることができる. しかも, 球面上の異なる 2 点は異なる同値類を与える. よって, 単位球面上の点に対し, その点を代表元とする同値類を対応させて, 単位球面から $X/\sim$ への全単射が得られる. こうして $X/\sim$ は $\mathbb{R}^n$ の単位球面と同一視できる[6].

X の元 x に対して $X/\sim$ の元 $[x]$ を対応させることで, 写像 $\pi: X \to X/\sim$ を得る. この写像を商集合への**自然な射影**という. π は全射であるが, 一般に単射にならないことに注意する.

商集合と写像

集合 X, Y と写像 $f: X \longrightarrow Y$ を考える. 2 つの集合 X と Y はそれぞれ同値関係 $\sim_1$ と $\sim_2$ をもつとする. 以下 X から $X/\sim_1$ への自然な射影を π_1, Y から $Y/\sim_2$ へのそれを π_2 とする. この状況で写像 f が商集合の間の写像

$$\bar{f}: X/\sim_1 \longrightarrow Y/\sim_2$$

に自然に誘導されるかを考える. ここで自然に誘導されるとは条件

$$\pi_2 \circ f = \bar{f} \circ \pi_1 \quad (\text{図 3.2 参照}) \tag{3.1}$$

が成立するような $\bar{f}$ が存在することをいう. このための条件を考える.

命題 3.1 写像 $\bar{f}: X/\sim_1 \longrightarrow Y/\sim_2$ で条件 (3.1) を満たすものが存在するための必要十分条件は f が

$$x \sim_1 x' \Longrightarrow f(x) \sim_2 f(x') \tag{3.2}$$

を満たすことである. この $\bar{f}$ を f から**誘導される写像**という.

証明 f から誘導される写像が存在するときに (3.2) が成立することを示す. $x \sim_1 x'$ とする. π_1 の定義から $\pi_1(x) = \pi_1(x')$ が成立する. よって条件 (3.1)

---

[6] このような見方は位相幾何学の分野で頻繁に用いられる.

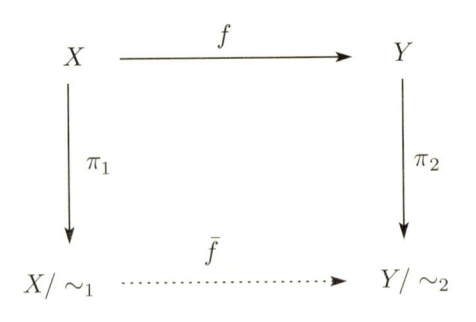

$$\begin{CD} X @>f>> Y \\ @VV\pi_1 V @VV\pi_2 V \\ X/\sim_1 @>\bar{f}>> Y/\sim_2 \end{CD}$$

図 **3.2** 誘導された写像 $\bar{f}$

より $\pi_2(f(x)) = \pi_2(f(x'))$ を得る.これは,$f(x) \sim_2 f(x')$ を意味する.逆に条件 (3.2) の下で写像 $\bar{f}$ が存在することを示そう.$x \in X$ の同値類を $[x]_1$ で表し,$y \in Y$ の同値類を $[y]_2$ で表すものとする.B を商集合 $X/\sim_1$ の元とし,その代表元を b とする.このとき

$$\bar{f}(B) := [f(b)]_2$$

で $\bar{f}$ を定義すると,条件 (3.2) からこの定義は適切である.つまり B の代表元として他の b' を選んでも $[f(b)]_2 = [f(b')]_2$ が成立し,上の $\bar{f}(B)$ の定義は B の代表元の選び方によらない[7].また,任意の $x \in X$ に対し

$$(\bar{f} \circ \pi_1)(x) = \bar{f}([x]_1) = [f(x)]_2 = (\pi_2 \circ f)(x)$$

であるから (3.1) が成り立つ. □

前命題と同じ状況で次の系を得る (証明は同様である).

系 3.1 写像 $f : X \longrightarrow Y$ に対して,$X/\sim_1$ から Y への写像 $\bar{f}$ で

$$f = \bar{f} \circ \pi_1 \tag{3.3}$$

を満たすものが存在するための必要十分条件は f が

$$x \sim_1 x' \Longrightarrow f(x) = f(x')$$

---

[7] このように定義が代表元の選び方によらないことを,定義は適切であるという.英語では **well-defined** という.

を満たすことである．この $\bar{f}$ も f から誘導された写像という．

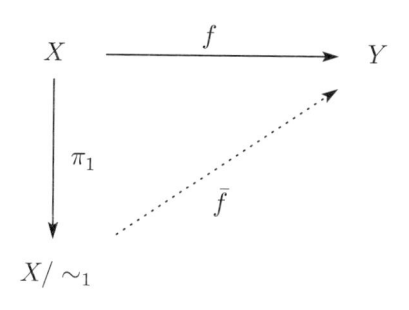

図 **3.3** 誘導された写像 $\bar{f}$

例 3.7 X とその同値関係を例 3.3 のものとする．$X = M_{nn}(\mathbb{C})$ から $\mathbb{C}$ への写像を $f(x) := \det(x)$ で定める．このとき $x \sim x' \Rightarrow \det(x) = \det(x')$ が成立するので，系より f から誘導された写像 $\bar{f} : X/\sim \longrightarrow \mathbb{C}$ が存在する．

系 3.1 の応用を 1 つ与えよう．X と Y を集合とし，写像 $f : X \longrightarrow Y$ が与えられているものとする．X 上の 2 項関係 $\sim_1$ を

$$x \sim_1 x' \iff f(x) = f(x')$$

で定義する．$\sim_1$ は X の同値関係になり，これを写像 f から誘導された同値関係という．系 3.1 より f から誘導された写像 $\bar{f}$ が存在する．$\bar{f}$ は $X/\sim_1$ から Y への単射となる．

問 3.3 $\bar{f}$ が単射になることを示せ．

(3.3) より f は全射である写像 π_1 と単射である写像 $\bar{f}$ の合成写像の形に表現できることになる．こうして次の有用な写像の分解定理を得る．

定理 3.2（**写像の分解定理**） 任意の写像 f は (3.3) のように全射である写像と単射である写像の合成で表せる．

3.3 集合の濃度

集合 X が空集合または有限個の元からなるとき, X を**有限集合**といい, X が有限集合でなければ X を**無限集合**というのであった. X が有限集合のとき, 我々は集合 X の元の個数を数えることができる. ところが, 改めて "集合の元の個数の定義は何か" と問われると意外に答え難い. そこでまず集合の元の個数を定義しておこう.

定義 3.3 X が空集合ならば, その元の個数は 0 とする. ある自然数 n と集合 $\{1, 2, \cdots, n\}$ から X への全単射 φ が存在するとき X の元の個数は n とする.

写像 φ は, 1 個目の元が $\varphi(1)$, 2 個目の元が $\varphi(2)$ という具合に, 集合の元を数え上げる方法を指示している. φ が単射ということは重複なく数え上げることを意味しており, 全射ということは X の元を数えつくすことを意味する. この定義が集合の元の個数として妥当なものであることが理解できるであろう. ただし, 他にも全単射 $\psi : \{1, 2, \cdots, m\} \longrightarrow X$ が存在したときに $m = n$ となることを確認する必要がある. 写像

$$\psi^{-1} \circ \varphi : \{1, 2, \cdots, n\} \longrightarrow \{1, 2, \cdots, m\}$$

も全単射となることに注意する. 次の補題より $m = n$ が従う.

補題 3.3 集合 $Z_1 = \{1, 2, \cdots, n\}$ から $Z_2 = \{1, 2, \cdots, m\}$ への全単射が存在するならば $m = n$ である.

証明 f を Z_1 から Z_2 への全単射とする. f が単射であるから

$$\sharp(f(Z_1)) = \sharp(\{f(1), f(2), \cdots, f(n)\}) = n$$

となり, 一方 $f(Z_1) \subset Z_2$ より $\sharp(Z_1) = n \leqq \sharp(Z_2) = m$ となる. 同じ議論を f^{-1} に適用して $m \leqq n$ も得る. □

有限集合の場合, 集合間に全単射が存在すると, それらの元の個数は同じになることがわかる. 無限集合の場合は集合の元の個数で比較するわけにはいか

ない．しかし，2 つの無限集合の大きさの相等は，有限集合の場合の拡張として，全単射の存在で決めることが自然であると考えられる．

定義 3.4 X, Y を集合とする．X から Y への全単射が存在するとき，集合 X と Y の**濃度**は同じであるという．集合 X の濃度を $\mathrm{Card}\,(X)$ で表す[8]．

この定義に現れる集合の濃度が何であるのか説明する．最初に直感的な定義を与える．まず V で集合全部の集りを表すものとする．V 上の 2 項関係 $\sim$ を

$$X \sim Y \iff 集合 X から Y への全単射が存在する$$

で定義する．$\sim$ は同値関係の条件を満たし V 上の同値関係となる．そこで集合 X の濃度を X を代表元とする V の同値類とする．つまり

$$\mathrm{Card}\,(X) := [X]$$

と定めるのである．

しかし，この素朴な濃度の定義には少々問題がある．集合全部の集まりである V が，じつは集合にならないのである．V を集合とみなすと，つまり，集合全部のなす集合が存在すると仮定すると，矛盾が起きることがわかっている．そこで，矛盾が起きないようにするために，より大きい存在であるクラスとよばれる対象を導入し，集合と区別するようにする．V はクラスであり，また，V の同値類も集合ではなくクラスとなる．クラスに関する様々な技法[9]を用いると，このような濃度の定義を上手く扱うことができる．しかし，これには多くの準備が必要であり，本書の範囲をはるかに逸脱する．

そこで本書では，多少不自由なのであるが，次のような方針をとることとする．まず，我々が普段扱う集合 (たとえば自然数の集合や実数の集合等) を元としてもつ，十分に大きな集合 $\mathcal{U}$ を用意して固定する ($\mathcal{U}$ をユニバースとよぶ)．同値関係 $\sim$ は $\mathcal{U}$ 上で定義されているものとする．また集合の濃度は $\mathcal{U}$ の同値類とする．もし $\mathcal{U}$ に属さない集合 X の濃度が必要になる場合は，$\mathcal{U} \subset \mathcal{U}'$ かつ $X \in \mathcal{U}'$ となるより大きい集合 $\mathcal{U}'$ を用意し，ユニバースを $\mathcal{U}'$ に取り直

---

[8] 濃度は英語で cardinal number. Card(X) の記号はこれによる．

[9] クラスである同値類を集合のように扱う技法として Scott's trick がある．

すこととする. $\mathcal{U}$ で等しい濃度をもつ集合たちは, $\mathcal{U}'$ でも等しい濃度をもつから, このユニバースの取り替えが問題となることはない. 本書では, 集合の濃度をこのように扱うこととする.

定義 3.5 n 個の元からなる集合の濃度を n で表す. $\mathbb{N}$ の濃度を $\aleph_0$ (アレフゼロ) で表し, **可算無限濃度**とよぶ. $\mathbb{R}$ の濃度を $\aleph$ (アレフ) で表し**連続体濃度**ということとする.

可算集合

第1章でも定義したように, 可算無限濃度 $\aleph_0$ をもつ集合を**可算無限集合**とよび, 有限または可算無限である集合を**可算集合**という[10]. また, 可算集合でない集合を**非可算集合**とよび, その濃度を**非可算濃度**という. じつは, 可算無限濃度が無限集合の濃度の中でもっとも小さい. この事実を示すには選択公理が本質的に必要なので 3.4 節で扱う. 次の命題は, 可算無限濃度が無限集合の濃度の中でもっとも小さいという主張よりは弱いが有用である.

命題 3.2 可算無限集合の部分集合は, 有限集合か可算無限集合である.

証明 X を可算無限集合, Y をその部分集合とする. X は可算無限集合であるから, 全単射 $\varphi : \mathbb{N} \longrightarrow X$ が存在する. $B = \varphi^{-1}(Y)$ とおく. $\varphi : B \longrightarrow Y$ は全単射だから, 自然数の部分集合 B が高々可算であること示せば十分である. B は有限集合でないと仮定する. このとき B から $\mathbb{N}$ への写像 ψ を次のように定義する.

$$\psi(x) := \sharp(\{y \in B \mid y \leqq x\}) \quad (x \in B)$$

ここで $\sharp$ は集合の元の個数を表す. このとき ψ は狭義単調増加関数 ($b_1 < b_2$, $b_1, b_2 \in B \Rightarrow \psi(b_1) < \psi(b_2)$) である. 実際 $b_1, b_2 \in B$ で $b_1 < b_2$ なるものに対し

$$\{b \in B \mid b \leqq b_1\} \subsetneq (\{b \in B \mid b \leqq b_1\} \cup \{b_2\}) \subset \{b \in B \mid b \leqq b_2\}$$

---

10) 可算であることを**高々可算**ともいう.

であるから, $\psi(b_1) + 1 \leqq \psi(b_2)$ となる. 特に ψ は単射となる. ここで次の事実に注意しておく.

『自然数の空でない部分集合には必ず最小の数が存在する』[11]

これを用いて ψ が全射であることを示す. いま集合 $E := \mathbb{N} \setminus \psi(B)$ が空集合でないと仮定する. E の最小の数を n としよう. B の最小の自然数 b_0 に対し $\psi(b_0) = 1$ が成り立つから $n > 1$ である. $b^* := \psi^{-1}(n-1)$ と定める. このとき $\psi(b^*) = n - 1$ である. B は無限集合だから $B' := \{b \in B \mid b > b^*\}$ は空集合でない. B' の中に最小の数 $b' \in B'$ が存在する. b' の定義から $B' = \{b \in B \mid b \geqq b'\}$ が成り立ち, B の中でこの両辺の補集合を考えることで $\{b \in B \mid b \leqq b^*\} = \{b \in B \mid b < b'\}$ を得る. つまり

$$\{b \in B \mid b \leqq b'\} = \{b \in B \mid b < b'\} \cup \{b'\} = \{b \in B \mid b \leqq b^*\} \cup \{b'\}$$

となり $\psi(b') = \psi(b^*) + 1 = n$ が成り立つ. これは $n \in \psi(B)$ ということであり, n の定義に矛盾する. よって E は空であり ψ は全単射となる. つまり B は可算無限集合である. □

系 3.4 X と Y を集合とし, f を X から Y への写像とする. Y が可算集合で f が単射であれば X も可算集合となる.

系 3.5 X と Y を集合とし, f を X から Y への写像とする. X が可算集合で f が全射であれば Y も可算集合となる.

証明 X が可算無限集合のときに示せば十分なので, $X = \mathbb{N}$ と仮定してよい. 自然数の空でない部分集合には最小の自然数があることと, 任意の $y \in Y$ に対して $f^{-1}(y) \subset \mathbb{N}$ は空ではないことに注意して, 写像 $\varphi : Y \longrightarrow \mathbb{N}$ を

$$\varphi(y) := 部分集合 f^{-1}(y) の最小の自然数$$

で定義する. φ が単射になることは容易に確かめられるので, 系 3.4 より Y も高々可算となる. □

---

[11] このような性質をもつ集合を整列集合といい, 3.6 節で詳しく学ぶ.

この系を一般化した命題『全射 $f: X \longrightarrow Y$ が存在するとき Y の濃度は X の濃度を越えることはできない』ということも証明できる (3.7 節の選択公理と整列可能性を参照のこと). ただし, その証明は選択公理を必要とする.

命題 3.3 X と Y を可算集合とする. このとき合併集合 $X \cup Y$ および直積集合 $X \times Y$ は可算集合である.

証明 $X \times Y$ が可算集合であることを示す. 仮定より単射 $\varphi: X \longrightarrow \mathbb{N}$ と $\psi: Y \longrightarrow \mathbb{N}$ が存在する. $\mathbb{N} \times \mathbb{N}$ が可算無限集合であることは第 1 章で示されている. $\varphi \times \psi: X \times Y \longrightarrow \mathbb{N} \times \mathbb{N}$ は単射であるから, 系 3.4 より $X \times Y$ も可算集合である.

次に和集合 $X \cup Y$ が可算集合であることを示す. $X \cup Y = X \cup (Y \setminus X)$ であるから, 最初から $X \cap Y = \emptyset$ としてよい. 単射 $\varphi: X \longrightarrow \mathbb{N}$ と $\psi: Y \longrightarrow \mathbb{N}$ が存在する. このとき, 写像 $f: X \cup Y \longrightarrow \{0, 1\} \times \mathbb{N}$ を

$$f(z) := \begin{cases} (0, \varphi(z)) & (z \in X) \\ (1, \psi(z)) & (z \in Y) \end{cases}$$

で定義すれば f も単射となる. $\{0, 1\} \times \mathbb{N}$ は可算無限集合であるから, $X \cup Y$ は可算集合である. □

系 3.6 可算集合の有限個の直積および有限個の和集合は可算集合である.

$X \cup Y \cup Z = (X \cup Y) \cup Z$ であるから, 命題 3.3 を順次適用するとよい (厳密には数学的帰納法を用いる). 一般に, 可算無限個の集合の族 $X_1, X_2, \cdots$ が与えられたとき, 各 X_k が可算集合であれば, 和集合 $\bigcup_{k=1}^{\infty} X_k$ も可算集合となる. この事実は選択公理なしでは証明できないので, 3.7 節で扱うことにする (命題 3.7 参照).

例 3.8 $\mathrm{Card}\,(\mathbb{Z}) = \mathrm{Card}\,(\mathbb{Q}) = \aleph_0$

この事実はこれまでの命題と系を用いて以下のように簡単に示すことができる. $\mathbb{Z} = \mathbb{N} \cup \{0\} \cup (-\mathbb{N})$ だから系 3.6 より整数の集合は可算無限集合である.

可算無限集合の直積として $\mathbb{N} \times \mathbb{Z}$ は可算無限集合となる．$f: \mathbb{N} \times \mathbb{Z} \longrightarrow \mathbb{Q}$ を

$$f(p,q) = q/p$$

で定義すると f は全射である．よって系 3.5 から $\mathbb{Q}$ は可算無限集合となる．

ベキ集合の濃度

可算無限集合の (有限個の) 直積や可算個の和はやはり可算無限集合であり，これらの操作は可算集合の濃度を増やさない (まだ示していないが)．一方で以下に見るように，ベキ集合をとる集合操作は本質的に集合の濃度を増大させる．

定理 3.7 (カントール)　任意の集合 X に対し $\mathrm{Card}(\mathcal{P}(X)) \neq \mathrm{Card}(X)$ である[12]．

証明　X から $\mathcal{P}(X)$ への全射が存在しないことを示せば十分である．f を X から $\mathcal{P}(X)$ への写像とする．X の部分集合 B を

$$B := \{x \in X \mid x \notin f(x)\}$$

で定義する．このとき $B \in \mathcal{P}(X)$ は f の像に含まれないことを示す．仮に $f(z) = B$ となる $z \in X$ が存在したとする．もし $z \in B$ ならば B の定義より $z \notin f(z) = B$ となり矛盾である．もし $z \notin B$ ならば $f(z) = B$ より $z \notin f(z)$ となり，B の定義から $z \in B$ となる．これは $z \notin B$ に矛盾する．よって $f(z) = B$ となるような z は X に存在せず f が全射になることはない．　□

注意 3.1　X が空集合 $\varnothing$ の場合，そのベキ集合 $\mathcal{P}(\varnothing)$ は $\{\varnothing\}$ で，空集合を元としてもつ集合である．つまり $\mathrm{Card}(\varnothing) = 0$, $\mathrm{Card}(\mathcal{P}(\varnothing)) = 1$ である．

カントール[13]の定理の証明は大変巧妙で美しい．ここで展開されている論法は，X が可算無限集合の場合のカントールの対角線論法を一般の場合に適用できるように抽象化したものである．対角線論法は様々な数学の証明で用い

---

[12] 第 1 章でも述べたが，$\mathcal{P}(X)$ は X のベキ集合とよばれ，X の部分集合全体を表す．空集合や X 自身もこれに含まれる．2^X とも書く．例 3.14 も参照．

[13] Georg Cantor (1845-1918) 数学者．

られる有用な論法なので，それも紹介しよう．まず記号を導入する．集合 A と B に対し，$A \times B$ は直積集合，A^B で B から A への写像全体の集合を表すのであった．そこで，集合 A と B の濃度をそれぞれ α と β としたとき，集合 $A \times B$ および A^B の濃度をそれぞれ $\alpha\beta$，α^β と表す．つまり

$$\alpha\beta := \mathrm{Card}\,(A \times B), \qquad \alpha^\beta := \mathrm{Card}\,(A^B)$$

と定義する．たとえば $\{0,1\}^X$ の濃度は，$\mathrm{Card}\,(\{0,1\}) = 2$ に注意すると $2^{\mathrm{Card}(X)}$ と表わされる．また $\{0,1\}^X$ から $\mathcal{P}(X)$ へ全単射が存在するから

$$2^{\mathrm{Card}(X)} = \mathrm{Card}\,(\mathcal{P}(X))$$

となる．また指数法則 $(\alpha^\beta)^\gamma = \alpha^{\beta\gamma}$ を示すことができる．これらの記号のもと，定理 3.7 は次のように言い換えることができる．

$$2^{\mathrm{Card}(X)} \neq \mathrm{Card}\,(X) \tag{3.4}$$

(定理 3.7 の別証) (**カントールの対角線論法**) 対角線論法を用いて (3.4) を X が可算無限集合の場合に証明してみる．$X = \mathbb{N}$ としてよい．$\{0,1\}^\mathbb{N}$ は各項が 0 または 1 である数列全体とみなせることに注意する．写像 $f : \mathbb{N} \longrightarrow \{0,1\}^\mathbb{N}$ が存在したとして，$a_k := f(k)$ とおく $(k = 1, 2, \cdots)$．各 a_k は数列

$$a_k = (a_{k1}, a_{k2}, a_{k3}, \cdots) \qquad (a_{ki} \in \{0,1\})$$

である．そこで，これら数列 $a_1, a_2, \cdots$ を下図のように縦に並べる．

$$\begin{array}{cccc} a_{11} & a_{12} & a_{13} & \cdots \\ a_{21} & a_{22} & a_{23} & \cdots \\ a_{31} & a_{32} & a_{33} & \cdots \\ \vdots & \vdots & \vdots & \ddots \end{array}$$

図 3.4 各 a_k の成分を横ベクトルで表示して無限サイズの行列ができる

この図の対角線上にある項 a_{kk} $(k \geqq 1)$ に着目し，数列 $b = (b_1, b_2, \cdots)$ を

$$b_k := \begin{cases} 1 & (a_{kk} = 0) \\ 0 & (a_{kk} = 1) \end{cases}$$

で定義する．この b に対して $f(k) = b$ となる k は存在しない．もし存在したとすると $a_{kk} = b_k$ となり b_k の作り方に矛盾するからである．よって f が全射になることはあり得ず，特に $\mathbb{N}$ から $\{0,1\}^\mathbb{N}$ への全単射は存在しない． □

集合の濃度の相等

2つの集合 A と B に対し，A から B への単射と B から A への単射が存在するとする．このとき，両者が等しい濃度をもつ，つまり両者の間に全単射が存在することが期待される．ベルンシュタイン[14]による次の事実を示す．

定理 3.8 (ベルンシュタイン) 集合 A, B に対し，単射 $f : A \longrightarrow B$ および単射 $g : B \longrightarrow A$ が存在するならば A から B への全単射が存在する．

証明 記述を単純にするために，$Z = X \uplus Y$ で $Z = X \cup Y$ かつ $X \cap Y = \emptyset$ を意味することとする．また φ が単射ならば $\varphi(Z) = \varphi(X) \uplus \varphi(Y)$ が成立し，$\uplus$ は単射で保存される．3つ以上の場合も同様である．$X_1, \cdots, X_n$ に対し，その任意の2つが交わらないとき，それらの和を $X_1 \uplus \cdots \uplus X_n$ と表す．A, B に対して集合の列 $A_1, A_2, \cdots, B_1, B_2, \cdots$ を以下のように定める．

$$A_1 := A \setminus g(B), \qquad B_1 := B \setminus f(A)$$

$$A_k := (g \circ f)^{k-1}(A_1), \qquad B_k := (f \circ g)^{k-1}(B_1) \quad (k \geqq 2)$$

補題 3.9 任意の $n \geqq 1$ に対し，次が成立する．

$$\begin{aligned} A &= A_1 \uplus \cdots \uplus A_n \uplus g(B_1) \uplus \cdots \uplus g(B_n) \uplus (g \circ f)^n(A) \\ B &= B_1 \uplus \cdots \uplus B_n \uplus f(A_1) \uplus \cdots \uplus f(A_n) \uplus (f \circ g)^n(B) \end{aligned} \quad (3.5)$$

証明 まず $A = A_1 \uplus g(B)$ と $B = B_1 \uplus f(A)$ に注意する．これから A と B を互いに代入して $\uplus$ の性質を用いて，$n = 1$ の場合の次式を得る．

---

[14] Felix Bernstein (1878-1956) 数学者．

$$A = A_1 \uplus g(B_1) \uplus (g \circ f)(A), \quad B = B_1 \uplus f(A_1) \uplus (f \circ g)(B) \qquad (3.6)$$

(3.6) を自分自身に代入する操作を繰り返して (3.5) を得る. □

さて $\left(\biguplus_{k=1}^{\infty} A_k \right) \uplus \left(\biguplus_{k=1}^{\infty} g(B_k) \right)$ に属さない元 x を考えよう. 任意の n に対して x は $\left(\biguplus_{k=1}^{n} A_k \right) \uplus \left(\biguplus_{k=1}^{n} g(B_k) \right)$ にも属さないので, 補題より $x \in (g \circ f)^n(A)$ となる. したがって, $x \in \left(\bigcap_{k=1}^{\infty} (g \circ f)^k(A) \right)$ となる. これより

$$A = \left(\biguplus_{k=1}^{\infty} A_k \right) \uplus \left(\biguplus_{k=1}^{\infty} g(B_k) \right) \uplus \left(\bigcap_{k=1}^{\infty} (g \circ f)^k(A) \right),$$

$$B = \left(\biguplus_{k=1}^{\infty} B_k \right) \uplus \left(\biguplus_{k=1}^{\infty} f(A_k) \right) \uplus \left(\bigcap_{k=1}^{\infty} (f \circ g)^k(B) \right)$$

となる. 写像 $\varphi : A \longrightarrow B$ を以下のように定義する.

$$\varphi(x) := \begin{cases} f(x) & \left(x \in \biguplus_{k=1}^{\infty} A_k \right) \\ g^{-1}(x) & \left(x \in \biguplus_{k=1}^{\infty} g(B_k) \right) \\ f(x) & \left(x \in \bigcap_{k=1}^{\infty} (g \circ f)^k(A) \right) \end{cases}$$

φ が全単射であることを示す. 写像の制限 $\varphi|_{A_k} : A_k \longrightarrow f(A_k)$ と $\varphi|_{g(B_k)} : g(B_k) \longrightarrow B_k$ は明らかに全単射である. よって, φ を $\bigcap_{k=1}^{\infty} (g \circ f)^k(A)$ に制限したものが $\bigcap_{k=1}^{\infty} (f \circ g)^k(B)$ への全射であることを示せばよい (単射は明らかである). f が単射であることを用いて次の等式を得る.

$$f\left(\bigcap_{k=1}^{\infty} (g \circ f)^k(A) \right) = \bigcap_{k=1}^{\infty} f \circ (g \circ f)^k(A)$$
$$= \bigcap_{k=1}^{\infty} (f \circ g)^k(f(A)) \subset \bigcap_{k=1}^{\infty} (f \circ g)^k(B),$$

$$\bigcap_{k=1}^{\infty}(f\circ g)^k(B) \subset \bigcap_{k=2}^{\infty}(f\circ g)^k(B) = \bigcap_{k=2}^{\infty}f\circ(g\circ f)^{k-1}(g(B))$$
$$= f\left(\bigcap_{k=1}^{\infty}(g\circ f)^k(g(B))\right) \subset f\left(\bigcap_{k=1}^{\infty}(g\circ f)^k(A)\right)$$

結論はこれより従う. □

ベルンシュタインの定理を用いると可算無限集合のベキ集合の濃度が連続体濃度であることを示せる.

命題 3.4 $\aleph_0 \neq 2^{\aleph_0} = \aleph$

証明 $\aleph_0 \neq 2^{\aleph_0}$ はカントールの定理である. $\aleph = 2^{\aleph_0}$ を示そう. 関数 $\Psi(x) = (x - (1/2))/x(1-x)$ は $(0,1)$ から $\mathbb{R}$ への全単射となる. 以下, 3 つの集合 $(0,1)$, $[0,1]$, $\{0,1\}^\mathbb{N}$ を単射で結び, ベルンシュタインの定理を適用して濃度が等しいことを示す. まず, 関数 $\varphi_0(x) = x$ は, 単射 $\varphi_0 : (0,1) \longrightarrow [0,1]$ を与える. 1.6 節における写像 Φ は単射 $\Phi : [0,1] \longrightarrow \{0,1\}^\mathbb{N}$ を与えている (問 1.16 で示した). よって $\varphi_1 = \Phi$ とおく. 写像 $\varphi_2 : \{0,1\}^\mathbb{N} \longrightarrow (0,1)$ を作成する. まず $\{0,1\}^\mathbb{N}$ の元 $a = (a_1, a_2, a_3, \cdots)$ に対し

$$\phi(a) := \sum_{k=1}^{\infty} \frac{a_k}{4^k}$$

とおく. これは $\{0,1\}^\mathbb{N}$ から $[0,1/3]$ への単射となる (問 3.4 より). よって $\varphi_2(a) = \phi(a) + (1/3)$ は $\{0,1\}^\mathbb{N}$ から $(0,1)$ への単射となる. 以上とベルンシュタインの定理により $(0,1)$, $[0,1]$, $\{0,1\}^\mathbb{N}$ の濃度が一致する. □

問 3.4 上の ϕ が $\{0,1\}^\mathbb{N}$ から $[0,1/3]$ への単射になることを示せ.

3.4 順序関係

自然数や実数には大小を定義する 2 項関係が備わっている. この概念を一般化した, 順序とよばれる 2 項関係を定義しよう.

定義 3.6 集合 X において 2 項関係 $\preceq$ が以下の 3 条件[15]を満たすとき

---
[15] 順序の公理ともいう.

$\preceq$ を X 上の**順序** (ordering) という[16]．
- (ⅰ) 任意の $x \in X$ に対し $x \preceq x$ 　　　(**反射律**)
- (ⅱ) $x \preceq y$ かつ $y \preceq x$ ならば $x = y$ 　　(**反対称律**)
- (ⅲ) $x \preceq y$ かつ $y \preceq z$ ならば $x \preceq z$ 　　(**推移律**)

集合 X と順序 $\preceq$ の組 $(X, \preceq)$ を**順序集合**という．

定義 3.7 順序集合 $(X, \preceq)$ において $x \preceq y$ かつ $x \neq y$ であることを $x \prec y$ と記述する．

順序集合 $(X, \preceq)$ において，反対称律から $x \prec y$ と $y \prec x$ は同時に起こり得ない．このことから X の元 x と y に対し

　(ア) $x = y$ 　(イ) $x \prec y$ 　(ウ) $y \prec x$ 　(エ) $x \prec y$ も $y \prec x$ も成立しない

の状況のちょうど 1 つが起きることがわかる．X の元 x と y に対し，上記 (エ) が起きたときに x と y は**比較不能**であるということとし，(ア) (イ) (ウ) の場合は x と y は**比較可能**ということにする．自然数, 整数, 実数に備わっている数の大小は順序のもっとも基本的な例である (この場合 (エ) は起きない)．

定義 3.8 順序集合 $(X, \preceq)$ において，順序 $\preceq$ が**全順序**であるとは, 任意の $x, y \in X$ に対し $x \preceq y$ または $y \preceq x$ が成り立つことである．この順序は**線形順序**ともよばれる．

つまり全順序は任意の 2 元が比較可能な順序である．集合自体は同じでも, その上の順序が異なれば, 順序集合として異なるものとみなす．また, 順序が全順序のときは**全順序集合**という．$\mathbb{N}, \mathbb{Z}, \mathbb{R}$ には通常の数の大小による全順序が入っているので全順序集合である．

例 3.9 $X = \mathbb{R}$ とし, 2 項関係 $x \preceq x'$ を $|x| \leqq |x'|$ として定義する．$\preceq$ は, 反射律と推移律は満たすが, 反対称律は満たさないので順序でない．この例が示唆するように, 反対称律の確認をおろそかにしてはいけない．

[16) 半順序とよぶこともある．

例 3.10 集合 A に対し $X = \mathcal{P}(A)$ とする. X 上の 2 項関係 $\preceq$ を $x, x' \in X$ に対し "$x \preceq x' \iff x \subset x'$" で定義する. $\preceq$ が順序であることは明らかであろう. しかし, $B_1 \setminus B_2 \neq \varnothing$, $B_2 \setminus B_1 \neq \varnothing$ ならば B_1, B_2 は比較不能なので $\preceq$ は全順序ではない.

例 3.11 $X = \mathbb{N}$ とする. 2 項関係 $\preceq$ を $x, x' \in X$ に対して "$x \preceq x' \iff x'$ は x の倍数" で定義する. このとき $\preceq$ は順序となる (全順序ではない).

例 3.12 (逆順序) X を集合, $\preceq$ を X 上の順序とする. 2 項関係 $\preceq^*$ を
$$x \preceq^* x' \iff x' \preceq x$$
で定義すると, $\preceq^*$ も X 上の順序になる. これを $\preceq$ の **逆順序** という.

例 3.13 (辞書式順序) X と Y をそれぞれ全順序 $\preceq_1$ と $\preceq_2$ をもつ全順序集合とする. このとき, 直積集合 $X \times Y$ に全順序 $\preceq$ を $X \times Y$ の元 (x, y) と (x', y') に対して

$$(x, y) \preceq (x', y') \iff \begin{cases} x \prec_1 x' \\ \text{または} \\ x = x' \text{ かつ } y \preceq_2 y' \end{cases}$$

で定義する. つまり, まず x と x' を比較して順序の決定を試み, もし $x = x'$ ならば y と y' で順序を決定するという手順により, 直積集合上に順序を定めることができる. これは普段我々が辞書 (国語辞典, 英和辞典など) で単語を検索する手順と同じであるので **辞書式順序** とよばれる.

例 3.14 (集合の濃度の比較) 集合の濃度 α と β に対し, $\alpha = \text{Card}(A)$, $\beta = \text{Card}(B)$ となる集合 A と B を用い, 2 項関係 $\preceq$ を

$$\alpha \preceq \beta \iff \text{集合 } A \text{ から集合 } B \text{ への単射が存在する}$$

で定義する. この定義は集合 A と B の選びかたによらず適切である. 順序の定義のうち, 反射律と推移律は明らかである. 反対称律はベルンシュタイン

の定理からでる．よって，集合の濃度の比較は順序である．集合の濃度の比較の実例を考えてみよう．集合 X からそのベキ集合 $\mathcal{P}(X)$ への写像 ι を $x \in X$ に対し $\{x\} \in \mathcal{P}(X)$ を対応させることで定義する．この ι は明らかに単射であるから $\mathrm{Card}\,(X) \preceq \mathrm{Card}\,(\mathcal{P}(X))$ となる．一方，カントールの定理により $\mathrm{Card}\,(X) \neq \mathrm{Card}\,(\mathcal{P}(X))$ であるから $\mathrm{Card}\,(X) \prec \mathrm{Card}\,(\mathcal{P}(X))$ を得る．つまり，任意の集合の濃度 α に対し $\alpha \prec 2^\alpha$ が成り立つ．

順序同型

X と Y を集合とし $\preceq_1$ と $\preceq_2$ をそれぞれの集合上の順序とする．

定義 3.9 写像 $f : X \longrightarrow Y$ に対して，f が条件

$$x \prec_1 x' \Longrightarrow f(x) \prec_2 f(x')$$

を満たすことを，f は**順序を保つ写像**という．

問 3.5 X の順序 $\preceq_1$ が全順序であり，f が順序を保つ写像ならば f は単射となることを示せ．$\preceq_1$ が全順序でないときは必ずしも単射とはならない．そのような例をあげよ．

もし，写像 f が順序を保つなら

$$x \preceq_1 x' \Longrightarrow f(x) \preceq_2 f(x') \tag{3.7}$$

も成立する．(3.7) が成立しても f は必ずしも順序を保つとはいえない．

f が**順序同型写像**であるとは，f が全単射で f も f^{-1} も順序を保つときをいう．ここで f^{-1} も順序を保つ写像であることが要請されていることに注意する．2 つの順序集合の間に順序同型写像が存在するとき，これらの集合は**順序同型**であるという．

問 3.6 上の順序同型の定義で X の順序が全順序であれば，単に f は全単射かつ順序を保つ写像としてよいことを示せ．

3.5 最大元, 最小元, 極大元, 極小元

全順序集合 X に対し, X の最大元と最小元という概念を自然に定義することができる. しかし, 一般の順序集合は比較不能な場合があるので, 最大元, 最小元の他に, 極大元, 極小元という概念が新たに必要である. 以下 X を順序集合, A を X の部分集合とする. A の最大元や極大元などの概念を定める.

定義 3.10 元 a^* が A の**最大元**であるとは, $a^* \in A$ かつ, 任意の $z \in A$ に対し $z \preceq a^*$ となることとする. a^* を $\max A$ で表す.

元 a_* が A の**最小元**であるとは, $a_* \in A$ かつ, 任意の $z \in A$ に対し $a_* \preceq z$ となることとする. a_* を $\min A$ で表す.

元 c が A の最大元または最小元のとき, 任意の $z \in A$ は c と比較可能であることに注意する.

問 3.7 A に対し, 最大元は存在しても高々 1 つであることを示せ. また, 最小元についても同様であることを示せ.

定義 3.11 元 $b^* \in A$ が A の**極大元**であるとは, b^* と比較可能な任意の $z \in A$ に対し $z \preceq b^*$ となることとする[17]).

元 $b_* \in A$ が A の**極小元**であるとは, b_* と比較可能な任意の $z \in A$ に対し $b_* \preceq z$ となることとする.

極大元は存在しないことも, 複数存在することもある. 全順序集合においては, 最大元の定義と極大元の定義は一致する.

例 3.15 典型的な 2 つの例をあげよう.

(1) $X = \mathbb{R}, A = (0, 1]$ とする. $\mathbb{R}$ の順序は全順序であるので A の最大元, 最小元の存在のみを考える. A の最大元は 1 である. 最小元は存在しない. その理由は以下のとおりである. もし最小元 $a \in (0, 1]$ が存在したとすると $0 <$

---

[17] 最大元と比較して極大元は, いささか判然としない概念である. c が A の最大元とは, c が A の他のすべての元より優越すること. c が A の極大元とは, A における c 以外の任意の元が c より優越していないこと. このようなイメージで捉えるとよいのではないかと思う.

a であり, $0 < a/2 < a, a/2 \in A$ となるので a が A の最小元であることに矛盾する. したがって, 最小元は存在しない.

(2) $D = \{1, 2, 3, 4\}$ とし, ベキ集合 $X = 2^D$ を考える. X の部分集合 $A = \{\{1, 2\}, \{1\}, \{1, 3\}\}$ を調べる. 順序は集合の包含関係とする. このとき A には最大元は存在せず, 最小元は $\{1\}$ である. また, 極大元は $\{1, 2\}$ と $\{1, 3\}$ の 2 つであり, 極小元は最小元 $\{1\}$ のみである.

問 3.8 $c \in A$ が A の極大元であるための必要十分条件は,
$$z \in A, c \preceq z \implies z = c$$
が成り立つことである. これを示せ.

問 3.9 集合 $X = \{x \in \mathbb{N} \mid x \geq 2\}$ に, 次の順序を定める. $x \preceq x' \iff x'$ は x の倍数. このとき X には極小元が無限個存在することを示せ.

定義 3.12 X の元 x が A の**上界**であるとは, 任意の $a \in A$ に対し $a \preceq x$ となることである. A に上界が存在するとき A は**上に有界**であるという.

X の元 y が A の**下界**であるとは, 任意の $a \in A$ に対し $y \preceq a$ となることである. A に下界が存在するとき A は**下に有界**であるという. A が上にも下にも有界なとき A を**有界な集合**という.

下界や上界を考える範囲は X であることを強調しておく. 下界や上界はもし存在すれば A の元と比較可能であり, また, 下界や上界は一般に多く存在することに注意する.

定義 3.13 A の上界の全体のなす集合に最小元 x が存在するとき, この x を A の**上限**とよび $\sup A$ で表す. また, A の下界の全体のなす集合に最大元が存在するとき, これを A の**下限**とよび $\inf A$ で表す[18].

例 3.16 例 3.15 の集合について上限, 下限を考察する.

---

[18] $\sup A =$ "A の最小上界", $\inf A =$ "A の最大下界", ともいわれる. これらが A に属するかどうかは場合による.

(1)　$X = \mathbb{R}, A = (0, 1]$ とする. 0 以下の実数はすべて A の下界である. A の下界の全体は $(-\infty, 0]$ であり, この集合の最大元は 0 であるから, $\inf A = 0$ である. 1 以上の実数はすべて A の上界になるから, その全体は $[1, \infty)$ である. よってこの集合の最小元は 1 なので $\sup A = 1$ である.

(2)　$D = \{1, 2, 3, 4\}$ とし, ベキ集合 $X = 2^D$ を考える. $A = \{\{1, 2\}, \{1\}, \{1, 3\}\}$ とする. 順序は集合の包含関係である. A の上界のなす集合は $\{\{1, 2, 3, 4\}, \{1, 2, 3\}\}$ である. この集合の最小元は $\{1, 2, 3\}$ であるから, 上限は $\{1, 2, 3\}$. 下限も同様に考えて $\{1\}$ である.

全順序集合の場合には, 上限や下限の条件は以下のような言い換えがある.

補題 3.10　$(X, \preceq)$ を全順序集合とする. $A \subset X$ に対し, 以下の 2 条件は同値である.

(1)　$c \in X$ は A の上限である.

(2)　$c \in X$ は A の上界で, $x \prec c$ となる任意の x について, $x \prec z \preceq c$ となる $z \in A$ が存在する.

証明　(1)⇒(2). c を A の上限とし $x \prec c$ となる $x \in X$ を取る. もし $x \prec z$ となる $z \in A$ が存在しなければ, X が全順序集合であるから, すべての $z \in A$ について $z \preceq x$ となり x は A の上界となる. これは c が最小上界であることに矛盾する. よって, ある $z \in A$ について $x \prec z$ となる. $z \in A$ より $z \preceq c$ である.

(2)⇒(1). c が最小上界であることを示す. $x \prec c$ となる A の上界 x が存在したとする. 条件より $x \prec a \preceq c$ となる $a \in A$ が存在するので, x が A の上界であることに矛盾する. よって c は最小の上界である. □

問 3.10　A に最大元 $\max A$ が存在するときは, $\sup A = \max A$ となることを示せ. また A に上限があって $\sup A \in A$ ならば $\max A = \sup A$ となることを示せ.

問 3.11　$X = \mathbb{N} \times \mathbb{N}$ とおく. 2 項関係 $\preceq$ を

$(i, j) \preceq (m, n) \iff (i + j < m + n')$ または $(i + j = m + n, i \leqq m)$

で定める. このとき $(m,n) \in X$ に対し $\sharp(\{(i,j) \in X \mid (i,j) \preceq (m,n)\})$ を m,n で表せ.

3.6 整列順序と帰納法 *

自然数の集合と有理数の集合は, どちらも可算無限集合であるが, 順序同型でない. 両者のもっとも大きな差異は, 自然数の集合では, 任意の空でない部分集合が最小元をもつという点にある. 数学的帰納法もこの性質に立脚しており重要な性質である.

定義 3.14 $(X, \preceq)$ を全順序集合とする. X の任意の空でない部分集合が最小元をもつとき $\preceq$ を**整列順序**という. また $(X, \preceq)$ を**整列集合**という.

$\mathbb{N}$ は整列集合であるが, $\mathbb{Q}$ や $\mathbb{R}$ は整列集合でない.

問 3.12 整列集合の, 上に有界な部分集合は上限をもつことを示せ.

$(X, \preceq)$ を全順序集合とする. $x \in X$ に対して $\min\{y \in X \mid x \prec y\}$ が存在するとき, この元を x の**直後の元**という[19]. 一般の全順序集合の元は必ずしも直後の元をもたない. たとえば $\mathbb{Q}$ において, 任意の元が直後の元をもたない. さて $(X, \preceq)$ を整列集合としよう. このとき, x が X の最大元でなければ x の直後の元 x_+ が存在する. なぜならば $\{\xi \in X \mid x \prec \xi\}$ が最小元をもつからである (整列集合の性質より). "直後の元" に注目する考察によって, 整列集合の構造が特徴付けられる.

命題 3.5 (**整列集合の元の分類**) 整列集合 $(X, \preceq)$ の任意の元 x は以下の (1), (2), (3) のいずれか 1 つに分類される.

 (1) x は X の最小元である.
 (2) x は ある元の直後の元である. このような x を**後継元**という.
 (3) x は最小元でなく, $x = \sup\{z \in X \mid z \prec x\}$ が成り立つ. このような x を**極限元**という. この場合, 任意の $y \prec x$ に対して y の直後の元は x より小さい. 特に $y \prec w \prec x$ となる w は無限個ある.

---

19) 次の元ともいう.

証明 x は後継元でないとする. すなわち (2) 以外であると仮定する. このとき, もし $x_0 \prec x$ なる $x_0 \in X$ が存在しなければ x は最小元となる. この場合は (1) が成立する. そこで $x_0 \prec x$ なる x_0 が存在するとする. このとき x が極限元であることを示す.

まず x_0 の直後の元を x_1 とすると $x_1 \prec x$ となる. 実際, $I := \{\xi \in X \mid x_0 \prec \xi\}$ とおくと, $x_1 = \min I$ であり $x \in I$ であるから, $x_1 \preceq x$ となる. x は後継元でないから $x \neq x_1$ となり $x_0 \prec x_1 \prec x$ となる. 以上の事実に注意して $J := \{\xi \in X \mid \xi \prec x\}$ とおき $x = \sup J$ を示す. 補題 3.10 の条件 (2) を確かめればよい. x は J の上界の 1 つである. $\eta \prec x$ なる η をとる. このとき η の直後の元を η_+ とすると, 上で示した事実から $\eta \prec \eta_+ \prec x$ となる. これは $\eta_+ \in J$ を意味するので, 補題の (2) の条件が満たされる. よって x は極限元となる. (1) と (2) と (3) が同時に起きないことは定義から明らか. □

整列集合の元で, 後継元 x (命題 3.5-(2) の場合) に対しては, x を直後の元にするような元が一意に定まる. 言い換えれば後継元 x には**直前の元**が存在する. これを x_- と書く.

問 3.13 整列集合において, x を後継元とし, x_- を x の直前の元とする. このとき $\max\{\xi \mid \xi \prec x\} = x_-$ を示せ.

整列集合と最小元, 後継元, 極限元の例をいくつか挙げよう.

例 3.17 集合 $X = \{n - (1/m) \in \mathbb{R} \mid n, m \in \mathbb{N}\}$ を定義する. X に通常の数の大小で順序を入れる. X は整列集合であり, その最小元は 0 であり, また, 極限元は自然数 $1, 2, \cdots$ である. それ以外の元は後継元である. たとえば $3/2$ は 1 の後継元である.

例 3.18 $X = \mathbb{N} \cup \{\infty\}$ とし, $\mathbb{N}$ には通常の順序, 元 ∞ は $\mathbb{N}$ のどの元よりも大きいと定義した順序を考える. この順序で X は整列集合となる. 1 は最小元. それ以外の自然数は後継元. ∞ は極限元である.

整列集合の元に関する帰納法

数学的帰納法と同様に, 整列集合の元に関する帰納法が成立する. 本書では, いくつかの証明で整列集合の元に関する帰納法を用いる.

定理 3.11 $(X, \preceq)$ を整列集合とする. $P(x)$ を X の元 x に関する条件とする. 条件 $P(x)$ に対して, 以下の (1), (2) を仮定する.
(1) $P(\min X)$ が成立する.
(2) 任意の $z \in X$ に対し,
$P(\xi)$ が $\xi \prec z$ となる任意の ξ について成立するなら, $P(z)$ が成立する.
このとき, すべての $x \in X$ に対して $P(x)$ が成立する.

証明 $L := \{x \in X \mid P(x)$ が成立しない $\}$ とおく. L が空ならば証明は終わる. L が空でないとする. X が整列集合であるから $z = \min L$ が存在する. (1) より $\min X \prec z$ である. z の定義から $x \prec z$ となる x に対し $P(x)$ が成立している. したがって, 条件 (2) より $P(z)$ が成立することになる. これは z の定義に矛盾する. よって L は空集合である. □

整列集合の元に関する数学的帰納法は, 各段階の対象となる元の種類で分類して, 次のような形で用いられることもある.

系 3.12 $(X, \preceq)$ を整列集合. $P(x)$ を X の元 x に関する条件とする. 条件 $P(x)$ に対して, 以下の (1), (2), (3) を仮定する.
(1) 最小元 x に対し $P(x)$ が成立する.
(2) 任意の後継元 x に対し, $P(x_-)$ が成立するなら $P(x)$ が成立する (ただし, x_- は x の直前の元である).
(3) 任意の極限元 x に対し,
$P(\xi)$ が $\xi \prec x$ となる任意の ξ に対して成立するなら $P(x)$ も成立する.
このとき, すべての $x \in X$ に対して $P(x)$ は成立する.

我々が普段数学的帰納法といっているのは, この系で $X = \mathbb{N}$ の場合である (1.6 節). $\mathbb{N}$ の場合は, 極限元がないので (3) の場合が現れない. 一般の整列集合 X の場合の帰納法は**超限帰納法**ともいわれる. ただし, 名前ほどに大げさ

なものではなく, 数学的帰納法の延長線上にある自然な論法である. 典型的な使い方をみてみよう.

例 3.19 $(X, \preceq)$ を整列集合とする. 写像 $\varphi : X \longrightarrow X$ を順序を保つ写像とすると, $x \preceq \varphi(x)$ が成り立つ. この事実は直接示すことも可能であるが, 整列集合の元に関する帰納法で示してみる.

証明 系 3.12 で与えられている形の帰納法で示す. 条件 $P(x)$ を $P(x) : x \preceq \varphi(x)$ で定める.

(1) x が最小元のとき: x は X の最小元で $\varphi(x) \in X$ だから $x \preceq \varphi(x)$ となる. よって $P(x)$ が成立する.

(2) x が後継元のとき: x_- を x の直前の元とし, $P(x_-)$ が成立すると仮定する. このとき $x_- \preceq \varphi(x_-)$ である. φ は順序を保つ写像なので $x_- \prec x$ から $\varphi(x_-) \prec \varphi(x)$ が従う. 以上から $x_- \prec \varphi(x)$ となり, x_- の次の元が x であることと合わせて $x \preceq \varphi(x)$ が従う.

(3) x が極限元のとき: $\xi \prec x$ なる任意の ξ に対して $P(\xi)$ が成立するとする, つまり $\xi \preceq \varphi(\xi)$ とする. φ が順序を保つから $\varphi(\xi) \prec \varphi(x)$ に注意して $\xi \prec \varphi(x)$ となる. ここで ξ は $\xi \prec x$ となる任意のものであったから

$$x = \sup\{\xi \mid \xi \prec x\} \preceq \varphi(x)$$

となり $P(x)$ が成立する.

以上から, 帰納法により, すべての $x \in X$ に対して $P(x)$ は成立する. □

3.7　選択公理と整列可能性 ∗

本節では選択公理を導入し, 集合の濃度に関する諸結果について述べる. 集合の濃度の比較が順序をなすことはすでに学んだが, 全順序 (つまり, 任意の集合同士の濃度が比較可能) であることは決して自明なことでない. じつは, 選択公理を導入しないとこれが示せないのである. ツェルメロ[20] は選択公理から整列可能性定理を示した. その後, 選択公理は, 整列可能性定理やツォルン

---

[20] Ernst Friedrich Ferdinand Zermelo (1880-1964) 数学者.

の補題と同値であることが示されている.したがって,これらいずれを公理として採用しても,そこから導かれる結論は同じになる.本書では**整列可能性定理を公理として採用する**ことにする.そして,選択公理やツォルンの補題を整列可能性定理から証明することにする.

定理 3.13(整列可能性定理(ツェルメロ)) 任意の集合は,適当な順序を入れて整列集合にできる.

ここでは整列可能性を一般の慣習に従い定理の形で記述しているが,本書はこれを公理として扱う[21].整列可能性から次の定理を得る.

定理 3.14 集合の濃度の比較は全順序である.つまり,任意の集合 A と B に対して $\mathrm{Card}(A) \preceq \mathrm{Card}(B)$ または $\mathrm{Card}(B) \preceq \mathrm{Card}(A)$ が成り立つ.

証明 次の事実が成立する.『集合 X および Y が整列集合であれば,X から Y への単射が存在するか,または Y から X への単射が存在する』

この事実の証明は多少込み入っているので,後の 3.9 節の定理 3.23 で証明を与えることとする.この事実を認めると定理はほぼ自明である.実際,整列可能性定理より集合 A と B に整列順序を入れて整列集合にし,上で述べた事実を適用するとよい. □

この定理の簡単な応用を与えよう.任意の無限集合 X に対し,集合の濃度の比較が全順序であることから $\mathrm{Card}(X) \preceq \aleph_0$ または $\aleph_0 \preceq \mathrm{Card}(X)$ が成立する.$\mathrm{Card}(X) \preceq \aleph_0$ ということは,定義より,X から $\mathbb{N}$ への単射が存在するということであり,系 3.4 より X は可算無限集合となる.よって無限集合の濃度で可算無限濃度より小さい濃度は存在しない.

系 3.15 最小の無限集合の濃度は可算無限濃度である.

次に選択公理を導入しよう.選択公理は以下のような主張である.

定理 3.16(選択公理) 空でない集合を元とする集合の族[22] $\mathcal{X}$ に対し,写像

---
21) 公理は理論の基礎となる出発点であり証明の対象となるものではない.
22) 族とは一定の"集まり"と理解する.集合といってもよい.

$$f : \mathcal{X} \longrightarrow S := \bigcup_{X \in \mathcal{X}} X$$

で $f(X) \in X$ $(X \in \mathcal{X})$ を満すものが存在する[23]。

この f を $\mathcal{X}$ の**選択関数**という。この意味は，各集合 $X \in \mathcal{X}$ に対し，X の元を 1 つ選択し，それを対応させる写像が存在するということである。もちろん，$\mathcal{X}$ が有限個の元からなる場合は，選択公理を必要としない[24]。

この公理は次のように言い換えることもできる。

$\{X_\lambda\}_{\lambda \in \Lambda}$ を Λ を添字集合とする集合族とする。各 X_λ が空でなければ，写像 $f : \Lambda \to \bigcup_{\lambda \in \Lambda} X_\lambda$ で $f(\lambda) \in X_\lambda$ となるものが存在する。

問 3.14 この言い換えと選択公理が同値であることを示せ。

定理 3.17 整列可能性定理と選択公理は同値である。

証明 整列可能性定理から選択公理を導く。逆は，本書の立場 (整列可能性定理を公理として採用する) では必要ないので省略する。$\mathcal{X}$ を空でない集合を元とする集合族とする。$S := \bigcup_{X \in \mathcal{X}} X$ とおく。任意の $X \in \mathcal{X}$ は S の部分集合である。整列可能性定理より S に整列順序を入れて整列集合にする。各 X は空ではないので，最小元 $\min X$ が存在する。$f(X) := \min X$ $(X \in \mathcal{X})$ とおけば f は選択関数となる。 □

選択公理の使い方の典型例を見てみよう。

例 3.20 X を無限集合とする。$\aleph_0 \preceq \mathrm{Card}(X)$ であるから，定義より単射 $\varphi : \mathbb{N} \longrightarrow X$ が存在する。

この単射の存在を選択公理から直接示してみよう。

まず直感的な構成法を示す。X から元 a_1 を 1 つとり $\varphi(1) = a_1$ とする。X は無限集合なので $X \setminus \{a_1\}$ は空にならないから，そこから元 a_2 をとり

---

[23] 選択公理の定式化はツェルメロによる。

[24] 帰納法による。

$\varphi(2) = a_2$ とする. 同様にして $X \setminus \{a_1, a_2\}$ から元 a_3 をとり $\varphi(3) = a_3$ とする. この選択を次々と繰り返して単射 φ が定まる.

以上の論法は選択公理を使わないようにみえる. そこで, 本当に選択公理なしで存在を示すことが可能なのか考えてみよう.

考察のために, 以下のように単純化した問題を考える. $B_1, B_2, B_3, \cdots$ を空でない X の部分集合のなす集合の列とし, 写像 $\varphi : \mathbb{N} \longrightarrow X$ で $\varphi(k) \in B_k$ ($k = 1, 2, \cdots$) となるものが存在するか考えてみよう. 先程と同様の論法で B_1 から適当な元 b_1 を選び $\varphi(1) = b_1$ とする. 次に B_2 から適当な元 b_2 を選び $\varphi(2) = b_2$ とする. これを次々繰り返して $\varphi(k) \in B_k$ ($k = 1, 2, \cdots$) を満たす写像 φ を得られそうである. 本当に選択公理はこの場合も必要ないのであろうか? 上の論法は数学的帰納法を用いて "任意の n に対して, その定義域が $\{1, 2, \cdots, n\}$ で
$$\varphi(k) \in B_k \qquad (1 \leqq k \leqq n) \tag{3.8}$$
を満たす写像 φ が少なくとも1つ存在する" という事実を述べているにすぎない. このような定義域が $1 \leqq k \leqq n$ で条件 (3.8) を満たす写像の集合を C_n とおくことにする. さて, どのような n をとってきても C_n の元 φ の定義域は $1 \leqq k \leqq n$ であって, けっして $1 \leqq k < \infty$ ではない. そこで, このような C_n に属する関数 φ を用いて, 定義域が $1 \leqq k < \infty$ であるものが構成できるか考えてみよう.

結論から先に述べると, この構成は選択公理なしではうまくいかない. 問題なのは, 各 n に対し集合 C_n が複数の元からなることである. 定義域が $1 \leqq k < \infty$ であるものを構成するためには, 各 n に対して C_n に属する適当な写像を1つ選択していく必要がある. このような選択が可能であるということは, ある写像 ψ で $\psi(n) \in C_n$ ($n = 1, 2, \cdots$) となるものが存在することを意味する. これは対象となる集合が B_n から C_n に変わっただけで, 最初と同じ問題である. つまり集合族 $\{B_n\}$ に対する選択関数の存在を示すために, 集合族 $\{C_n\}$ に対する選択関数の存在を示さなくてはならないという連鎖が生じる. この連鎖を断ち切るには選択公理が必要なのである.

上の論議から, 選択を一意的に定める手段が存在する場合は選択公理が必要ないことも了解できるだろう. まとめると, (一意に決める手段が存在せず) 選

択が本当に必要で, しかも選択を無限回行う場合のみ[25] 選択公理が必要となる[26]. さて, 元の問題を選択公理を用いて証明しよう.

証明 選択公理から写像 $h : \mathcal{P}(X) \setminus \{\emptyset\} \longrightarrow X$ で X の任意の空でない部分集合 B に対し $h(B) \in B$ となるものが存在する. そこで, $\varphi(k)$ の帰納的な定義

$$\begin{aligned}\varphi(1) &= h(X) \\ \varphi(k) &= h\left(X \setminus \{\varphi(1), \varphi(2), \cdots, \varphi(k-1)\}\right) \qquad (k \geq 2)\end{aligned} \qquad (3.9)$$

を考える. 各 n に対して, 数学的帰納法により, その定義域が $\{1, 2, \cdots, n\}$ で $1 \leq k \leq n$ なる k に対し (3.9) を満たすような写像 φ が存在し, しかも一意的に定まることを示せる. この一意的に定まる φ を φ_n とおく. そこで $\Phi(n) = \varphi_n(n)$ と定義すると, これが単射 $\Phi : \mathbb{N} \longrightarrow X$ となる. □

この例の単射を使うことで以下を示すことができる.

命題 3.6 X を非可算集合とし B を X の可算部分集合とする. このとき $\mathrm{Card}\,(X) = \mathrm{Card}\,(X \setminus B)$.

証明 仮定より $X \setminus B$ は無限集合なので, 上の例の議論より $\varphi : \mathbb{N} \longrightarrow X \setminus B$ なる単射が存在する. $C := \varphi(\mathbb{N})$ とおく. $B \cup C$ も可算無限集合であるから $\psi : B \cup C \to C$ なる全単射が存在する. これらを用いて X から $X \setminus B$ への全単射 h を

$$h(x) := \begin{cases} x & (x \notin (B \cup C)) \\ \psi(x) & (x \in (B \cup C)) \end{cases}$$

で構成できる. □

この命題より, 例えば $\mathbb{R} \setminus \mathbb{Q}$ は連続体濃度をもつことがわかる.

---

[25] 有限回の場合は数学的帰納法が存在を保証する.

[26] したがって, 上記の例で各 B_k がちょうど 2 個の元しかもたない場合でも, 選択公理は必要である. ただし X が元々全順序集合であればもちろん選択公理は必要としない (2 個のうち小さい方を選択するとよい).

可算無限濃度に関して，選択公理なしでは証明できないため，保留していた命題を示そう．

命題 3.7 可算無限集合からなる集合列 $X_1, X_2, X_3, \cdots$ に対し $\bigcup_{k=1}^{\infty} X_k$ は可算無限集合である．

証明 各 X_k は可算であるから，全単射 $\varphi_k : \mathbb{N} \longrightarrow X_k \ (k=1,2,\cdots)$ が存在する．写像 $\varphi : \mathbb{N} \times \mathbb{N} \longrightarrow \bigcup_{k=1}^{\infty} X_k$ を $\varphi(k,n) := \varphi_k(n)$ で定義できる（選択公理使用，次の注意 3.2 参照）．$\mathbb{N} \times \mathbb{N}$ は可算無限集合であり，φ は全射であるから，系 3.5 より $\bigcup_{k=1}^{\infty} X_k$ も可算無限集合となる． □

注意 3.2 命題 3.7 の証明において，$\{\varphi_k\}_{k=1}^{\infty}$ という写像の列をとっている部分で選択公理が使用されている．L_k を $\mathbb{N}$ から X_k への全単射全体のなす集合とする．X_k が可算無限集合ということは，L_k が空ではないということである．写像の列 $\{\varphi_k\}_{k \in \mathbb{N}}$ が存在するということは，$\mathbb{N}$ から $\bigcup_{k=1}^{\infty} L_k$ への写像 f で $f(k) \in L_k$ となるものが存在するということと同じである（選択関数 f の存在）．各 L_k は一般に多くの元からなるので，k ごとに元を 1 つ選択しなければならず，ここに選択公理が必要であった．

系 3.18 Λ を可算無限集合とする．$\{X_\lambda\}_{\lambda \in \Lambda}$ を Λ を添字集合とする可算無限集合の族とする．このとき，$\bigcup_{\lambda \in \Lambda} X_\lambda$ も可算無限集合である．

次は系 3.5 の拡張である．可算の場合と異なり選択公理が必要である．

命題 3.8 X, Y を集合とし，写像 $f : X \longrightarrow Y$ は全射とする．このとき $\mathrm{Card}(Y) \preceq \mathrm{Card}(X)$ である．

証明 $y \in Y$ に対し $X_y = f^{-1}(y)$ は空でない．選択公理を Y を添字集合とする集合の族 $\{X_y\}_{y \in Y}$ に適用して，写像 $\varphi : Y \longrightarrow X$ で $\varphi(y) \in X_y$ となるものを得る．$f \circ \varphi = \mathrm{id}_Y$ より φ は単射であるから結論を得る． □

X を集合とし, $\sim$ を同値関係としたとき, X から商集合 $X/\sim$ への自然な射影は全射である. したがって $\mathrm{Card}(X/\sim) \preceq \mathrm{Card}(X)$ である. つまり商集合の濃度が元の集合の濃度を越えることはない.

例 3.21 代数的数の集合が可算無限濃度をもつことを示す. $x \in \mathbb{C}$ が**代数的数**であるとは, 整数を係数とした 1 変数多項式の根となることをいう.

(説明) P_k $(k \geqq 1)$ で k 次整数係数 1 変数多項式全体の集合とする. また S_k $(k \geqq 1)$ で P_k に属する多項式の根となる複素数全体の集合とする. P_k の濃度は可算である. 実際, $(\mathbb{Z} \setminus \{0\}) \times \mathbb{Z}^k$ から P_k への全射が

$$(a_1, a_2, \cdots, a_{k+1}) \longrightarrow a_1 x^k + a_2 x^{k-1} + \cdots + a_k x + a_{k+1}$$

で定義できるからである. 多項式 f に対し, $\mathrm{Sol}(f)$ で $f(x) = 0$ の解の集合を表す. $\mathrm{Sol}(f)$ は特に有限集合だから, $S_k = \bigcup_{f \in P_k} \mathrm{Sol}(f)$ より, S_k も可算無限集合となる. 代数的数の全体は $\bigcup_{k=1}^{\infty} S_k$ であるから, 結論を得る. (説明終)

3.8 ツォルンの補題とその応用＊

選択公理と同値な定理のうち, もっとも応用上重要なのはツォルン[27]の補題である. 本節ではツォルンの補題とその応用を述べよう.

定義 3.15 順序集合 $(X, \preceq)$ は, 以下の条件を満すとき**帰納的**という[28].
(1) X は空でない.
(2) 任意の空でない全順序部分集合が上限をもつ.

帰納的順序集合の例をあげよう.

例 3.22 まず $(A, \preceq)$ を空でない順序集合とする. $\mathcal{P}(A)$ の部分集合 $\mathcal{Z}$ を

$$\mathcal{Z} = \{B \in \mathcal{P}(A) \mid B \text{ 上で } \preceq \text{ は全順序になる }\}$$

---

[27] Max August Zorn (1906-1993) 数学者.
[28] このような**順序集合**を帰納的順序集合ともいう.

で定める. $\mathcal{Z}$ に集合の包含関係によって順序 $\preceq^*$ を入れて順序集合とする. この $(\mathcal{Z}, \preceq^*)$ が帰納的順序集合であることを示す.

証明 まず, 1 つの元のみからなる集合を考えることで $\mathcal{Z}$ は空でないことがわかる. $\mathcal{W}$ を $\mathcal{Z}$ の空でない部分集合で包含関係に関して全順序になるものとする. $B_0 = \bigcup_{B \in \mathcal{W}} B$ とおく. $B_0 \in \mathcal{Z}$ となる. まず B_0 の任意の 2 元は順序 $\preceq$ で比較可能であることは明らかであろう. 実際, B_0 の任意の 2 元は, $\mathcal{W}$ が全順序集合であることから, ある $B \in \mathcal{W}$ に含まれるからである. この B_0 が $\mathcal{W}$ の上限であることを示そう. 任意の $B \in \mathcal{W}$ は B_0 に含まれるから, B_0 は $\mathcal{W}$ の上界の 1 つである. C を $\mathcal{W}$ の上界の 1 つとしよう. C は任意の $B \in \mathcal{W}$ を含むから, $B_0 = \bigcup_{B \in \mathcal{W}} B \subset C$ となる. したがって B_0 は $\mathcal{W}$ の上界の最小元である. 以上から $\mathcal{W}$ の上限 B_0 が存在する. □

定理 3.19 (ツォルンの補題) X を空でない順序集合とする. X の空でない任意の全順序部分集合が上界をもつならば X は少なくとも 1 つ極大元をもつ. 特に, 帰納的な順序集合は極大元をもつ.

この定理の証明は複雑なので, 3.9 節の最後で与えることにする.

ツォルンの補題は様々な応用をもつ. たとえば, 関数解析学におけるハーン[29] - バナッハ (Hahn-Banach) の定理, 代数学での極大イデアルの存在, などにみられるように, 分野の根幹をなすものが多い. ここでは, その 1 つの応用として, ベクトル空間の基底の存在を示す. まず, ベクトル空間の基底の定義を思い出しておく. V を体 K 上のベクトル空間とする[30]. V の部分集合 S が V の**基底**であるとは, 以下の 2 条件を満たすときをいう.

(1) S の任意の有限個の元の系は K 上**線形独立**である. つまり $\boldsymbol{v}_1, \boldsymbol{v}_2, \cdots, \boldsymbol{v}_\ell$ を, S の相異なる任意の有限個の元とするとき, $k_1 \boldsymbol{v}_1 + k_2 \boldsymbol{v}_2 + \cdots + k_\ell \boldsymbol{v}_\ell = \boldsymbol{0}, k_j \in K \ (1 \leq j \leq \ell)$ が成立するのは $k_1 = \cdots = k_\ell = 0$ の場合に

---

[29] Hans Hahn (1879-1934) 数学者.
[30] 体の定義をまだ学んでいない読者は, K を代表例である $\mathbb{R}$ (実数体) または $\mathbb{C}$ (複素数体) として読むとよい.

限る.

（2） V の任意の元 v は, S に属する有限個の元 $v_1, v_2, \cdots, v_\ell$ と K の元 $k_1, \cdots, k_\ell$ を用いて $v = k_1 v_1 + k_2 v_2 + \cdots + k_\ell v_\ell$ (線形結合) の形に表現できる[31]．

定理 3.20 任意のベクトル空間 V は基底 S をもつ．

証明 条件 (1) を満たすような S の全体を $\mathcal{Z}$ する．$\mathcal{Z} \subset \mathcal{P}(V)$ である．S が零でない 1 つの元のみからなる集合ならば, S は明らかに $\mathcal{Z}$ の元となるから $\mathcal{Z}$ は空ではない．$\mathcal{Z}$ に集合の包含関係で順序を入れる．$\mathcal{Z}$ は帰納的である．実際 $\mathcal{W} \subset \mathcal{Z}$ を空でない全順序集合としたとき

$$S_0 := \bigcup_{S \in \mathcal{W}} S$$

は, また条件 (1) を満たし $\mathcal{W}$ の上限となるからである．よって，ツォルンの補題により $\mathcal{Z}$ に極大元 $S \subset V$ が存在する．この S が条件 (2) を満たすことを示す．任意の $v \in V$ を取る．もし $S' = S \cup \{v\}$ が条件 (1) を満たすと, S の極大性に矛盾する．よって S' は条件 (1) を満たさない．つまり，ある $v_1, \cdots, v_\ell \in S$ と非自明な $k, k_1, \cdots, k_\ell \in K$ が存在して $kv + k_1 v_1 + \cdots + k_\ell v_\ell = 0$ となる．ただし, k は 0 でない．なぜならば $v_1, \cdots, v_\ell$ は 1 次独立であるからである．よって v は，

$$v = (-k_1/k) v_1 + \cdots + (-k_\ell/k) v_\ell$$

と S の元の線形結合で書けることになる． □

3.9 整列集合の諸性質 ＊

これまで整列集合について論じてきたが, 本節では, やり残してきた重要な定理の証明を完了する．また, その他いくつかの基本的な性質も補う．節の前半では 2 つの整列集合の間には一方から他方への単射が存在することを示す．

---

[31] (2) の条件のことを "V は S で生成される" という．

まず整列集合の議論で現れる "始片" というものについて述べる. 整列集合 $(X, \preceq)$ と元 $c \in X$ に対し, 集合 $\{x \in X \mid x \prec c\}$ は c による X の**始片**[32]とよばれる. これは, いわば X を c 地点で切断した[33]下側部分と考えられる. 切断点を付け加えた $\{x \in X \mid x \preceq c\}$ も用いられる. 写像によって始片がどう動くかという考え方がよく用いられることを憶えておこう.

補題 3.21　$(X, \preceq_1)$ と $(Y, \preceq_2)$ を整列集合とし, 写像 $f, g : X \longrightarrow Y$ があるとする. いま, 各 $c \in X$ について, f は $I_X(c)$ から $I_Y(f(c))$ への全単射であり, g は $I_X(c)$ から $I_Y(g(c))$ への全単射であるとする.

ただし, ここで記号 $I_X(c) := \{x \in X \mid x \prec_1 c\}$, $I_Y(d) := \{y \in Y \mid y \prec_2 d\}$ を用いた. このとき f と g は写像として一致する. 特に X から X への順序同型写像は恒等写像に限る.

証明　$L := \{x \in X \mid f(x) \neq g(x)\}$ とおく. L が空ならば補題の主張は正しいので, この集合が空でないと仮定する. X は整列集合だから $x' = \min L$ が存在する. また, 全順序だから $f(x') \prec_2 g(x')$ または $g(x') \prec_2 f(x')$ となる. よって, まず $g(x') \prec_2 f(x')$ の場合を考える. x' の定義と f, g の条件より

$$I_Y(f(x')) = f(I_X(x')) = g(I_X(x')) = I_Y(g(x')) \tag{3.10}$$

である. $g(x') \prec_2 f(x')$ より $g(x') \in I_Y(f(x'))$ であり $g(x') \notin I_Y(g(x'))$ だから (3.10) は矛盾である. $g(x') \prec_2 f(x')$ の場合は役割を交換して同じ議論を行えば矛盾が得られる. 補題の後半は $X = Y$ とし, f は X から X への順序同型写像, g を恒等写像として前半部分をあてはめればよい.　□

系 3.22　X と Y を順序同型な整列集合とする. X から Y への順序同型写像は唯一である.

証明　$f : X \longrightarrow Y$ と $g : X \longrightarrow Y$ を順序同型写像とする. $g^{-1} \circ f : X \longrightarrow X$ は順序同型写像なので, 補題の後半を適用できる. $g^{-1} \circ f$ は恒等写像となる. g が全単射だから $f = g$ となる.　□

---

[32] initial segment. 切片ともいう.
[33] 全順序集合なので上下に分離される.

これらのことを念頭において, 以下の定理を確立しよう.

定理 3.23　$(X, \preceq_1)$ と $(Y, \preceq_2)$ を整列集合とする. このとき X から Y または Y から X への順序を保つ写像が存在する (順序を保つので, 特に単射となることに注意する). すなわち, 次の 3 つのちょうど 1 つが成立する.

(1)　X は Y と順序同型である.

(2)　ある $x' \in X$ が存在して, Y と $I_X(x') = \{x \in X \mid x \prec_1 x'\}$ が順序同型になる.

(3)　ある $y' \in Y$ が存在して, X と $I_Y(y') = \{y \in Y \mid y \prec_2 y'\}$ が順序同型になる.

証明　X, Y は空でないとしてよい. 記号を追加する. $c \in X, d \in Y$ に対して
$\overline{I}_X(c) := \{x \in X \mid x \preceq_1 c\}$, $\overline{I}_Y(d) := \{y \in Y \mid y \preceq_2 d\}$ とおく.
$x_0 := \min X, y_0 := \min Y$ とする. X の元 x に依存する条件 $P_1(x)$ と $P_2(x)$ を以下で定義する.

(1)　$P_1(x)$: $\overline{I}_X(x)$ から Y への写像 h が存在して, h は $\overline{I}_X(x)$ から $\overline{I}_Y(h(x))$ への順序同型写像となる.

(2)　$P_2(x)$: ある x' ($x' \preceq_1 x$) があって $I_X(x')$ から Y への順序同型写像が存在する.

条件 $P(x)$ を『$P(x)$ が成立 $\iff P_1(x)$ または $P_2(x)$ が成立』として定める. $P(x)$ が任意の $x \in X$ について成立することを整列集合の元に関する (超限) 帰納法によって示す (定理 3.11 の適用を考える).

$P(x_0)$ については $h: \overline{I}_X(x_0) \longrightarrow Y$ を, $h(x_0) = y_0$ として定めれば $P_1(x_0)$ が成立する. よって $P(x_0)$ が成立する.

$z \in X$ とする. 帰納法の仮定として $\xi \prec z$ となる任意の ξ に対し $P(\xi)$ が成立するとする. $P(\xi)$ の定義から 2 つに場合分けできる.

(i)　ある $\xi \prec_1 z$ について $P_2(\xi)$ が成立する.

(ii)　任意の $\xi \prec_1 z$ に対し $P_1(\xi)$ が成立する.

それぞれを検討する.

(i) の検討: $P_2(\xi)$ が成立すれば定義より $P_2(z)$ も成立し, したがって $P(z)$ が成立することとなる.

(ii) の検討: 任意の $\xi \prec_1 z$ に対し $P_1(\xi)$ が成立すると仮定する. このとき, 各 ξ に対し, $P_1(\xi)$ の条件の写像 h は系 3.22 より唯一つ存在する. そこで, これを h_ξ と書き, あらたに $H(\xi) := h_\xi(\xi)$ ($\xi \in I_X(z)$) と定義する. H は $I_X(z)$ から Y への写像であるが, h_ξ の一意性より, $I_X(z)$ から Y への順序を保つ写像となる. ここで $J = H(I_X(z))$ とおく. $J = Y$ ならば, $P_2(z)$ が成立したことなる. $J \neq Y$ ならば $y_1 = \min(Y \setminus J)$ が存在し, $H(z) = y_1$ とおくことで, H を $\overline{I}_X(z)$ 上の写像に拡張できる. この拡張された写像は, $\overline{I}_X(z)$ から $\overline{I}_Y(y_1)$ への順序同型であり $P_1(z)$ が成立することとなる. よって $P(z)$ が成立する. よって, 帰納法からすべての $x \in X$ に対して $P(x)$ が成立することとなる.

以上を基に定理の結論を示そう. もし $P_2(x)$ が成立する x が存在するならば, 逆写像を考えることで, ある $x' \in X$ と Y から $I_X(x')$ への順序同型写像が存在する ((2) が成立). そうでなければ, 任意の x に対し $P_1(x)$ が成立する. したがって, 上の帰納法の証明で h_x から H を作ったのと同様の論議を行い $H : X \longrightarrow Y$ で順序を保つ写像が存在することがわかる. ここで, $H(X) = Y$ ならば, H は X から Y への順序同型写像である ((1) が成立). そうでなければ, $y' := \min\{Y \setminus H(X)\}$ とすると, H は X から $I_Y(y')$ への順序同型写像となる ((3) が成立). (1), (2), (3) のうち, ちょうど 1 つが成立することは, 補題 3.21 から従う. □

注意 3.3 この定理の証明には, 選択公理 (もしくはそれと同値な命題) は用いられていないことに注意しておく.

上の定理と整列可能性を認めて集合の濃度の比較が全順序となることは, すでに示した. さらにこの定理を用いて整列順序であることを示すこともできる.

定理 3.24 X を集合の濃度を元とする任意の空でない集合とする. このとき X に最小元が存在する.

証明 $\alpha \in X$ に対して, $\alpha = \mathrm{Card}(A)$ となる集合 A を 1 つ選ぶことで,

X を定義域とし集合を値とする写像 φ で $\mathrm{Card}\,(\varphi(\alpha)) = \alpha$ $(\alpha \in X)$ となるものが存在する (選択公理). $W = \bigcup_{\alpha \in X} \varphi(\alpha)$ とし, W に整列順序 $\preceq$ を入れる (整列可能性定理). 各集合 $\varphi(\alpha)$ には, W の部分集合としての整列順序を入れる. 各 $\alpha \in X$ に対し, 定理 3.23 により, $\alpha \prec \mathrm{Card}\,(W)$ ならば, ある $w_\alpha \in W$ が存在して $\varphi(\alpha)$ が $\{w \in W \mid w \prec w_\alpha\}$ と順序同型となる. そこで W の部分集合 Z を

$$Z := \{w_\alpha \in W \mid \alpha \in X, \alpha \neq \mathrm{Card}\,(W)\}$$

で定める. Z が空ならば, X は唯一つの元 $\alpha = \mathrm{Card}\,(W)$ からなり, これが最小元である. Z が空でなければ, W は整列集合だから, Z の最小元 w_α が存在する. この α が X の最小元である. □

ツォルンの補題の証明

保留していたツォルンの補題の証明を与える.

証明 まず, 例 3.19 を思い出して, 後の利用のための補題として記述する.

補題 3.25 Y を整列集合 (その順序を $\trianglelefteq$ とする) とし $\varphi: Y \longrightarrow Y$ を順序を保つ写像とする. このとき, 次の性質が成立する.

$$y \trianglelefteq \varphi(y) \qquad (y \in Y) \tag{3.11}$$

ここで登場した新しい順序の記号 $\trianglelefteq$ は順序の公理を満たし, 慣習通り $x \trianglelefteq x'$ かつ $x \neq x'$ のとき $x \triangleleft x'$ と定める.

さていよいよツォルンの補題を証明する. $(X, \preceq)$ は定理 3.19 の仮定をみたすとする. 整列可能性定理より X には整列順序 $\trianglelefteq$ が入る. この整列順序は, もとの $\preceq$ とは異なる順序であることに注意する. 定理の主張を背理法で示すため, X に順序 $\preceq$ に関する極大元が存在しないと仮定する. この極大元の非存在の仮定の下で, 次の条件を満たす写像 $\varphi: X \longrightarrow X$ を構成する. 以下 min は整列順序 $\trianglelefteq$ に関する最小元を表すものと約束する.

(1) φ は整列順序 $\trianglelefteq$ を保つ写像で (つまり $x_1 \triangleleft x_2 \Rightarrow \varphi(x_1) \triangleleft \varphi(x_2)$),

$\varphi(\min X) = \min X$.

(2) $x_1 \vartriangleleft x_2$ ならば $\varphi(x_1) \prec \varphi(x_2)$.

このような $\varphi : X \longrightarrow X$ は X の整列順序 $\trianglelefteq$ に関する帰納法で構成できる．まず $\varphi(\min X) = \min X$ とおく．$z \in X$ に対し $\xi \vartriangleleft z$ なる ξ では $\varphi(\xi)$ が定義されているとして $\varphi(z)$ を定めよう．そのために，まず X の部分集合 $J(z)$ を以下のように定義する．

(i) z が整列順序 $\trianglelefteq$ に関する後継元のとき: z_- を z の直前の元とする．$J(z) := \{x \in X \mid \varphi(z_-) \prec x\}$ とおく．ここで X には $\preceq$ に関する極大元がないと仮定しているので 集合 $J(z)$ は空でない．

(ii) z が整列順序 $\trianglelefteq$ に関する極限元のとき:

$$J(z) := \varphi(\{x \in X \mid x \vartriangleleft z\}) \text{ の順序 } \preceq \text{ に関する上界の全体}$$

と定める．集合 $\varphi(\{x \in X \mid x \vartriangleleft z\})$ は，帰納法の条件より順序 $\preceq$ に関する全順序集合となるから，定理の仮定より順序 $\preceq$ に関する上界が存在する．よって $J(z)$ は空でない．

どちらの場合も $J(z)$ は空ではないので，

$$\varphi(z) := \min J(z)$$

と定めることとする．このように定めた写像 $\varphi(x)$ が条件 (1), (2) を満たすことは，以下のように確かめられる．まず $\varphi(x)$ が (2) の条件を満たすことは構成法から明らかであろう．$\varphi(x)$ が条件 (2) を満たすので，$x_1 \vartriangleleft x_2$ ならば $J(x_1) \supset J(x_2)$ となる．それゆえ $\varphi(x_1) = \min J(x_1) \trianglelefteq \min J(x_2) = \varphi(x_2)$ となる．$\varphi(x_1) \prec \varphi(x_2)$ であるから，特に $\varphi(x_1) \neq \varphi(x_2)$，つまり $\varphi(x_1) \vartriangleleft \varphi(x_2)$ となり，(1) が示された．帰納法によって $\varphi(x)$ が定まった．

さて $W := \varphi(X)$ とおく．W は順序 $\preceq$ に関して全順序集合となるから，定理の仮定より，順序 $\preceq$ に関する上界 w が存在する．極大元が存在しないことから，$w \prec w_0$ なる w_0 が存在する．任意の x に対して，$\varphi(x) \prec w_0$ から $w_0 \in J(x)$ であり，$\varphi(x) = \min J(x) \trianglelefteq w_0$ となる．一方，補題 3.25 より $w_0 \trianglelefteq \varphi(w_0)$ が成り立つ．これから $\varphi(w_0) = w_0$ となる．しかし $w_0 = \varphi(w_0) \in W$ なので，$w_0 \preceq w$ である．これは $w \prec w_0$ に矛盾する．極大元の非存在が否定された．よって順序集合 $(X, \preceq)$ に極大元が存在する． □

3.10 章末問題

問題 3.1 X を実数列全体のなす集合とする.2 項関係 R_1, R_2 を X の元 $a = (a_k)_{k \geq 1}$ と $b = (b_k)_{k \geq 1}$ に対して,

$$a \, R_1 \, b \iff 高々有限個の k を除くと a_k = b_k が成り立つ$$
$$a \, R_2 \, b \iff 少なくとも 1 個の k で a_k = b_k が成り立つ$$

で定義する.R_1, R_2 が同値関係になるか調べよ.

問題 3.2 $\hat{\mathcal{P}}(\mathbb{N})$ を空集合を除く $\mathbb{N}$ の部分集合を元とする集合とする.2 項関係 $\sim$ を $A, B \in \hat{\mathcal{P}}(\mathbb{N})$ に対し

$$A \sim B \iff A と B の最小の元が一致する$$

で定義する.このとき $\sim$ が同値関係であることを示し,商集合がどのような集合であるか考察せよ.

問題 3.3 $C(\mathbb{R})$ を,$\mathbb{R}$ 上の連続関数の集合とする.Z を $C(\mathbb{R})$ の部分集合で $[0,1]$ 上で 0 となる関数からなるものとする.2 項関係 $\sim$ を $f \sim g \iff f - g \in Z$ で定義する.$\sim$ は同値関係であることを示せ.また,その商集合は $[0,1]$ 上の連続関数の集合とみなせることを示せ.

問題 3.4 $\{B_\lambda\}_{\lambda \in \Lambda}$ を集合 X の分割とする.つまり,各 B_λ は X の空でない部分集合で,

(1) $\lambda \neq \mu$ ならば $B_\lambda \cap B_\mu = \varnothing$ (2) $\bigcup_{\lambda \in \Lambda} B_\lambda = X$

が成り立つものとする.このとき,ある X の同値関係 R が存在して,$\{B_\lambda\}_{\lambda \in \Lambda}$ が X の R による同値類全体と一致することを示せ.

問題 3.5 $C([0,1])$ を $[0,1]$ 上の実数値連続関数全体とする.$f, g \in C([0,1])$ に対し 2 項関係 $f \preceq g \iff f(x) \leq g(x) \ (x \in [0,1])$ で定義する.このとき,$\preceq$ は順序であること,および,全順序ではないことを示せ.また,

$$E := \{f \in C([0,1]) \mid |f(x)| \leq 1, f(0) = f(1) = 0\}$$

としたとき，順序 $\preceq$ に関して上限 $\sup E$ が存在するか調べよ．

問題 3.6 X_0 を 0 以上の実数の集合とし，通常の数の大小で順序を入れる．直積集合 $X = X_0 \times X_0$ の部分集合を
$$E := \{(x,y) \in X \mid x^2 + y^2 \leqq 1\}$$
$$F := \left\{(x,y) \in X \mid y = \frac{1}{1-x}, 0 < x < 1\right\}$$
で定める．X に X_0 の大小関係から辞書式順序を入れたとき，この順序に関して集合 E と F の上限，下限，最大，最小を求めよ．

問題 3.7 X 上の 2 項関係 $\hat{R}$ は，次の 2 条件 (1) 任意の $x \in X$ に対し $x\hat{R}x$ とはならない，(2) $x\hat{R}y$ かつ $y\hat{R}z$ ならば $x\hat{R}z$，を満たすとする．
2 項関係 R を
$$xRy \iff x = y \text{ または } x\hat{R}y$$
で定義すると R は順序になることを示せ．逆に 順序 R に対し，2 項関係 $\hat{R}$ を
$$x\hat{R}y \iff x \neq y \text{ かつ } xRy$$
で定義すると，$\hat{R}$ はこの問題の条件 (1) と (2) を満たすことを示せ．

問題 3.8 $\mathbb{N}$ から $\mathbb{N}$ への順序同型写像は恒等写像に限ることを示せ．また，$\mathbb{N}$ から $\mathbb{Q}$ への順序同型写像は存在しないことを示せ．

問題 3.9 $Z_1 = \{0,1\} \times \mathbb{N}$, $Z_2 = \mathbb{N} \times \{0,1\}$ とし，Z_1, Z_2 それぞれに辞書式順序を入れる．Z_1 と Z_2 の極限元を求めよ．また Z_1 と Z_2 が順序同型でないことを示せ．

問題 3.10 (1) 濃度 α, β, γ に対し $(\alpha^\beta)^\gamma = \alpha^{\beta\gamma}$ を示せ．
(2) $\mathrm{Card}(\mathbb{R}^\mathbb{N}) = \aleph$ を示せ．

問題 3.11 $\mathbb{R}$ と $(0,1)$ 開区間との具体的な全単射を作ることで両者の濃度が同じであることを示せ．また，実数の部分集合 $[0,1)$ と $(0,1)$ の濃度が同じであることを具体的に写像を構成して示せ．このことから，次を示せ．

$$\aleph = \mathrm{Card}\,([0,1]) = \mathrm{Card}\,([0,1)) = \mathrm{Card}\,((0,1)) \tag{3.12}$$

問題 3.12 $\mathbb{R}^2$ の部分集合 $(0,1) \times (0,1)$ から $\mathbb{R}$ への単射を具体的に 1 つ与えよ．このことから，$\mathbb{R}^2$ の空でない開集合の濃度は $\aleph$ であることを示せ．

問題 3.13 デデキント[34]は，集合 X が無限集合であることを，X の真部分集合 X' と X から X' への全単射が存在することで定義した (デデキントの無限)．集合 X の濃度が可算無限濃度以上であることと，X がデデキントの意味で無限集合であることが同値であることを示せ．

問題 3.14 X を実数列 $(a_k)_{k \geq 1}$ で $\sum_{k=1}^{\infty} |a_k| \leq 1$ を満たすものの集合とする．X の順序 $\preceq$ を $a = (a_k)_{k \geq 1}$ と $b = (b_k)_{k \geq 1}$ に対し，$a \preceq b \iff a_k \leq b_k$ $(k \geq 1)$，で定める．このとき X は帰納的順序集合であることを示せ．

問題 3.15 $(X, \preceq)$ を全順序集合とする．このとき X の部分集合 Y が存在し，次が成り立つことを示せ．(1) Y は $\preceq$ で整列集合，(2) 任意の $x \in X$ に対し，$x \preceq y$ なる $y \in Y$ が存在する (このような例として $X = \mathbb{Q}$ に対し，$Y = \mathbb{N}$ などがある)．

問題 3.16 $\mathbb{N}$ の有限部分集合の全体を $\mathcal{F}$ として $\mathrm{Card}(\mathcal{F}) = \aleph_0$ を示せ．

問題 3.17 $\mathbb{R}$ 上の連続関数全体の濃度は $\aleph$ であることを示せ．

---

[34] Julius Wilhelm Richard Dedekind (1831-1916) 数学者．

第4章

一般の位相空間

第 2 章で距離空間を導入し, 距離から自然に定まる開集合系の 3 つの基本的性質を得た. 必ずしも距離がない集合 X に対し, 部分集合の族 $\mathcal{O}$ に基本 3 性質を公理として与え, $\mathcal{O}$ を一般の開集合系とする. これを基点として一般の位相空間の理論を展開する. このようなシンプルな設定の下でさまざまな数学分野で必要となる位相空間の枠組みを作ることができる.

4.1 開集合系の公理

X を集合として X の部分集合の族 $\mathcal{O}$ を考える. $\mathcal{O}$ に対して, 次の条件 (O-I), (O-II), (O-III) を考える.

(O-I) $\emptyset \in \mathcal{O}, X \in \mathcal{O}$

(O-II) $U, V \in \mathcal{O} \Longrightarrow U \cap V \in \mathcal{O}$

(O-III) $U_\alpha \in \mathcal{O}\ (\alpha \in \Gamma) \Longrightarrow \bigcup_{\alpha \in \Gamma} U_\alpha \in \mathcal{O}$

(O-I), (O-II), (O-III) を**開集合系の公理**という.

集合 X に対して, このような条件を満たす $\mathcal{O}$ が与えられたとき集合 X に**位相**が与えられたという. 位相を与えられた集合を**位相空間**といい $(X, \mathcal{O})$ と表す. $\mathcal{O}$ の各要素をこの位相空間の**開集合**[1] という. 上の条件のうち (O-II) から有限個の開集合の交わりが開集合になることが従う. (O-III) は開集合の和に関する条件であるが, 有限個のみならず可算, 非可算を問わず任意の無限の和でもよいことが重要である. したがって, 添字集合 Γ は任意の集合で制約はなにもない.

---

[1] 開集合は, 英語で open set である.

集合に対する位相の与え方はいろいろあり，目的によって使い分けられる．必ずしも有用ではないが両極端の例をあげてみよう．

例 4.1 集合 X に対して $\mathcal{O} = \{\emptyset, X\}$ とおけば (O-I), (O-II), (O-III) が成立する．これを**密着位相**という．

例 4.2 集合 X に対して $\mathcal{O} = 2^X$ とおくと (O-I), (O-II), (O-III) が成立する．これを**離散位相**という．

離散位相は最強の位相，密着位相は最弱の位相といわれる．他の位相はこれらの間に位置する．

定義 4.1 開集合系 $\mathcal{O}$ が与えられたとする．$U \in \mathcal{O}$ に対し，その補集合 U^c を**閉集合**[2]という．$\mathcal{C} = \{U^c \mid U \in \mathcal{O}\}$ を**閉集合系**という．

命題 4.1 閉集合系 $\mathcal{C}$ は，次の 3 条件を満たす．
(F-I)　$\emptyset, X \in \mathcal{C}$.
(F-II)　$E, G \in \mathcal{C} \Longrightarrow E \cup G \in \mathcal{C}$.
(F-III)　$E_\beta \in \mathcal{C}\ (\beta \in \Lambda) \Longrightarrow \bigcap_{\beta \in \Lambda} E_\beta \in \mathcal{C}$.

注意 4.1 章の冒頭で述べたように，距離空間は位相空間の特別な場合とみることができる．閉集合系を公理として与えてから，補集合をとって開集合系を決めても，後の位相空間論は同じことになる．

4.2　位相空間における基本概念

位相空間の基本用語や概念を与えて性質を調べてゆく．

定義 4.2（内点，内部，触点，閉包）　集合 $A \subset X, x \in X$ とする．
（ⅰ）ある $U \in \mathcal{O}$ が存在して $x \in U, U \subset A$ となるとき，x は A の**内点**であるという．A の内点の全体を**内部**といい A° と書く．

---
[2] 閉集合は，英語で closed set である．

(ii) $x \in V, V \in \mathcal{O}$ となる任意の V に対して, $V \cap A \neq \emptyset$ となるとき x は A の**触点**という. A の触点の全体を**閉包**といい, $\overline{A}$ と書く.

(iii) $\partial A := \overline{A} \setminus A^\circ$ を A の**境界**という. ∂A に属する点を**境界点**という.

注意 4.2 任意の集合 $A \subset X$ に対して $A^\circ \subset A \subset \overline{A}$ は常に正しい. また $A \subset B$ ならば $A^\circ \subset B^\circ, \overline{A} \subset \overline{B}$ も成立する.

定義 4.3 $x \in X$ に対して, $V^\circ \ni x$ となるような集合 V を x の**近傍**, x の近傍全体を x の**近傍系**といい, $\mathcal{N}(x)$ と書く.

例 4.3 $A \subset X$ に対して, 次が成立する.

$$(A^\circ)^c = \overline{A^c}, \quad A^\circ \in \mathcal{O}, \quad \overline{A} \in \mathcal{C}, \quad \partial A = \partial(A^c) = \overline{A} \cap \overline{A^c}$$

(説明) $x \in (A^\circ)^c \iff x \notin A^\circ$ となるが, これは $x \in U, U \in \mathcal{O}$ となる任意の U に対し $U \not\subset A$ と同値. またさらに $x \in U, U \in \mathcal{O}$ となる任意の U に対し $U \cap A^c \neq \emptyset$ といってもよい. よって $x \in \overline{A^c}$ が最初の条件と同値となり最初の等式を得る.

任意の $x \in A^\circ$ に対して, ある $U_x \in \mathcal{O}$ があって $x \in U_x \subset A$ が成立する. さて $\widetilde{U} = \bigcup_{x \in A^\circ} U_x$ とおくと $\widetilde{U} \in \mathcal{O}$, かつ $A^\circ \subset \widetilde{U} \subset A$ となる. 今度は任意の $y \in \widetilde{U}$ に対して, ある $x \in \widetilde{U}$ があって $y \in U_x$ であり $U_x \in \mathcal{O}, U_x \subset A$ であるから $y \in A^\circ$. よって両方向の包含関係が示された. 結局 $A^\circ = \widetilde{U}$ となる. したがって $A^\circ \in \mathcal{O}$ となる. 次に $\overline{A^c} = (A^c)^\circ$ である. 上に示したことから, これは $\mathcal{O}$ に属する. よって $\overline{A} \in \mathcal{C}$ となる. (説明終)

例 4.4 $A, B \subset X$ に対して $\overline{A \cup B} = \overline{A} \cup \overline{B}$ となる.

(説明) $\overline{A \cup B} \supset \overline{A}, \overline{A \cup B} \supset \overline{B}$ は自明. よって $\overline{A \cup B} \supset \overline{A} \cup \overline{B}$ は成立する. 逆向きの包含を説明するため $\forall x \notin \overline{A} \cup \overline{B}$ をとる. このとき $\exists U \in \mathcal{O}$, $\exists V \in \mathcal{O}$, s.t. $x \in U, U \cap A = \emptyset, x \in V, V \cap B = \emptyset$. ここで $W = U \cap V \in \mathcal{O}$ とおくと $x \in W, W \cap (A \cup B) = \emptyset$. これは $x \notin \overline{A \cup B}$ を意味する. よって逆の包含関係 $\overline{A \cup B} \subset \overline{A} \cup \overline{B}$ がいえた. (説明終)

相対位相

位相空間 $(X, \mathcal{O})$ に対して，その部分集合 Z があるとき X 全体の位相と両立する位相を Z に入れて位相空間とできる．集合族

$$\mathcal{O}_Z = \{U \cap Z \mid U \in \mathcal{O}\}$$

を定義すると，これは Z において開集合系の公理の 3 条件を満足する．これによって位相空間 $(Z, \mathcal{O}_Z)$ が定まる．この位相を**相対位相**という．

基，第 2 可算公理，可分，連結

定義 4.4 集合族 $\mathcal{B}$ が開集合系 $\mathcal{O}$ の**基**[3]であるとは，次の (i), (ii) が成立することである．
 (i) $\mathcal{B} \subset \mathcal{O}$
 (ii) 任意の $U \in \mathcal{O}$ に対し，ある $\mathcal{M} \subset \mathcal{B}$ があって $U = \bigcup_{V \in \mathcal{M}} V$ となる．

定義 4.5 位相空間 $(X, \mathcal{O})$ において $\mathcal{O}$ の基として可算個の要素からなるものをとれるとき，この位相空間は**第 2 可算公理**を満たすという．

開集合系の基になるための条件を言い換える．

問 4.1 位相空間 $(X, \mathcal{O})$ において $\mathcal{B} \subset \mathcal{O}$ について，次の条件は $\mathcal{B}$ が $\mathcal{O}$ の基になることと同値であることを示せ．
 (条件) $x \in U$ となる任意の $x \in X$ と任意の $U \in \mathcal{O}$ に対し，ある $V \in \mathcal{B}$ があって $x \in V \subset U$ となる．

例 4.5 ユークリッド空間 $\mathbb{R}^n$ の通常の開集合系 $\mathcal{O}_0$ (標準位相) に対して

$$\mathcal{B}_0 = \{B(z, 1/p) \mid z \in \mathbb{Q}^n, p \in \mathbb{N}\}$$

は開集合系 $\mathcal{O}_0$ の基である．$\mathrm{Card}\,(\mathcal{B}_0) = \aleph_0$ より $\mathbb{R}^n$ は第 2 可算公理を満たす．

---

[3] $\mathcal{O}$ の基の取り方は一通りではない．実際ひとつの基 $\mathcal{B}$ に対して $\mathcal{O}$ の任意の要素 U を加えて $\mathcal{B} \cup \{U\}$ も基になる．

(説明) 任意の $U \in \mathcal{O}_0$ に対して, U 上の自然数値関数を

$$p(z) = \min\{q \in \mathbb{N} \mid B(z, 1/q) \subset U\} \quad (z \in U)$$

で与える. そして族 $\mathcal{P}_0 = \{B(z, 1/p(z)) \mid z \in \mathbb{Q}^n \cap U\}$ を定義する. これが U を生成することを示そう. まず $U_0 = \bigcup_{W \in \mathcal{P}_0} W$ とおくと $U_0 \in \mathcal{O}_0$, $U_0 \subset U$ は明らかである. 任意の $x \in U$ をとる. ここで $\mathbb{Q}^n$ は $\mathbb{R}^n$ で稠密だから $z \in B(x, 1/(2p(x))) \cap \mathbb{Q}^n$ がとれる. このとき $x \in B(z, 1/(2p(x))) \subset B(x, 1/p(x)) \subset U$ となる. これより $p(z) \leqq 2p(x)$ となり $x \in B(z, (1/p(z)))$ となる. よって $x \in U_0$ を得る. よって $U = U_0$ となる. (説明終)

定義 4.6 位相空間 $(X, \mathcal{O})$ が**可分**であるとは, 可算部分集合 E が存在して $\overline{E} = X$ となることである.

$\mathbb{R}$ (標準位相) においては $\mathbb{Q}$ (可算集合) は稠密なので $\mathbb{R}$ は可分となる. $\mathbb{R}^n$ も可分となる.

命題 4.2 距離空間 (X, d) が可分ならば, 第 2 可算公理を満たす.

証明 ある可算集合 $E = \{a_k \in X \mid k \geqq 1\}$ があって X で稠密となる.

$$\mathcal{B} = \{B(a_k, 1/p) \mid p, k \in \mathbb{N}\} \quad \text{(可算)}$$

とおき基になることを示す. U を任意の開集合であるとする. $x \in U$ に対して

$$p(x) = \min\{q \in \mathbb{N} \mid B(x, 1/q) \subset U\}$$

とおく. ここで集合族 $\mathcal{M} = \{B(a_k, 1/p(a_k)) \mid k \in \mathbb{N}, a_k \in U\}$ を定める. これらの和が U に一致することを示す. $U_0 = \bigcup_{W \in \mathcal{M}} W$ とおく. $U_0 \subset U$ は明らかである. 任意の $x \in U$ に対し, E は稠密だから $z \in B(x, 1/(2p(x))) \cap E$ がとれる. このとき $x \in B(z, 1/(2p(x))) \subset B(x, 1/p(x)) \subset U$ である. よって $p(z) \leqq 2p(x)$ となり $x \in B(z, 1/p(z))$ となる. よって $x \in U_0$ となり $U = U_0$ が従う. □

定義 4.7　位相空間 $(X, \mathcal{O})$ の部分集合 A が**連結でない**とは，次の条件 $(*)$ を満たす $U_1, U_2 \in \mathcal{O}$ が存在することである．

$(*)$　　$U_1 \cap A \neq \emptyset, \ U_2 \cap A \neq \emptyset, \ U_1 \cup U_2 \supset A, \ U_1 \cap U_2 \cap A = \emptyset$

"連結である" ことの定義は，"連結でない" ことが成立しないことである．すなわち次のようになる．

定義 4.8　位相空間 $(X, \mathcal{O})$ の部分集合 A が**連結**であるとは，上の条件 $(*)$ を満たす $U_1, U_2 \in \mathcal{O}$ が存在しないことである．

X 自身が連結であるとき，位相空間 $(X, \mathcal{O})$ は連結な位相空間という．

注意 4.3　定義から任意の点 x に対し，集合 $\{x\}$ は連結となる．

位相空間 $(X, \mathcal{O})$ が連結であるとは $A = X$ として上の定義をみればよい．すなわち次のようになる．
『$U_1 \neq \emptyset, \ U_2 \neq \emptyset, \ U_1 \cup U_2 = X, \ U_1 \cap U_2 = \emptyset$ となるような $U_1, U_2 \in \mathcal{O}$ が存在しない』

これは次の条件と同値である．『X の開かつ閉なる部分集合は X と $\emptyset$ のみ』

命題 4.3　A, B はそれぞれ連結で $A \cap B \neq \emptyset$ ならば $A \cup B$ は連結である．

証明　$A \cup B$ が連結でないと仮定する．すなわち $U_1, U_2 \in \mathcal{O}$ があって

$$U_1 \cap (A \cup B) \neq \emptyset, \ U_2 \cap (A \cup B) \neq \emptyset$$

$$U_1 \cup U_2 \supset A \cup B, \ (U_1 \cap U_2) \cap (A \cup B) = \emptyset$$

が成立すると仮定する．これより

$$U_1 \cup U_2 \supset A, \ (U_1 \cap U_2) \cap A = \emptyset, \ U_1 \cup U_2 \supset B, \ (U_1 \cap U_2) \cap B = \emptyset$$

となる．また

$$U_1 \cap (A \cup B) = (U_1 \cap A) \cup (U_1 \cap B) \neq \emptyset$$

$$U_2 \cap (A \cup B) = (U_2 \cap A) \cup (U_2 \cap B) \neq \emptyset$$

が従う. これを言い換えると
『$U_1 \cap A \neq \emptyset$ または $U_1 \cap B \neq \emptyset$』 かつ 『$U_2 \cap A \neq \emptyset$ または $U_2 \cap B \neq \emptyset$』 である. よって, 次の4つの場合のどれかが成立する.

(1) $U_1 \cap A \neq \emptyset$ かつ $U_2 \cap A \neq \emptyset$
(2) $U_1 \cap A \neq \emptyset$ かつ $U_2 \cap B \neq \emptyset$
(3) $U_1 \cap B \neq \emptyset$ かつ $U_2 \cap A \neq \emptyset$
(4) $U_1 \cap B \neq \emptyset$ かつ $U_2 \cap B \neq \emptyset$

1つずつ検討してゆく. (1) の場合は A が連結でないことになり不可能. (4) の場合は B が連結でないことになり不可能. (2) の場合には $U_2 \cap A = \emptyset$ となる. なぜなら, そうでなければ A が連結でなくなる. 同様の理由で $U_1 \cap B = \emptyset$ となる. よって $U_1 \cup U_2 \supset A \cup B$ と合わせて $U_1 \supset A, U_2 \supset B$ となる. しかし $U_1 \cap U_2 \cap (A \cup B) = \emptyset$ と合わせると $A \cap B = \emptyset$ が従う. これは仮定に反する. (3) の場合は (2) と同じ議論 (A, B を入れ替えるだけ) で $A \cap B = \emptyset$ が従い仮定に反する. いずれの場合も起こらず不合理. よって $A \cup B$ は連結である. □

定理 4.1 $\mathbb{R}$ の区間 I は連結である[4)].

証明 背理法で示す. 開集合 U_1, U_2 があって

$$U_1 \cap I \neq \emptyset, \ U_2 \cap I \neq \emptyset, \ U_1 \cup U_2 \supset I, \ U_1 \cap U_2 \cap I = \emptyset$$

を満たすと仮定する. $t_1 \in U_1 \cap I, t_2 \in U_2 \cap I$ となる t_1, t_2 をとる. このとき $t_1 < t_2$ を仮定して一般性を失わない. そうでないなら記号を交換すればよい. I は区間だから $[t_1, t_2] \subset I$ である. U_1, U_2 は開集合だから, ある $\delta > 0$ があって

$$(t_1 - \delta, t_1 + \delta) \subset U_1, \quad (t_2 - \delta, t_2 + \delta) \subset U_2, \quad 0 < \delta < (t_2 - t_1)/3$$

となる. ここで $I_1 = U_1 \cap [t_1, t_2], I_2 = U_2 \cap [t_1, t_2]$ とおくと $I_1 \supset [t_1, t_1 + \delta)$, $I_2 \supset (t_2 - \delta, t_2]$ より $I_1 \neq \emptyset, I_2 \neq \emptyset, I_1 \cap I_2 = \emptyset, I_1 \cup I_2 = [t_1, t_2]$ となる. ここで $\tau = \sup I_1$ とおくと $t_1 < t_1 + \delta \leqq \tau \leqq t_2 - \delta < t_2$ となる. 次の2

[4)] 区間の定義は第1章を参照. この事実は $\mathbb{R}$ の連続性と密接な関係がある.

つの条件のうち一方が成立する.

(i) $\tau \in I_1$　　(ii) $\tau \in I_2$

以下,それぞれの場合を検討する.

(i) U_1 が開集合であるから,ある $\delta_1 \in (0, \delta)$ が存在して $(\tau - \delta_1, \tau + \delta_1) \subset U_1$ が成立する.また $(\tau - \delta_1, \tau + \delta_1) \subset (t_1, t_2)$ より $(\tau - \delta_1, \tau + \delta_1) \subset I_1$ となる.よって τ が I_1 の上限であることに反する.よって (i) は起こらない.

(ii) $[\tau, t_2] \subset I_2$ である.U_2 が開集合であるから,ある $\delta_2 \in (0, \delta)$ があって $(\tau - \delta_2, \tau + \delta_2) \subset U_2$,また $(\tau - \delta_2, \tau + \delta_2) \subset (t_1, t_2)$ より $(\tau - \delta_2, \tau + \delta_2) \subset I_2$.よって $I_1 \cap (\tau - \delta, t_2] = \varnothing$ となり,$\tau = \sup I_1$ に矛盾する.よって (ii) は起こらない.(i), (ii) いずれも不合理.よって I は連結である. □

連結性と類似の条件を検討する.直感的に理解しやすい弧状連結性を導入する.

定義 4.9 位相空間 $(X, \mathcal{O})$ の部分集合 A が**弧状連結**であるとは,任意の $x, y \in A$ に対して連続写像 $\phi : I = [0, 1] \longrightarrow X$ が存在して

$$\phi(0) = x,\ \phi(1) = y,\ \phi(t) \in A \quad (0 \leqq t \leqq 1)$$

が成立することである.

弧状連結と連結の関係は次で与えられる.

命題 4.4 位相空間 $(X, \mathcal{O})$ の部分集合 A は,弧状連結ならば連結である.

証明 A が連結でないと仮定する.すなわち $U_1, U_2 \in \mathcal{O}$ があって

$$U_1 \cap A \neq \varnothing,\ U_2 \cap A \neq \varnothing,\ U_1 \cup U_2 \supset A,\ U_1 \cap U_2 \cap A = \varnothing$$

が成立すると仮定する.

$x \in U_1 \cap A, y \in U_2 \cap A$ を取る.A は弧状連結であるから,連続写像

$$\phi : I = [0, 1] \longrightarrow A\ \text{で}\ \phi(0) = x,\ \phi(1) = y,\ \phi(t) \in A\ (0 \leqq t \leqq 1)$$

となるものがある.ここで次の集合を考える.

$$I_1 = \{t \in [0,1] \mid \phi(t) \in U_1\}, \quad I_2 = \{t \in [0,1] \mid \phi(t) \in U_2\}$$

ϕ が連続であり, U_1, U_2 が開集合であるから I_1, I_2 は I の開集合 (相対位相) である. 以上をまとめて $I_1 \ni 0, I_2 \ni 1, I_1 \cup I_2 = I$, $I_1 \cap I_2 = \emptyset$ となり, I の連結性に反する. □

問 4.2 $\mathbb{R}^n$ (標準位相) は連結であることを示せ.

連結成分

位相空間の 2 点 $x, y \in X$ に対して, $x \in A, y \in A$ となる連結な部分集合 A が存在するとき $x \sim y$ と表すことにする. これが同値関係になる. 実際, 次が成立する.

(i) $x \sim x \ (x \in X)$
(ii) $x, y \in X, x \sim y \Rightarrow y \sim x$
(iii) $x, y, z \in X, x \sim y, y \sim z \Rightarrow x \sim z$

問 4.3 上の 3 条件 (i), (ii), (iii) を示せ.

この同値関係で X を同値類に分割することができる. $X = \bigcup_{\gamma \in \Gamma} X_\gamma$. そして各同値類を**連結成分**という. 各連結成分は開かつ閉なる集合である. x に対して, それを含む最大の連結部分集合が x の属する連結成分となる.

4.3 分離公理

本節では分離公理について述べる. まず"分離"というものを説明する. 第 2 章で扱った距離空間 (X, d) においては, もし異なる 2 点 $a, b \in X$ があれば $d(a, b) > 0$ が従う. 要するに 2 点間の距離が正である. よって, それぞれから 2 点間距離の 1/3 までの近傍 U_1, U_2 を

$$U_1 = \{x \in X \mid d(x, a) < d(a,b)/3\}, \quad U_2 = \{y \in X \mid d(y, b) < d(a,b)/3\}$$

のように与えれば, これらは互いに交わらない開集合である (実際 $z \in U_1 \cap U_2$ があったとすれば三角不等式から $d(a, b) \leqq d(a, z) + d(z, b) < d(a, b)/3 +$

$d(a,b)/3 < d(a,b)$ となり矛盾である). このような状況を "任意の異なる 2 点は開集合で分離することができる" という言い方をする. 一般の位相空間においてはこのようなことはいつも成立するわけではない. 実際, 密着位相の場合は異なる 2 点は分離できない. 逆に開集合が豊富にあれば "分離性" がよくなり, その位相空間において連続関数が豊富に存在できる[5]. 各種の分離公理とはそのような基準を段階別に定めたものといえる.

定義 4.10 $(X, \mathcal{O})$ が T_2 空間 (または**ハウスドルフ**[6]**空間**) であるとは, 任意の異なる 2 点 $x, y \in X$ に対して $U_1, U_2 \in \mathcal{O}$ があって

$$x \in U_1, \quad y \in U_2, \quad U_1 \cap U_2 = \varnothing$$

とできることである.

命題 4.5 ハウスドルフ空間において任意の点 x に対して, 集合として $\{x\}$ は閉集合となる.

証明 $y \neq x$ となる任意の点 y をとる. 仮定よりある $U_1(y), U_2(y) \in \mathcal{O}$ があって $x \in U_1(y), y \in U_2(y)$ かつ $U_1(y) \cap U_2(y) = \varnothing$ となる. $U = \bigcup_{y \in X \setminus \{x\}} U_2(y)$ とおけば $U \in \mathcal{O}$ かつ $X \setminus \{x\} = U$ となる. よって $\{x\}$ は閉集合である. □

定義 4.11 $(X, \mathcal{O})$ が T_3 空間 (または**正則空間**) であるとは, 各点に対して, その 1 点が集合としては閉集合となること, そして $x \notin A$ となる任意の点 x と閉集合 A に対して $U_1, U_2 \in \mathcal{O}$ があって

$$x \in U_1, \quad A \subset U_2, \quad U_1 \cap U_2 = \varnothing$$

とできることである.

定義 4.12 $(X, \mathcal{O})$ が T_4 空間 (または**正規空間**) であるとは, 各点に対して, その 1 点が集合としては閉集合となること, そして互いに交わらない任意

---

[5] 密着位相では連続関数は定数関数のみ, 離散位相ではすべての関数が連続関数となる.
[6] Felix Hausdorff (1869-1942) 数学者.

の閉集合 $A, B \subset X$ に対して $U_1, U_2 \in \mathcal{O}$ があって

$$A \subset U_1, \quad B \subset U_2, \quad U_1 \cap U_2 = \emptyset$$

とできることである.

これらの条件の強弱関係は次の通りとなる.

分離公理の関係： T_4 空間 $\Longrightarrow$ T_3 空間 $\Longrightarrow$ T_2 (ハウスドルフ) 空間

ハウスドルフ空間ならば各点は閉集合となる. よって上のように分離公理の条件の序列ができる. また, 距離空間の場合は, 冒頭で見たとおりハウスドルフ空間で, 第 2 章で得たことより互いに交わらない 2 つの閉集合は開集合で分離できる (命題 2.21). よって, 結局は T_4 空間となり当然他の分離公理 T_2, T_3 の条件も成立する.

4.4 開被覆とコンパクト性

まず位相空間 $(X, \mathcal{O})$ において開被覆 (open covering) という用語を定める.

定義 4.13 A を X の部分集合とする. 開集合からなる集合族 $\mathcal{B}$ が集合 A の**開被覆**であるとは, $A \subset \bigcup_{U \in \mathcal{B}} U$ となることである.

次に, コンパクトの定義を与えよう.

定義 4.14 K が位相空間 $(X, \mathcal{O})$ の**コンパクト集合**であるとは, K の任意の開被覆に対して, そこからある有限部分被覆をとることができることである[7]. すなわち $\mathcal{B} \subset \mathcal{O}, K \subset \bigcup_{U \in \mathcal{B}} U$ ならば, ある有限個の $U_1, \cdots, U_p \in \mathcal{B}$ があって $K \subset U_1 \cup U_2 \cup \cdots \cup U_p$ となることである. また X 自身がコンパクト集合の場合, $(X, \mathcal{O})$ は**コンパクト空間**という.

コンパクト性より少し弱い性質をもつ集合を導入する.

---

[7] 『任意の開被覆から有限部分被覆を選べる』と覚えるとよい.

定義 4.15 M が位相空間 $(X, \mathcal{O})$ の**相対コンパクト集合**であるとは，$\overline{M}$ がコンパクトであることである．

命題 4.6 $(X, \mathcal{O})$ がハウスドルフ空間であるとする．このとき X のコンパクト集合は閉集合である．

証明 A がコンパクトであると仮定する．任意の $x \in X \setminus A$ をとって固定する．ハウスドルフ空間であるから，任意の $y \in A$ に対して，ある $U_1(y), U_2(y) \in \mathcal{O}$ があって
$$x \in U_1(y),\ y \in U_2(y),\ U_1(y) \cap U_2(y) = \varnothing$$
となる．$\bigcup_{y \in A} U_2(y) \supset A$ であるから $\{U_2(y)\}_{y \in A}$ は A の開被覆となる．よって有限部分被覆をもつ．ある $y_1, \cdots, y_p \in A$ があって
$$U_2(y_1) \cup U_2(y_2) \cup \cdots \cup U_2(y_p) \supset A$$
となる．$U_2 = U_2(y_1) \cup U_2(y_2) \cup \cdots \cup U_2(y_p) \in \mathcal{O}$ かつ
$$x \in U_1 = U_1(y_1) \cap U_1(y_2) \cap \cdots \cap U_1(y_p)$$
である．また $U_1 \in \mathcal{O}, U_1 \subset X \setminus A$ となる．以上より各 $x \in X \setminus A$ に対して上の操作で得られる U_1 を $W(x)$ と書く．そのとき
$$\bigcup_{x \in X \setminus A} W(x) = X \setminus A,\quad W(x) \in \mathcal{O}$$
が成立する．よって $X \setminus A \in \mathcal{O}$ となり A が閉集合となる． □

問 4.4 位相空間 $(X, \mathcal{O})$ において，次を示せ．
(i) A, B がコンパクトであるとき，$A \cup B$ はコンパクトである．
(ii) A, B が相対コンパクトであるとき，$A \cup B$ は相対コンパクトである．

命題 4.7 $(X, \mathcal{O})$ がハウスドルフ空間であるとする．A は X のコンパクトな部分集合であるとする．もし B が閉集合で $B \subset A$ ならば B はコンパクトである．

証明 $\{U_\alpha\}_{\alpha \in \Gamma}$ を B の任意の開被覆とする．仮定より $B^c \in \mathcal{O}$ より $\{B^c\} \cup \{U_\alpha\}_{\alpha \in \Gamma}$ は A の開被覆となる．よって有限開被覆が存在する．すなわち，ある $\alpha_1, \cdots, \alpha_p \in \Gamma$ があって

$$B^c \cup U_{\alpha_1} \cup \cdots \cup U_{\alpha_p} \supset A \supset B$$

となる．$B^c \cap B = \varnothing$ より $U_{\alpha_1} \cup \cdots \cup U_{\alpha_p} \supset B$ が成立する． □

命題 4.8 $(X, \mathcal{O})$ がハウスドルフ空間であるとする．空でないコンパクト集合の列 $\{A_m\}_{m=1}^\infty$ があって

$$A_1 \supset A_2 \supset \cdots \supset A_m \supset A_{m+1} \supset \cdots$$

であるとする．このとき $\bigcap_{m=1}^\infty A_m \neq \varnothing$ となる．

証明 X はハウスドルフ空間であるから，各 A_k は閉集合である．$Z = A_1$ に相対位相をいれて考える．Z 自身はコンパクト空間となる．各 A_j ($j \geqq 2$) は $(Z, \mathcal{O}_Z)$ の空でないコンパクト集合の単調列となる．背理法で示す．すなわち $\bigcap_{m \geqq 1} A_m = \varnothing$ を仮定する．ここで $V_k = Z \setminus A_k$ とおくと，これは $(Z, \mathcal{O}_Z)$ の開集合となり $\bigcup_{m=1}^\infty V_m = Z$ となる．コンパクトの仮定と単調性より，ある p があって $V_p = Z$ となる．補集合をとって $A_p = \varnothing$ となり，これは仮定と矛盾する． □

定義 4.16 K が位相空間 $(X, \mathcal{O})$ の点列コンパクトな集合であるとは，K に含まれる任意の列 $\{x(m)\}_{m=1}^\infty$ に対して，ある部分列 $\{x(m(p))\}_{p=1}^\infty$ および元 $z \in K$ があって $p \to \infty$ に対して $x(m(p))$ は z に収束することである．

これは距離空間の場合に定めた点列コンパクトの条件と同一である．距離空間の場合にはコンパクトと関連付けることができる．

命題 4.9 距離空間 (X, d) の部分集合 A について，これが点列コンパクトであることと，コンパクト集合であることは同値である．

証明 (コンパクト ⇒ 点列コンパクト)　$\{x(m)\}_{m=1}^{\infty} \subset A$ であるとする.
$$A_m = \overline{\{x(p) \in X \mid p \geqq m\}}$$
とおく. まず $\bigcap_{m \geqq 1} A_m \neq \varnothing$ を示そう. もしこれが成立しないとすると $\bigcap_{m \geqq 1} A_m = \varnothing$ である. 補集合をとって
$$\bigcup_{m \geqq 1} (X \setminus A_m) \supset A$$
が成立する. 各 $X \setminus A_m$ は開集合で m に関して単調だから, コンパクト性によってある番号 q があって $X \setminus A_q \supset A$ となり $A_q \cap A = \varnothing$. これは $x(q) \in A_q \cap A$ に反する. よって $\bigcap_{m \geqq 1} A_m \neq \varnothing$ が示された. よって, ある $z \in X$ があって $z \in A_m$ ($m \geqq 1$) となる. 以下の手順で部分列をとっていく.

第 1 段: $B(z, 1/1) \cap A_1 \neq \varnothing$ より, ある $m(1) \geqq 1$ があり $d(z, x(m(1))) < 1$.

第 2 段: $B(z, 1/2) \cap A_{m(1)+1} \neq \varnothing$ より, ある $m(2) > m(1)$ があり $d(z, x(m(2))) < 1/2$.

$m(1) < m(2) < \cdots < m(p-1)$ が定まり第 $p-1$ 段まで終了したとする.

第 p 段: $B(z, 1/p) \cap A_{m(p-1)+1} \neq \varnothing$ より, ある $m(p) > m(p-1)$ があり $d(z, x(m(p))) < 1/p$.

このような帰納的手順で部分列 $\{x(m(p))\}_{p=1}^{\infty}$ が定まり $\lim_{p \to \infty} x(m(p)) = z$ となる. A が閉集合であることはわかっているから $z \in A$ もいえる.

(点列コンパクト ⇒ コンパクト)　$\mathcal{U} = \{U_\alpha\}_{\alpha \in \Gamma}$ を A の開被覆であると仮定する. まず, この開被覆から可算個の要素をもつ部分被覆が選べることを示す. A は全有界であるから可算個の点 $\{a_k\}_{k=1}^{\infty} \subset A$ をとって $\overline{\{a_k\}_{k=1}^{\infty}} = A$ とできる (問題 2.1 参照). さて $\mathcal{B} = \{B(a_j, 1/p) \mid j, p \in \mathbb{N}\}$ とする. これは可算個の要素をもつ.
$$\mathcal{B}' = \{V \in \mathcal{B} \mid \text{ある } \alpha \in \Gamma \text{ があって } V \subset U_\alpha\}$$
とする. 各 $V \in \mathcal{B}'$ に対して $V \subset U_V$ となる $U_V \in \mathcal{U}$ を選択しておく. 次に

$$\mathcal{U}' = \{U_V \mid V \in \mathcal{B}'\}$$

とおく. ここで $\mathcal{U}'$ は部分被覆となることを示す. 任意の $x \in A$ に対して, ある $\alpha \in \Gamma$ があって $x \in U_\alpha$ となる. 仮定より, ある $p \in \mathbb{N}$ があって

$$B(x, 1/p) \subset U_\alpha, \quad a_j \in B(x, 1/(2p))$$

となる. このとき三角不等式を用いて $x \in B(a_j, 1/(2p)) \subset B(x, 1/p) \subset U_\alpha$ となる. これより $V = B(a_j, 1/(2p)) \in \mathcal{B}'$ となる. $U_V \in \mathcal{U}'$. これで $\mathcal{U}'$ が可算部分被覆となる. ここで

$$\mathcal{U}' = \{W_1, W_2, W_3, \cdots, W_m, \cdots\}$$

と書いておく. さて $\bigcup_{m=1}^{\infty} W_m \supset A$ である. A を被覆するのに有限個で十分であることを示す. これを否定すると,

$$\left(X \setminus \bigcup_{k=1}^{m} W_k\right) \cap A \neq \emptyset \quad (m \geqq 1)$$

となる. 点列コンパクト集合かつ閉集合 $B_m = \left(X \setminus \bigcup_{k=1}^{m} W_k\right) \cap A$ が m に関して単調より $\bigcap_{m=1}^{\infty} B_m \neq \emptyset$. これは $\bigcup_{m=1}^{\infty} W_m \not\supset A$ を意味し矛盾である. □

問 4.5 ユークリッド空間 $\mathbb{R}^n$ (標準位相) の部分集合 A について, 相対コンパクトであることと有界であることは同値であることを示せ.

4.5 連続写像と位相構造

第 2 章における距離空間での写像の連続性の同値条件である命題 2.18 の条件 (∗∗∗) を用いて, 一般の場合の連続写像の定義をする[8].

---

[8] 概念を一般化して同じ用語を用いる場合には, "上位互換性" をもたせることが肝要. すなわち, 前の特別な場合に制限したとき意味が一致している必要がある.

定義 4.17 位相空間 $(X, \mathcal{O}_X), (Y, \mathcal{O}_Y)$ と写像 $f : X \longrightarrow Y$ があるとする. f が**連続**であるとは, 任意の $V \in \mathcal{O}_Y$ に対して $f^{-1}(V) \in \mathcal{O}_X$ となることである.

命題 4.10 位相空間 $(X, \mathcal{O}_X), (Y, \mathcal{O}_Y)$ と写像 $f : X \longrightarrow Y$ があるとする. このとき次の条件は同値である.
（ⅰ） f は連続である.
（ⅱ） 任意の $E \in \mathcal{C}_Y$ に対して, $f^{-1}(E) \in \mathcal{C}_X$ である. ここで $\mathcal{C}_X, \mathcal{C}_Y$ はそれぞれ $(X, \mathcal{O}_X), (Y, \mathcal{O}_Y)$ の閉集合系である.
（ⅲ） 任意の集合 $A \subset X$ に対して $f(\overline{A}) \subset \overline{f(A)}$ が成立する.
（ⅳ） 任意の $x \in X, V \in \mathcal{N}_Y(f(x))$ に対して $f^{-1}(V) \in \mathcal{N}_X(x)$ となる.

証明は省略する.

位相同型

位相空間 $(X, \mathcal{O}_X), (Y, \mathcal{O}_Y)$ に対して, 全単射

$$f : X \longrightarrow Y$$

があるとする. 写像 f および逆写像 $f^{-1} : Y \longrightarrow X$ が連続写像であるとき, $(X, \mathcal{O}_X), (Y, \mathcal{O}_Y)$ は**位相同型**である, または**同相**という. このときの f は同相写像であるという. この言葉は, 2 つの集合が位相的には本質的に同じという意味である. 実際, 2 つの位相空間の開集合系同士が写像 f できちんと対応している.

例 4.6 有限開区間 $(0, 1)$ と $\mathbb{R}$ は位相同型である. 実際

$$f(x) = -(1/x) + 1/(1-x)$$

をとれば同相写像となっている.

例 4.7 $\{(x_1, x_2) \in \mathbb{R}^2 \mid x_1^2 + x_2^2 < 1\}$ と $\mathbb{R}^2$ は位相同型である.

問 4.6 上の 2 つの例の事実を示せ.

問 4.7 $\mathbb{R}$ (標準位相) において $\mathbb{Z}$ と $\mathbb{Q}$ は位相同型であるかを考察せよ.

連続写像と位相的性質の伝播

連続写像によって位相空間のいくつかの性質がどう伝わるか, をみていく. 位相空間 $(X, \mathcal{O}_X), (Y, \mathcal{O}_Y)$ と写像 $f : X \longrightarrow Y$ を考える.

命題 4.11 f が連続ならば $(X, \mathcal{O}_X)$ の連結な部分集合 A に対して $f(A)$ は $(Y, \mathcal{O}_Y)$ の連結な部分集合になる.

証明 背理法で示す. $f(A)$ が連結でないと仮定する. ある $V_1, V_2 \in \mathcal{O}_Y$ があって

$$V_1 \cup V_2 \supset f(A), \quad V_1 \cap V_2 \cap f(A) = \emptyset, \quad V_1 \cap f(A) \neq \emptyset, \quad V_2 \cap f(A) \neq \emptyset$$

となる. $U_1 = f^{-1}(V_1), U_2 = f^{-1}(V_2)$ とおくと f の連続性より $U_1, U_2 \in \mathcal{O}_X$ であり, 集合算と写像の関係より

$$U_1 \cup U_2 \supset A, \quad U_1 \cap U_2 \cap A = \emptyset, \quad U_1 \cap A \neq \emptyset, \quad U_2 \cap A \neq \emptyset$$

となる. これは A が連結でないことを示し, 仮定に矛盾する. □

命題 4.12 f が連続ならば, $(X, \mathcal{O}_X)$ のコンパクトな部分集合 A に対して $f(A)$ は $(Y, \mathcal{O}_Y)$ のコンパクトな部分集合になる.

証明 $\mathcal{B} \subset \mathcal{O}_Y$ は $f(A)$ の開被覆であるとする.

$$\mathcal{B}' = \{f^{-1}(V) \mid V \in \mathcal{B}\}$$

は A の開被覆となる. よってコンパクト性により有限個 $U_1, U_2, \cdots, U_p \in \mathcal{B}'$ で A を被覆できる. $\mathcal{B}'$ の作り方より, ある $V_1, V_2, \cdots, V_p \in \mathcal{B}$ があって $U_j = f^{-1}(V_j)$ $(1 \leq j \leq p)$ となる. さて $\bigcup_{j=1}^{p} f^{-1}(V_j) \supset A$ より $f^{-1}\left(\bigcup_{j=1}^{p} V_j\right) \supset A$ となるから, 再び写像と集合算の法則より $\bigcup_{j=1}^{p} V_j \supset f(A)$ となる. よって $f(A)$ はコンパクトになる. □

命題 4.13 f が全射で連続であるとする. $(X, \mathcal{O}_X)$ が可分ならば $(Y, \mathcal{O}_Y)$ は可分である.

証明 E を X の稠密な可算部分集合とする．いま $F = f(E)$ は Y の可算部分集合となる．f の連続性より $f(\overline{E}) \subset \overline{f(E)}$ であるが仮定より $\overline{E} = X$ だから f が全射であることを用いて $\overline{F} = Y$ となる．これは結論を意味する．□

命題 4.14 f が単射で連続であるとする．$(Y, \mathcal{O}_Y)$ がハウスドルフ空間ならば $(X, \mathcal{O}_X)$ はハウスドルフ空間となる．

証明 x, y を X の異なる 2 点であるとする．仮定より $f(x) \neq f(y)$ となる．Y がハウスドルフ空間であることより，2 つの開集合 $V_1, V_2 \in \mathcal{O}_Y$ で $V_1 \ni f(x)$, $V_2 \ni f(y)$ かつ $V_1 \cap V_2 = \emptyset$ となるものがある．さて $U_1 = f^{-1}(V_1)$, $U_2 = f^{-1}(V_2)$ は X の開集合であるが，$x \in U_1, y \in U_2$ でかつ $U_1 \cap U_2 = \emptyset$ となる．これは X がハウスドルフ空間であることを示す．□

以上で示したことを組み合わせて，次の結果を得る．

命題 4.15 位相空間 $(X, \mathcal{O}_X)$ がコンパクトで $(Y, \mathcal{O}_Y)$ がハウスドルフ空間であるとする．連続写像 $f : X \longrightarrow Y$ が全単射ならば f は同相写像になる．

証明 逆写像 f^{-1} が連続であることを示せばよい．任意の $U \in \mathcal{O}_X$ に対して $V = f(U)$ を考える．f が全単射であることから

$$Y \setminus V = f(X) \setminus f(U) = f(X \setminus U)$$

Y がハウスドルフ空間だから，前命題により X はハウスドルフ空間である．X はコンパクトなハウスドルフ空間となるので，仮定も合わせて $X \setminus U$ は閉集合でコンパクトとなる．よって f の連続性より $Y \setminus V$ はコンパクトとなる．再び Y がハウスドルフ空間であることより $Y \setminus V$ は閉集合となる．よって V は開集合となり f^{-1} は連続である．□

問 4.8 $\mathbb{R}$ と $\mathbb{R}^2$ は位相同型でないことを示せ．

結論． もし 2 つの位相空間 $(X, \mathcal{O}_X), (Y, \mathcal{O}_Y)$ に同相写像 $f : X \longrightarrow Y$ が存在すれば様々な位相構造 (分離公理，可分，コンパクト性，第 2 可算公理，連結性，…) が保存される．

4.6 位相の生成, 積空間, 商空間

集合に対する位相の入れ方について議論する. 集合 X に対して部分集合の族 $\mathcal{S} \subset 2^X$ があるとする. いま $\mathcal{S}$ をもとに自然に位相を入れることを考える. すなわち, 集合族 $\mathcal{O}$ で条件 (O-I), (O-II), (O-III) を満たし $\mathcal{S} \subset \mathcal{O}$ となるものを作成することを考える.

$$\wp(X) = \{\mathcal{M} \subset 2^X \mid \mathcal{M} \text{ は (O-I), (O-II), (O-III) を満たす}, \mathcal{S} \subset \mathcal{M}\}$$

を定義する. $2^X \in \wp(X)$ は明らかであるから $\wp(X)$ は空でない. そこで

$$\mathcal{O} = \bigcap_{\mathcal{M} \in \wp(X)} \mathcal{M}$$

とおく. $\mathcal{O}$ が開集合系の公理を満たすことは定義からすぐ従う. $\mathcal{O}$ は $\mathcal{S}$ を開集合とするような最弱 (または最小) の位相ということができる. この意味で $\mathcal{O}$ は $\mathcal{S}$ で**生成される位相**といい $\widehat{\mathcal{S}}$ と書く. もし $\mathcal{S}$ 自身が開集合系の公理を満たせば $\widehat{\mathcal{S}} = \mathcal{S}$ となる[9)].

例 4.8 $\mathbb{R}$ の区間 (a,b) の全体を $\mathcal{I}$ としたとき, $\widehat{\mathcal{I}}$ は標準位相となる.

積空間

2 つの位相空間 $(X, \mathcal{O}_X), (Y, \mathcal{O}_Y)$ の直積を考える. 直積集合 $Z = X \times Y$ に位相を入れる. まず, 次の集合族を考える.

$$\mathcal{S} = \{U \times Y \mid U \in \mathcal{O}_X\} \cup \{X \times V \mid V \in \mathcal{O}_Y\}$$

$\mathcal{S}$ が生成する位相 $\widehat{\mathcal{S}}$ をもって Z の積位相とする. $U \in \mathcal{O}_X, V \in \mathcal{O}_Y$ をとり

$$U \times V = (U \times Y) \cap (X \times V)$$

であるから $U \times V$ は積位相 $\widehat{\mathcal{S}}$ に属する. すなわち $U \times V \in \widehat{\mathcal{S}}$ となる. Z の中で 2 点間の近さは各成分毎に近いという意味になる. おのおのの成分への射影

$$\boldsymbol{p}_X(x,y) = x, \quad \boldsymbol{p}_Y(x,y) = y$$

[9)] $\mathcal{B}$ が位相空間 $(X, \mathcal{O})$ の基であれば $\widehat{\mathcal{B}} = \mathcal{O}$ となる.

を考える. p_X が連続になることを確認する. X の任意の開集合 U に対して $p_X^{-1}(U) = U \times Y$ は Z の開集合である. よって p_X は連続となる. p_Y の連続性も同様である. 逆に p_X, p_Y が両方とも連続になるような, Z の位相は $\mathcal{S}$ の要素をすべて開集合として含まねばならない. 以上の考察より, 上で定めた積位相 $\widehat{\mathcal{S}}$ は射影が連続になるような最弱の位相という言い方ができる. 結果的には, 上の $U \times V$ の形の集合の全体が $\widehat{\mathcal{S}}$ の基となる. 2 つの直積の場合を一般化して有限個の位相空間の積位相も同様に考えればよい.

有限個の直積の場合を参考に一般の積空間の位相を定めよう. 位相空間の族 $(X_\alpha, \mathcal{O}_\alpha)\,(\alpha \in \Gamma)$ に対して直積集合 $X = \prod_{\alpha \in \Gamma} X_\alpha$ に位相を導入する. 各 α について X から X_α への射影 p_α が連続となるような, なるべく弱い位相を X に入れる. 以下のようにすればこれができる.

まず, 次のような X の部分集合を考える.

$$\prod_{\alpha \in \Gamma} V_\alpha$$

ただし $V_\alpha \in \mathcal{O}_\alpha\,(\alpha \in \Gamma)$ であり, 有限個の $\alpha \in \Gamma$ を除いて $V_\alpha = X_\alpha$ である. この形の集合の全体を $\mathcal{S}$ とおく. $\mathcal{S}$ によって生成される X の位相 $\widehat{\mathcal{S}}$ を **積位相**という. 積位相は, 各射影 $p_\alpha : X \longrightarrow X_\alpha$ が連続になるようなもっとも弱い位相ということができる.

問 4.9 $(X, \mathcal{O}_X), (Y, \mathcal{O}_Y)$ の積空間 Z の位相 $\mathcal{O}_Z$ において,

$$\mathcal{W} = \{U \times V \mid U \in \mathcal{O}_X, V \in \mathcal{O}_Y\}$$

は基になることを示せ.

商空間

位相空間 $(X, \mathcal{O})$ にある同値関係 $\sim$ があるとする. 同値なもの同士をひとまとめにして類とし, 類を 1 つの要素としてその全体を商集合 $\widetilde{X} = X/\sim$ と定義した (3.2 節参照). 商集合に次のような位相を入れる. 射影 π

$$\pi : X \longrightarrow \widetilde{X} = X/\sim$$

が連続になるような位相を $\tilde{X}$ に入れることを考える．そこで

$$\tilde{\mathcal{O}} = \{V \in 2^{\tilde{X}} \mid \pi^{-1}(V) \in \mathcal{O}\}$$

とおく．$\tilde{\mathcal{O}}$ は開集合系の公理を満たし，**商位相**とよばれる．$(\tilde{X}, \tilde{\mathcal{O}})$ を**商位相空間**あるいは，単に**商空間**という．

問 4.10 上の $\tilde{\mathcal{O}}$ が開集合系の公理を満たすことを示せ．

例 4.9 $\mathbb{R}$ において $x \sim y$ を $x - y \in \mathbb{Z}$ で定める．これは同値関係となる．これによる商位相空間 $\mathbb{R}/\sim$ は，数直線を周期的に点を同一視して得られる．$\mathbb{R}$ の中で値 x がどんどん増大しても，商空間の中では $\pi(x)$ は周期的に元の点に戻ってしまう．$\mathbb{R}/\sim$ は位相空間としては円周と同等になる．これは S^1 と書かれる．

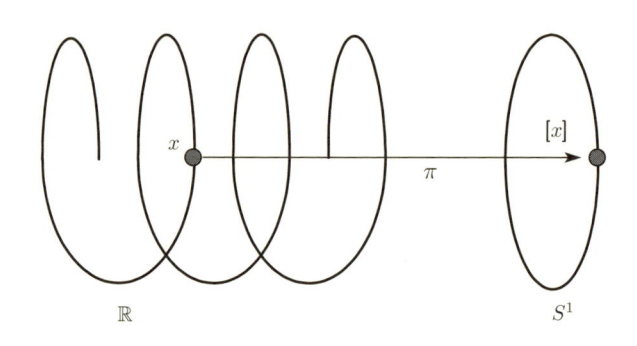

図 4.1 $\mathbb{R}$ と $S^1 = \mathbb{R}/\sim$ の図形的な関係

例 4.10 例 4.9 の 2 次元版を考える．$\mathbb{R}^2$ において $(x_1, x_2) \sim (y_1, y_2)$ を $x_1 - y_1 \in \mathbb{Z}$ かつ $x_2 - y_2 \in \mathbb{Z}$ で定める．これは同値関係となる．これによる商位相空間 $\mathbb{R}^2/\sim$ は 2 次元トーラスとよばれ，T^2 と表される．図形的にはドーナツ面と位相同型になる．

4.7 上半連続関数と最大値定理

第 2 章では，距離空間の点列コンパクト集合上の連続関数の最大値，最小値を論じた．本節ではコンパクト集合での最大値定理をもう一度論じる．

定義 4.18　位相空間 $(X, \mathcal{O})$ 上の関数が**上半連続**であるとは, 任意の実数 λ に対して $f^{-1}((-\infty, \lambda)) \in \mathcal{O}$ となることである. f が**下半連続**であるとは, $-f$ が上半連続であることとする.

注意 4.4　f が連続ならば, 上半連続かつ下半連続となる.

問 4.11　$\mathbb{R}$ (標準位相) における関数 f を考える.
$$f(x) = \begin{cases} x+1 & (x \geqq 0) \\ -x & (x < 0) \end{cases}$$
f が上半連続であることを示せ. また, 下半連続でないことを示せ.

定理 4.2　コンパクトな位相空間 $(X, \mathcal{O})$ で定義された上半連続関数 f は最大値をとる. すなわち, ある $z^* \in X$ があって $f(x) \leqq f(z^*)$ $(x \in X)$ となる.

証明　$\sup_{x \in X} f(x)$ が有限であることを示す. まず自然数 m に対して集合
$$U_m = \{x \in X \mid f(x) < m\}$$
を定める. 仮定より $\forall m \in \mathbb{N}$ に対し U_m は開集合となる. いま $\bigcup_{m=1}^{\infty} U_m = X$ に注意する. X がコンパクトだから, ある番号 m_0 があって $U_{m_0} = X$ となる. よって $f(x) < m_0$ $(x \in X)$ となる. 結局 f は上に有界となる.

有限確定値 $a = \sup_{x \in X} f(x)$ とおく. $f(z) = a$ となるような $z \in X$ の存在を示そう. そうでないと仮定する. 各 $m \in \mathbb{N}$ に対して
$$V_m = \{x \in X \mid f(x) < a - (1/m)\}$$
とおくと再び仮定よりこれは開集合となり $\bigcup_{m=1}^{\infty} V_m = X$ となる. さて X がコンパクトだから, ある番号 m_0 があって $V_{m_0} = X$ となる. よって $f(x) < a - (1/m_0)$ $(x \in X)$ となり a の定義に矛盾する. □

問 4.12　$\mathbb{R}$ (標準位相) の有界閉区間 $I = [0, 1]$ における下半連続関数 f で, I で最大値をとらないものの例をあげよ.

例 4.11 位相空間 $(X, \mathcal{O})$ において上半連続な関数 f, g があるとき $f + g$ は上半連続関数になる.

(説明) $a \in \mathbb{R}, \xi, \eta \in \mathbb{R}$ に対して, 次の同値関係に注意する.
$$\xi + \eta < a \iff \exists \rho \in \mathbb{R} \text{ s.t. } \xi < a - \rho, \eta < \rho$$
任意の $a \in \mathbb{R}$ をとると
$$\{x \in X \mid f(x) + g(x) < a\}$$
$$= \bigcup_{\rho \in \mathbb{R}} (\{x \in X \mid f(x) < a - \rho\} \cap \{x \in X \mid g(x) < \rho\})$$
右辺は $\mathcal{O}$ に属する (開集合系の性質に注意). (説明終)

例 4.12 $(X, \mathcal{O})$ における上半連続な関数の族 $\{f_\alpha\}_{\alpha \in \Lambda}$ があるとする. 各 $x \in X$ に対し $\inf_{\alpha \in \Lambda} f_\alpha(x) > -\infty$ ならば, 関数
$$f(x) = \inf_{\alpha \in \Lambda} f_\alpha(x)$$
も X 上の上半連続な関数である.

(説明) 任意の $a \in \mathbb{R}$ に対して, 集合
$$U = \left\{ x \in X \mid f(x) = \inf_{\alpha \in \Lambda} f_\alpha(x) < a \right\}$$
を考える. 任意の $z \in U$ をとる. このとき $\inf_{\alpha \in \Lambda} f_\alpha(z) < a$ である. これからある $\alpha_0 \in \Lambda$ があって $f_{\alpha_0}(z) < a$ となる. ここで
$$U_{\alpha_0} = \{x \in X \mid f_{\alpha_0}(x) < a\}$$
とおくと, 仮定より集合 U_{α_0} は $\mathcal{O}$ に属し z を含む. よって z は U の内点となる. z の任意性により U は開集合となる. (説明終)

半連続とは, 連続性の "半分" に相当するのだろうか? 次のことが成立する.

命題 4.16 位相空間 $(X, \mathcal{O})$ において, 上半連続かつ下半連続な関数 f は連続関数になる.

証明 任意の開集合 $V \subset \mathbb{R}$ に対し $f^{-1}(V) \in \mathcal{O}$ を示す. 任意の $z \in f^{-1}(V)$ をとると $f(z) \in V$ となる. $f(z)$ は V の内点だから, ある $\varepsilon > 0$ があって $(f(z) - \varepsilon, f(z) + \varepsilon) \subset V$ となる. ここで

$$U = f^{-1}((f(z) - \varepsilon, f(z) + \varepsilon))$$

とおくと, $f(U) \subset V$ である. ここで集合算の法則と仮定より

$$U = f^{-1}((f(z) - \varepsilon, \infty)) \cap f^{-1}((-\infty, f(z) + \varepsilon)) \in \mathcal{O}$$

となる. $z \in f^{-1}(V)$ の任意性より $f^{-1}(V) \in \mathcal{O}$ となる. これは f の連続性を意味する. □

4.8 ティーツェの拡張定理＊

定理 4.3 距離空間 (X, d) の閉部分集合を A とする. A 上の有界な連続関数 $f : A \longrightarrow \mathbb{R}$ があると仮定する. このとき f を X 上に連続的に拡張できる. すなわち X 上の連続関数 $\widetilde{f}$ が存在して $\widetilde{f}(x) = f(x)$ $(x \in A)$ となる.

ティーツェ[10] の拡張定理は一般の正規空間で成立する.

証明 上のように A と f が与えられているとする. 適当に 1 次関数を合成することによって, $-1 \leqq f(x) \leqq 1$ $(x \in A)$ を仮定しても一般性を失わない.
第 1 段:

$$A_1 = \{x \in A \mid -1 \leqq f(x) \leqq -1/3\}, \quad B_1 = \{x \in A \mid 1/3 \leqq f(x) \leqq 1\}$$

これらは A の閉部分集合である. A 自体が閉集合なので A_1, B_1 は X の閉集合で互いに交わらない. ここで

$$g_1(x) = \left(\frac{1}{3}\right) \frac{\mathrm{dist}(x, A_1) - \mathrm{dist}(x, B_1)}{\mathrm{dist}(x, B_1) + \mathrm{dist}(x, A_1)}$$

とおくと, g_1 は X 上連続で

---

[10] Heinrich Franz Friedrich Tietze (1880-1964) 数学者.

$$g_1(x) = -1/3 \quad (x \in A_1), \quad g_1(x) = 1/3 \quad (x \in B_1)$$

$$-1/3 \leqq g_1(x) \leqq 1/3, \quad |f(x) - g_1(x)| \leqq 2/3 \quad (x \in X)$$

となる. この X 上の連続関数 g_1 がいわば 1 次近似となる. $f_2 = f - g_1$ とおいて第 2 段へ行く.

第 2 段: f_2 に同様の議論をする.

$$A_2 = \{x \in A \mid -(2/3) \leqq f_2(x) \leqq -(1/3)(2/3)\}$$
$$B_2 = \{x \in A \mid (1/3)(2/3) \leqq f_2(x) \leqq 2/3\}$$

これらは A の閉部分集合である. A 自体が閉集合なので, A_2, B_2 は X の閉集合で互いに交わらない. ここで

$$g_2(x) = \frac{1}{3}\left(\frac{2}{3}\right) \frac{\mathrm{dist}(x, A_2) - \mathrm{dist}(x, B_2)}{\mathrm{dist}(x, B_2) + \mathrm{dist}(x, A_2)}$$

とおくと, g_2 は X 上連続で

$$g_2(x) = -(1/3)(2/3) \quad (x \in A_2), \quad g_2(x) = (1/3)(2/3) \quad (x \in B_2),$$

$$-(1/3)(2/3) \leqq g_2(x) \leqq (1/3)(2/3) \quad (x \in X)$$

$$|f_2(x) - g_2(x)| \leqq (2/3)^2 \quad (x \in A),$$

この X 上の連続関数 g_2 を用いて $g_1 + g_2$ がいわば 2 次近似となる. $f_3 = f_2 - g_2$ とおいて第 3 段へ行く.

この議論を続ける. 1 段ごとに関数や誤差が $2/3$ 倍になって行く.

第 m 段まで続けて A 上の連続関数列 $f_2, f_3, \cdots, f_m$ および X 上の連続関数列 $g_1, g_2, \cdots, g_m$ ができて

$$|f_m(x) - g_m(x)| \leqq (2/3)^m \quad (x \in A)$$

$$-(1/3)(2/3)^{m-1} \leqq g_m(x) \leqq (1/3)(2/3)^{m-1} \quad (x \in X)$$

これより

$$f(x) = g_1(x) + g_2(x) + \cdots + g_{m-1}(x) + f_m(x) \quad (x \in A)$$

$$|f_m(x)| \leqq (2/3)^{m-1} \quad (x \in A), \quad \widetilde{f}(x) = \sum_{m=1}^{\infty} g_m(x) \quad (x \in X)$$

と定めることができる．この収束は一様収束である．よって $\widetilde{f}$ は X 上の連続関数である．また $\widetilde{f}(x) = f(x)$ $(x \in A)$ となる． □

4.9 関数空間とアスコリ-アルツェラの定理＊

距離空間 (X, d) 上の関数空間を設定する．$X_* = C_b(X)$ を X 上の有界で連続な関数の全体とする．X_* に位相を入れるため

$$d_*(f, g) = \sup_{x \in X} |f(x) - g(x)|$$

を定める．これは距離の条件を満たす．これにより距離空間 (X_*, d_*) が定まる．X_* における f の ε 近傍は当然

$$B_*(f, \varepsilon) = \{g \in X_* \mid d_*(f, g) < \varepsilon\}$$

となる．

注意 4.5 距離空間 (X, d) においてコンパクトと点列コンパクトは同値である (命題 4.9 参照)．X がコンパクトならばその上の連続な関数は有界となる (最大値の定理, 定理 4.2 参照) ので, $C_b(X) = C(X)$ となる．

第 2 章 (2.8 節) で示したアスコリ-アルツェラの定理を, 関数空間 $C(X)$ (位相空間) の部分集合の位相的性質という観点から見る．

定理 4.4 距離空間 (X, d) はコンパクトとする．族 $\mathcal{F} \subset X_*$ が一様有界かつ同等連続であるとする．このとき $\mathcal{F}$ は距離空間 (X_*, d_*) で全有界である．

証明 $\mathcal{F}$ の同等連続性 (定義 2.21) より, $\forall z \in X, \forall \varepsilon > 0, \exists \delta_0(z, \varepsilon) > 0$ s.t.

$$|f(x) - f(z)| < \varepsilon \quad (x \in B(z, \delta_0(z, \varepsilon)), f \in \mathcal{F}).$$

また $\mathcal{F}$ の一様有界性により, $\forall z \in X$ に対し $J(z) = \overline{\{f(z) \in \mathbb{R} \mid f \in \mathcal{F}\}}$ は $\mathbb{R}$ の有界閉集合になる (定義 2.20)．

$\forall \varepsilon > 0, \forall z \in X$ に対し,ある有限個の $f_{z,k} \in \mathcal{F}$ $(1 \leqq k \leqq p(z,\varepsilon))$ を選んで

$$J(z) \subset \bigcup_{k=1}^{p(z,\varepsilon)} (f_{z,k}(z) - (\varepsilon/6), \ f_{z,k}(z) + (\varepsilon/6))$$

とできる.ここで $\mathcal{F}$ の同等連続性より

$$|f(x) - f(z)| < \varepsilon/6 \quad (x \in B(z, \delta_0(z, \varepsilon/6)), f \in \mathcal{F})$$

であることに留意する.

任意の $f \in \mathcal{F}$ に対して,ある番号 j $(1 \leqq j \leqq p(z,\varepsilon))$ があって

$$|f(x) - f_{z,j}(x)| < \varepsilon/2 \quad (x \in B(z, \delta_0(\varepsilon/6)))$$

となる.

$$\mathcal{U}(z,j,\varepsilon) = \{f \in \mathcal{F} \mid |f(x) - f_{z,j}(x)| < \varepsilon/2 \quad (x \in B(z, \delta_0(z, \varepsilon/6)))\}$$

とおくと

$$\bigcup_{j=1}^{p(z,\varepsilon)} \mathcal{U}(z,j,\varepsilon) = \mathcal{F}$$

が成立する.さて $\{B(z, \delta_0(z, \varepsilon/6))\}_{z \in X}$ は X の開被覆であるからコンパクト性より有限個の $z_1, z_2, \cdots, z_q \in X$ を選んで

$$B(z_1, \delta_0(z_1, \varepsilon/6)) \cup B(z_2, \delta_0(z_2, \varepsilon/6)) \cup \cdots \cup B(z_q, \delta_0(z_q, \varepsilon/6)) = X$$

とできることに注意する.各 $k = 1, 2, \cdots, q$ に対して

$$\bigcup_{j=1}^{p(z_k,\varepsilon)} \mathcal{U}(z_k,j,\varepsilon) = \mathcal{F} \text{ より } \bigcap_{k=1}^{q} \bigcup_{j_k=1}^{p(z_k,\varepsilon)} \mathcal{U}(z_k,j_k,\varepsilon) = \mathcal{F}$$

これは次のように書き直すことができる.

$$\bigcup_{j_1=1}^{p(z_1,\varepsilon)} \bigcup_{j_2=1}^{p(z_2,\varepsilon)} \cdots \bigcup_{j_q=1}^{p(z_q,\varepsilon)} \mathcal{V}(j_1, j_2, \cdots, j_q, \varepsilon) = \mathcal{F}$$

$$\left(\text{ただし } \mathcal{V}(j_1, j_2, \cdots, j_q, \varepsilon) = \bigcap_{k=1}^{q} \mathcal{U}(z_k, j_k, \varepsilon) \right)$$

よって $\{\mathcal{V}(j_1, j_2, \cdots, j_q, \varepsilon) \mid 1 \leqq j_k \leqq p(z_k, \varepsilon), 1 \leqq k \leqq q\}$ は $\mathcal{F}$ の (X_*, d_*)

における有限開被覆となる. これらの中で空集合があるかもしれないので空でないものだけ取って, 番号付けして $\mathcal{V}_1, \mathcal{V}_2, \cdots, \mathcal{V}_r$ とする. 各 $\mathcal{V}_j$ から g_j をとると,

$$\bigcup_{j=1}^{r} \mathcal{V}_j = \mathcal{F}, \quad d_*(f, g_j) < \varepsilon \quad (f \in \mathcal{V}_j)$$

となり, $\mathcal{F}$ は全有界となる. □

4.10 距離空間の完備化の存在証明∗

第 2 章で述べた距離空間 (X, d) に対して完備化の存在定理を証明する.

完備化の存在 (定理 2.9) の証明

与えられた距離空間 (X, d) に対してコーシー列の全体を Y とおく.
この Y に同値関係を導入する. 2 つの要素 $\boldsymbol{x} = (x_k)_{k \geq 1}$, $\boldsymbol{y} = (y_k)_{k \geq 1}$ に対して関係 $\sim$ を次のように与える.

$$\boldsymbol{x} \sim \boldsymbol{y} \iff \lim_{k \to \infty} d(x_k, y_k) = 0$$

これが同値関係になることは簡単に確認できる. Y をこの同値関係を用いて類別し商集合を考える. すなわち $\widetilde{X} = Y/\sim$ を考える. $\boldsymbol{x} \in Y$ を代表元とする同値類を $[\boldsymbol{x}]$ で表す. Y に距離を定めよう.

$$\widetilde{d}([\boldsymbol{x}], [\boldsymbol{y}]) = \lim_{k \to \infty} d(x_k, y_k)$$

とおく. $\widetilde{d}$ が $[\boldsymbol{x}], [\boldsymbol{y}]$ の代表元の取り方に依存しないことも簡単に確かめられる. また $\widetilde{X}$ 上の距離関数になることもいえる.

$\iota : X \longrightarrow \widetilde{X}$ を $x \in X$ に対して $\boldsymbol{x} = [(x, x, \cdots, x, \cdots)]$ を対応させることで定める. これは明らかに等長写像, すなわち

$$\widetilde{d}(\iota(x), \iota(y)) = d(x, y) \quad (x, y \in X)$$

である. さて $(\widetilde{X}, \widetilde{d})$ が完備になることを示す. $\{[\boldsymbol{x}(m)]\}_{m=1}^{\infty}$ を $(\widetilde{X}, \widetilde{d})$ のコーシー列であるとする. $\boldsymbol{x}(m) = (x_k(m))_{k \geq 1}$ とおく. $\forall \varepsilon > 0, \exists N(\varepsilon) \in \mathbb{N}$ s.t.

$$\widetilde{d}([\boldsymbol{x}(m)],[\boldsymbol{x}(n)]) = \lim_{k\to\infty} d(x_k(m), x_k(n)) < \varepsilon \quad (m, n \geqq N(\varepsilon))$$

また

$$\forall m \in \mathbb{N}, \ \exists r(m) \in \mathbb{N} \text{ s.t. } d(x_p(m), x_q(m)) < 1/m \ (p, q \geqq r(m)).$$

さて 三角不等式より

$$d(x_{r(m)}(m), x_{r(\ell)}(\ell)) \leqq d(x_{r(m)}(m), x_k(m)) + d(x_k(m), x_k(\ell))$$
$$+ d(x_k(\ell), x_{r(\ell)}(\ell))$$

$k \to \infty$ として

$$d(x_{r(m)}(m), x_{r(\ell)}(\ell)) \leqq (1/m) + \widetilde{d}([\boldsymbol{x}(m)],[\boldsymbol{x}(\ell)]) + (1/\ell)$$

$\varepsilon > 0$ に対して $N_*(\varepsilon) = \max(N(\varepsilon/3), [3/\varepsilon] + 1)$ とおくと

$$d(x_{r(m)}(m), x_{r(\ell)}(\ell)) < \varepsilon \quad (m, \ell \geqq N_*(\varepsilon)).$$

よって $\boldsymbol{z} = (x_{r(k)}(k))_{k \geqq 1}$ とおけば, $\boldsymbol{z}$ は (X, d) のコーシー列で $\boldsymbol{z} \in \widetilde{X}$ となる.

$$\widetilde{d}([\boldsymbol{x}(m)], [\boldsymbol{z}]) = \lim_{k\to\infty} d(x_k(m), x_{r(k)}(k))$$

ここで $k \geqq r(m), \ k, m \geqq N_*(\varepsilon/2) = \max(N(\varepsilon/6), [6/\varepsilon] + 1)$ ならば

$$d(x_k(m), x_{r(k)}(k)) \leqq d(x_k(m), x_{r(m)}(m)) + d(x_{r(m)}(m), x_{r(k)}(k))$$
$$< (1/m) + \varepsilon/2$$
$$< (\varepsilon/6) + (\varepsilon/2),$$
$$\widetilde{d}([\boldsymbol{x}(m)], [\boldsymbol{z}]) \leqq 2\varepsilon/3 \quad (m \geqq N_*(\varepsilon/2)).$$

つまり $\lim_{m\to\infty} \widetilde{d}([\boldsymbol{x}(m)], [\boldsymbol{z}]) = 0$ となる. これで $(\widetilde{X}, \widetilde{d})$ の完備性が示された.

4.11　章末問題

問題 4.1　位相空間 $(X, \mathcal{O})$ は正規空間であるとする．有限個の閉部分集合 $A_1, A_2, \cdots, A_p$ が $A_i \cap A_j = \varnothing \ (1 \leqq i < j \leqq p)$ を満たすとする．このとき開集合 $U_1, U_2, \cdots, U_p$ があって $A_i \subset U_i, U_i \cap U_j = \varnothing \ (1 \leqq i < j \leqq p)$ とできることを示せ．

問題 4.2　$f(t)$ は t を変数とする $\mathbb{R}$ 上の連続関数であるとする．このとき $F = \{(t, f(t)) \in \mathbb{R}^2 \mid t \in \mathbb{R}\}$ は $\mathbb{R}^2$ の連結な部分集合であることを示せ．

問題 4.3　位相空間 $(X, \mathcal{O})$ の部分集合 A は連結であると仮定する．このとき，$\overline{A}$ は連結になることを示せ．

問題 4.4　位相空間 $(X, \mathcal{O})$ は連結で，f は X 上の実数値連続関数であるとする．ある点 $a, b \in X$ に対し $f(a) \leqq f(b)$ が成立するとする．このとき $f(X) \supset [f(a), f(b)]$ が成り立つ（**中間値の定理**）．これを示せ．

問題 4.5　位相空間 $(X, \mathcal{O})$ の部分集合 A, B はそれぞれ連結であると仮定する．もし $\overline{A} \cap B \neq \varnothing$ ならば，$A \cup B$ は連結になることを示せ．

問題 4.6　位相空間 $(X, \mathcal{O})$ において，これがコンパクト空間であることは，次の条件と同値であることを示せ．
（条件）『有限交叉性をもつ X の任意の閉集合族 $\mathcal{W}$ に対し $\bigcap_{E \in \mathcal{W}} E \neq \varnothing$』
ここで，有限交叉性の定義は次の通りである．

集合族 $\mathcal{W}$ が**有限交叉性**をもつとは，任意の有限個の $E_1, E_2, \cdots, E_p \in \mathcal{W}$ に対し $\bigcap_{i=1}^{p} E_p \neq \varnothing$ となることである．

問題 4.7　$X = \mathbb{R}$ の部分集合 $E = \{n\sqrt{2} \in \mathbb{R} \mid n \in \mathbb{Z}\}$ を考える．E に属する実数の小数部分をとって得られる集合 $F = \{x - [x] \in [0, 1] \mid x \in E\}$ は $[0, 1]$ の中で稠密になることを示せ（$[x]$ は，x 以下の最大の整数）．

問題 4.8　2 次元のユークリッド空間 $\mathbb{R}^2$（標準位相）に対して集合

$$E = \bigcup_{m \in \mathbb{N}} \{(1/m, t) \in \mathbb{R}^2 \mid -m \leqq t \leqq m\}$$

を考える．このとき, (i) $\overline{E}, \partial E$ を求めよ．(ii) $F := X \setminus E$ は弧状連結でないことを示せ．(iii) F は連結であることを示せ．

問題 4.9 $\mathbb{R}^n$ (標準位相) の開集合 U が連結ならば, 弧状連結になることを示せ．

問題 4.10 $\mathbb{R}^n$ (標準位相) の凸集合は連結であることを示せ．

問題 4.11 2つの位相空間 $(X, \mathcal{O}_X), (Y, \mathcal{O}_Y)$ に対して 4.6 節で与えた積位相空間 $(Z, \mathcal{O}_Z)$ を考える．もし X, Y がコンパクトであるならば $(Z, \mathcal{O}_Z)$ はコンパクト空間になることを示せ．

問題 4.12 集合 $X = \mathbb{R}^{\mathbb{N}}$ の2つの元 $x = (x_k)_{k \geqq 1}, y = (y_k)_{k \geqq 1}$ に対し
$$d(x, y) = \sum_{k=1}^{\infty} \frac{1}{2^k} \frac{|x_k - y_k|}{1 + |x_k - y_k|}$$
とする．d は距離関数になり, (X, d) は完備距離空間になることを示せ．

問題 4.13 距離空間 (X, d) のコンパクトな部分集合 E に対して, その可算部分集合 $F \subset E$ をとって $E = \overline{F}$ とできることを示せ．

問題 4.14 位相空間 $(X, \mathcal{O})$ は, ハウスドルフかつコンパクトであると仮定する．また, $f : X \longrightarrow X$ は連続写像であるとする．このとき $f(K) = K$ となるようなコンパクト集合 K が存在することを示せ (ヒント：次の集合族 $\mathcal{K} = \{M \subset X \mid M : \text{コンパクト}, M \neq \emptyset, f(M) \subset M\}$ にツォルンの補題を適用するとよい).

問題 4.15 $\mathbb{R}$ (標準位相) の任意の連結な開集合は $(a, b), (a, \infty), (-\infty, b),$ $\emptyset, \mathbb{R}$ のどれかの形であることを示せ．

問題 4.16 $\mathbb{R}^n$ (標準位相) の任意の開集合に対し, 連結成分は可算個であることを示せ (ヒント：各連結成分と $\mathbb{Q}^n$ の交わりを考える).

問題 4.17 次に定める $\mathbb{R}^3$ の部分集合 E は連結でないことを示せ.
$$E = \{(x_1, x_2, x_3) \in \mathbb{R}^3 \mid x_1 \cos x_3 \neq x_2 \sin x_3\}$$

問題 4.18 位相空間 $(X, \mathcal{O})$ はハウスドルフ空間であるとする. 任意のコンパクト集合 A と $x \notin A$ に対して, $A \subset U, x \in V, U \cap V = \emptyset$ となる開集合 U, V があることを示せ.

問題 4.19 2次元トーラス T^2 と $S^1 \times S^1$ は位相同型になることを示せ.

問題 4.20 位相空間 $(X, \mathcal{O})$ は, ハウスドルフかつコンパクトであると仮定する. また, $f : X \longrightarrow X$ は連続写像とする. 空でないコンパクト集合 M_1, M_2 が存在して $f(M_1) \subset M_2, f(M_2) \subset M_1$ となるならば, 空でないコンパクト集合 K_1, K_2 が存在して $f(K_1) = K_2, f(K_2) = K_1$ となることを示せ.

問題 4.21 $\mathcal{O}_0$ を $\mathbb{R}^n$ の開集合の全体とする. このとき $\mathrm{Card}\,(\mathcal{O}_0) = \aleph$ を示せ.

第5章
応用

本書でこれまで扱ってきた位相空間の枠組みの中で,収束やコンパクト性や完備性に関する定理を応用して具体的な問題を考察する.

5.1 可逆行列の摂動,行列の指数関数

$n \times n$ 行列を一般項とする級数の収束の議論を通じて,可逆行列の摂動や行列の指数関数を扱う.まず例 2.6 で行ったように行列空間 $X = M_{nn}(\mathbb{R})$ に距離を導入して議論する.

定義 5.1 行列 $Z = (z_{ij})_{1 \leq i,j \leq n} \in X$ に対して,ノルム $\|Z\|$ を定める.

$$\|Z\| := \left(\sum_{i=1}^{n}\sum_{j=1}^{n} z_{ij}^2\right)^{1/2}$$

正方行列に対するノルムの基本的な性質を述べる.

命題 5.1

$$\|Z + W\| \leq \|Z\| + \|W\|, \quad \|\alpha Z\| = |\alpha|\, \|Z\| \quad (Z, W \in X, \alpha \in \mathbb{R})$$

証明は容易なので省略する.

X に距離 $d(Z, W) = \|Z - W\|$ を定めることで (X, d) は完備距離空間となる.以下の行列のノルムの性質は著しく有用である.

命題 5.2 $\qquad \|ZW\| \leq \|Z\| \cdot \|W\| \quad (Z, W \in X)$

証明 シュワルツの不等式を用いながら直接計算する.

$$\|ZW\|^2 = \sum_{i=1}^n \sum_{j=1}^n \left(\sum_{k=1}^n z_{ik} w_{kj}\right)^2 \leqq \sum_{i=1}^n \sum_{j=1}^n \left(\sum_{k=1}^n z_{ik}^2\right)\left(\sum_{k=1}^n w_{kj}^2\right)$$

$$= \left(\sum_{i=1}^n \sum_{k=1}^n z_{ik}^2\right)\left(\sum_{j=1}^n \sum_{k=1}^n w_{kj}^2\right) = \|Z\|^2 \|W\|^2 \qquad \square$$

この不等式を用いることで, 行列の積に関する連続性を示すことができる. 空間 X の中で $Z_p \to Z, W_p \to W \ (p \to \infty)$ ならば

$$\|Z_p W_p - ZW\| = \|Z_p(W_p - W) + (Z_p - Z)W\|$$
$$\leqq \|Z_p\| \|W_p - W\| + \|Z_p - Z\| \|W\| \to 0$$

であるからである.

可逆行列の摂動

$A \in M_{nn}(\mathbb{R})$ が逆行列 A^{-1} をもつとき**可逆行列**あるいは**正則行列**という. この可逆行列の全体を $G = GL_n(\mathbb{R})$ で表す. 行列のなす距離空間 (X,d) で G が開集合をなすことを示していこう. 次の命題を示せばよいことになる.

命題 5.3 A を可逆行列とする. ある $\delta > 0$ が存在して, $B \in M_{nn}(\mathbb{R})$, $\|B\| < \delta$ ならば $A + B$ は可逆行列となる.

証明 まず A が単位行列 E の場合に示す. 等比級数の和の公式

$$1 + \tau + \tau^2 + \tau^3 + \cdots = (1-\tau)^{-1} \quad (|\tau| < 1)$$

を参考にする. 行列 $E + B = E - (-B)$ の逆行列を次の無限級数の形で作ることを考える.

$$E + (-B) + (-B)^2 + (-B)^3 + \cdots$$

ここで $\|(-B)^m\| \leqq \|B\|^m$ より, もし $\|B\| < 1$ ならば

$$P_m := E + (-B) + (-B)^2 + (-B)^3 + \cdots + (-B)^m$$

とおくと, $P_m \ (m \geqq 1)$ は (X,d) でコーシー列となり極限 $P \in M_{nn}(\mathbb{R})$ をも

つ. 一方，直接計算により
$$(E-(-B))P_m = P_m(E-(-B)) = E-(-B)^{m+1}$$
となる．$\|B\| < 1$ より $m \to \infty$ に対して $\|(-B)^{m+1}\| \leq \|B\|^{m+1} \to 0$ となるから収束級数
$$P = E + (-B) + (-B)^2 + (-B)^3 + \cdots + (-B)^m + \cdots$$
は $E+B$ の逆行列となる．

一般の可逆行列 A を扱う．簡単な式変形で $A+B = A(E+A^{-1}B)$ を得る．よって $E+A^{-1}B$ が逆行列をもつ条件を考える．もしこれが言えれば $A+B$ も逆行列をもつからである．さて $\|A^{-1}B\| \leq \|A^{-1}\|\|B\|$ であるから上の特別の場合に対する考察より $\|B\|\|A^{-1}\| < 1$ が成立すれば十分であることになる．したがって $\delta = \|A^{-1}\|^{-1}$ とおけば，$\|B\| < \delta$ は $A+B$ が可逆であることを意味する． □

注意 5.1 可逆行列であることが，行列式が 0 でないことと同値であることを使えば，行列式の連続性からこの命題の結論が従う．本書では直接的な方法によった．実数成分の行列を扱ったが，同じ議論が複素数成分の行列でもそのまま通用する (以下の部分も同様)．

行列の指数関数

行列 Z の指数関数 $\exp(Z)$ を考える．指数関数のマクローリン展開式
$$\exp(\tau) = 1 + \frac{\tau}{1!} + \frac{\tau^2}{2!} + \cdots + \frac{\tau^p}{p!} + \cdots \quad (\tau \in \mathbb{R}, \text{収束半径は無限大})$$
を参考にして
$$\exp(Z) = E + \frac{Z}{1!} + \frac{Z^2}{2!} + \cdots + \frac{Z^p}{p!} + \cdots$$
を定義したい．ここで E は $n \times n$ の単位行列であることを思い出しておこう．以下でこの右辺の級数が X の中で収束していることを示す．行列の指数関数の無限級数の収束を示すため部分和を定める．

$$S_p = E + \frac{Z}{1!} + \frac{Z^2}{2!} + \cdots + \frac{Z^p}{p!}$$

S_p がコーシー列であるかを検討する. $1 \leqq p < q$ となる番号 p, q をとって

$$\|S_q - S_p\| = \left\| \sum_{k=p+1}^{q} Z^k/k! \right\| \leqq \sum_{k=p+1}^{q} \|Z^k/k!\| \leqq \sum_{k=p+1}^{q} \|Z\|^k/k!$$

ここで $\sum_{k=1}^{\infty} \|Z\|^k/k! < \infty$ であるから, 任意の $\varepsilon > 0$ に対し番号 $p_0 = p_0(\varepsilon)$ を大きくとって $\sum_{k=p_0(\varepsilon)}^{\infty} \|Z\|^k/k! < \varepsilon$ とできる. これにより

$$\|S_q - S_p\| < \varepsilon \quad (q > p \geqq p_0(\varepsilon))$$

となる. $\{S_p\}_{p=1}^{\infty}$ は X でコーシー列となる. (X, d) の完備性により $\exp(Z)$ が定まる.

命題 5.4 $W, Z \in M_{nn}(\mathbb{R})$ に対して $ZW = WZ$ ならば

$$\exp(Z + W) = \exp(Z)\exp(W)$$

証明 部分和を用いて有限近似で議論を行う.

$$S_p = E + \frac{Z}{1!} + \frac{Z^2}{2!} + \cdots + \frac{Z^p}{p!}, \quad T_p = E + \frac{W}{1!} + \frac{W^2}{2!} + \cdots + \frac{W^p}{p!}$$

$$V_p = E + \frac{(Z+W)}{1!} + \frac{(Z+W)^2}{2!} + \cdots + \frac{(Z+W)^p}{p!}$$

として $V_p - S_p T_p$ を直接計算する. $ZW = WZ$ を用いることで 2 項定理を使用しながら計算する.

$$V_p - S_p T_p = E + \sum_{k=1}^{p} \frac{(Z+W)^k}{k!} - \left(E + \sum_{k=1}^{p} \frac{Z^k}{k!} \right)\left(E + \sum_{k=1}^{p} \frac{W^k}{k!} \right)$$

$$= E + (Z+W) + \sum_{k=2}^{p} \left(\frac{Z^k}{k!} + \sum_{j=1}^{k-1} \frac{{}_kC_j}{k!} Z^j W^{k-j} + \frac{W^k}{k!} \right)$$

$$- E - Z - \sum_{k=2}^{p} \frac{Z^k}{k!} - W - \sum_{k=2}^{p} \frac{W^k}{k!} - \sum_{i=1}^{p} \frac{Z^i}{i!} \sum_{\ell=1}^{p} \frac{W^\ell}{\ell!}$$

$$= \sum_{k=2}^{p}\sum_{j=1}^{k-1}\frac{1}{(k-j)!j!}Z^jW^{k-j} - \sum_{i=1}^{p}\sum_{\ell=1}^{p}\frac{1}{i!\,\ell!}Z^iW^\ell$$

$$= -\sum_{(i,\ell)\in N(p)}\frac{1}{i!\,\ell!}Z^iW^\ell$$

ただし $N(p) = \{(i,\ell) \in \mathbb{N}\times\mathbb{N} \mid 1 \leqq i \leqq p, 1 \leqq \ell \leqq p, i+\ell \geqq p+1\}$ である. これにより誤差評価

$$\|V_p - S_pT_p\| \leqq \sum_{(i,\ell)\in N(p)}\left\|\frac{1}{i!\,\ell!}Z^iW^\ell\right\| \leqq \sum_{(i,\ell)\in N(p)}\frac{1}{i!\,\ell!}\|Z^i\|\|W^\ell\|$$

$$\leqq \sum_{(i,\ell)\in N(p)}\left(\frac{\|Z\|^i}{i!}\right)\left(\frac{\|W\|^\ell}{\ell!}\right) \qquad (= I(p) \text{ とおく})$$

が示された. ここで命題 5.1, 命題 5.2 が適用されていることに注意しよう. 右辺の正項 2 重級数 $I(p)$ をさらに評価するため

$$M(p) = \{(i,\ell) \in \mathbb{N}\times\mathbb{N} \mid i+\ell \leqq p\}$$

とおくと, 次が成立することに注意しよう.

$$M(p) \subset M(p+1), \quad \bigcup_{p=1}^{\infty}M(p) = \mathbb{N}\times\mathbb{N}, \quad N(p) \subset (\mathbb{N}\times\mathbb{N})\setminus M(p)$$

これによって

$$I(p) = \sum_{(i,\ell)\in N(p)}\left(\frac{\|Z\|^i}{i!}\right)\left(\frac{\|W\|^\ell}{\ell!}\right) \leqq \sum_{(i,\ell)\in(\mathbb{N}\times\mathbb{N})\setminus M(p)}\left(\frac{\|Z\|^i}{i!}\right)\left(\frac{\|W\|^\ell}{\ell!}\right)$$

$$\leqq \sum_{(i,\ell)\in\mathbb{N}\times\mathbb{N}}\left(\frac{\|Z\|^i}{i!}\right)\left(\frac{\|W\|^\ell}{\ell!}\right)$$

$$= (\exp(\|Z\|) - 1)(\exp(\|W\|) - 1) < \infty$$

ここでは, 正項級数は (無限) 和の順番を変えても収束発散や和の値が変化しないことを用いている. さて

$$J(p) = \sum_{(i,\ell)\in(\mathbb{N}\times\mathbb{N})\setminus M(p)}\frac{\|Z\|^i}{i!}\frac{\|W\|^\ell}{\ell!} < \infty$$

とおくと $M(p) \subset M(p+1), \bigcup_{p=1}^{\infty}M(p) = \mathbb{N}\times\mathbb{N}$ であるから $J(p)$ は単調非増大

であり, $\lim_{p \to \infty} J(p) = 0$ が従う. よって $I(p)$ も 0 に収束する. 一方, V_p, S_p, T_p の極限はそれぞれ $\exp(Z + W), \exp(Z), \exp(W)$ であったから, 命題の結論が成立する. □

命題 5.5 $Z \in M_{nn}(\mathbb{R})$ に対して, 次の等式が成立する.

$$\exp(Z) = \lim_{m \to \infty} \left(E + \frac{1}{m}Z\right)^m$$

証明 右辺の極限を吟味する.

$$T_m := \left(E + \frac{1}{m}Z\right)^m = E + \sum_{k=1}^{m} {}_mC_k \frac{1}{m^k} Z^k$$

$$= E + \sum_{k=1}^{m} \left(1 - \frac{1}{m}\right)\left(1 - \frac{2}{m}\right) \cdots \left(1 - \frac{k-1}{m}\right) \frac{Z^k}{k!}$$

任意の $\varepsilon > 0$ に対して, ある番号 N をとって $\sum_{k=N+1}^{\infty} \frac{1}{k!} \|Z\|^k < \frac{\varepsilon}{3}$ とできる. 単純な式変形により

$$\exp(Z) - T_m = \sum_{k=1}^{N} \frac{1}{k!} Z^k - \sum_{k=1}^{N} \left(1 - \frac{1}{m}\right)\left(1 - \frac{2}{m}\right) \cdots \left(1 - \frac{k-1}{m}\right) \frac{Z^k}{k!}$$

$$- \sum_{k=N+1}^{m} \left(1 - \frac{1}{m}\right) \cdots \left(1 - \frac{k-1}{m}\right) \frac{Z^k}{k!} + \sum_{k=N+1}^{\infty} \frac{1}{k!} Z^k$$

となる. よって両辺のノルムをとって

$$\|\exp(Z) - T_m\|$$

$$\leqq \left\| \sum_{k=1}^{N} \frac{1}{k!} Z^k - \sum_{k=1}^{N} \left(1 - \frac{1}{m}\right)\left(1 - \frac{2}{m}\right) \cdots \left(1 - \frac{k-1}{m}\right) \frac{Z^k}{k!} \right\| + \frac{2\varepsilon}{3}$$

$m \to \infty$ として上極限を考えると

$$\limsup_{m \to \infty} \|\exp(Z) - T_m\| \leqq \frac{2\varepsilon}{3} < \varepsilon$$

となる. $\varepsilon > 0$ は任意だったから結論を得る. □

5.2 積分方程式

$u = u(x)$ を未知関数 (1 変数関数) とする,積分を含む関係式を積分方程式という.この式を満たす $u = u(x)$ の存在を考察したり,その性質を調べる問題は様々な分野で現れるが,これが積分方程式の通常の問題で,いろいろな研究がある.解の存在やその性質を調べる際に位相空間やそこでの写像の性質が大いに活用される.本項ではその中で比較的単純なものを紹介する.

区間 $I = [0, L]$ 上の関数に関する積分方程式を考える.積分を含む式

$$u(x) = A(x) + \int_0^x K(x,y) g(u(y)) \, dy$$

を満たす $u = u(x)$ の存在を考える.これは**ボルテラ**[1]**型積分方程式**とよばれる.ここで $g = g(t)$ は $\mathbb{R}$ 上の連続関数,$K = K(x,y)$ は $I \times I$ 上の連続関数で,以下の条件が成立する.

(条件) ある $M > 0, \beta > 0$ が存在して,次が成立する.

$$|K(x,y)| \leqq M, \quad |g(t) - g(s)| \leqq \beta |t - s| \quad (t, s \in \mathbb{R}).$$

関数空間 $X = C^0([0, L])$ とおく.X に距離 d を次のように定める.

$$d(u,v) = \sup_{x \in I} |u(x) - v(x)| \quad (u, v \in X)$$

このとき (X, d) は完備距離空間となる.さて積分方程式の解の存在を示すため,写像 $T : X \longrightarrow X$ を次のように定める.

$$(T(u))(x) := A(x) + \int_0^x K(x,y) g(u(y)) \, dy$$

T の性質を調べる.

$$(T(u))(x) - (T(v))(x) = \int_0^x K(x,y)(g(u(y)) - g(v(y))) \, dy$$

$$|(T(u))(x) - (T(v))(x)| \leqq \int_0^x |K(x,y)| \, |g(u(y)) - g(v(y))| \, dy$$

---

[1] Vito Volterra (1860-1940) 数学者.

$$\leqq \int_0^x M\beta |u(y) - v(y)| \, dy$$

$$|T^2(u)(x) - T^2(v)(x)| = |T(T(u))(x) - T(T(v))(x)|$$
$$\leqq \int_0^x M\beta \, |T(u)(y) - T(v)(y)| \, dy$$
$$\leqq \int_0^x (M\beta)^2 \left(\int_0^y |u(\xi) - u(\xi)| \, d\xi \right) dy$$
$$= (M\beta)^2 \int_0^x \left(\int_\xi^x |u(\xi) - v(\xi)| \, dy \right) d\xi$$
$$= (M\beta)^2 \int_0^x (x - \xi)|u(\xi) - v(\xi)| \, d\xi$$

上の式変形では, 不等式を反復利用し, また, 逐次積分の積分順序交換を行った. さらに類似のことを行う.

$$|T^3(u)(x) - T^3(v)(x)| \leqq |T(T^2(u))(x) - T(T^2(v))(x)|$$
$$\leqq M\beta \int_0^x |(T^2(u))(y) - (T^2(v))(y)| \, dy$$
$$\leqq M\beta \int_0^x (M\beta)^2 \left(\int_0^y (y-\xi)|u(\xi) - v(\xi)| d\xi \right) dy$$
$$= (M\beta)^3 \int_0^x \left(\int_\xi^x (y-\xi)|u(\xi) - v(\xi)| \, dy \right) d\xi$$
$$= (M\beta)^3 \int_0^x \frac{(x-\xi)^2}{2} |u(\xi) - v(\xi)| \, d\xi$$

この手順を帰納的に繰り返すことで次の不等式を得る.

$$|T^m(u)(x) - T^m(v)(x)| \leqq (M\beta)^m \int_0^x \frac{(x-\xi)^{m-1}}{(m-1)!} |u(\xi) - v(\xi)| \, d\xi$$
$$\leqq \frac{(M\beta x)^m}{m!} \sup_{0 \leqq \xi \leqq x} |u(\xi) - v(\xi)| \quad (0 \leqq x \leqq L)$$

これより T^m の性質がわかる. すなわち

$$d(T^m(u), T^m(v)) \leqq \frac{(M\beta L)^m}{m!} d(u, v) \quad (u, v \in X)$$

を得る．ここで $\lim_{m \to \infty} (M\beta L)^m/m! = 0$ より $0 < (M\beta L)^m/m! \leqq 1/2$ となるよう m をとれる．これによって T^m が縮小写像となる．よって 2.7 節の不動点定理の系 2.7 が適用され，不動点の存在がいえる．これで積分方程式の解の存在が示される．

上で扱った積分方程式の問題は，古典力学の問題において微分方程式を解く際に現れる．たとえば，振り子に現れる単振動の方程式から

$$\frac{d^2\Phi}{dt^2} + G\sin\Phi = 0$$

が得られる．ここで，独立変数として t を用いていることに注意せよ．また $G > 0$ は定数である．初期条件は $\Phi(0) = A, \Phi'(0) = B$ とする．微分方程式を積分して

$$\frac{d\Phi}{dt}(t) - \frac{d\Phi}{dt}(0) = -G\int_0^t \sin\Phi(y)dy$$

$$\Phi(t) - \Phi(0) - \frac{d\Phi}{dt}(0)t = -G\int_0^t \int_0^z \sin\Phi(y)\,dy\,dz$$

$$= -G\int_0^t \int_y^t \sin\Phi(y)dz\,dy$$

$$= -G\int_0^t (t-y)\sin\Phi(y)dy$$

$$\Phi(t) = A + Bt + \int_0^t (-G)(t-y)\sin\Phi(y)\,dy$$

途中で初期条件を使用した．逆に積分方程式から微分方程式が従う．よって，元々の力学の微分方程式の問題から等価な積分方程式が得られた．積分方程式の解の存在を示す意義はこのような課題によっても理解できる．

5.3　ブラウワー不動点定理

集合から自分自身への写像が不動点をもつための条件を考える．縮小写像に対する不動点定理の内容は極めて明解である．ただし，写像に対する制約が強い．ブラウワー[2]不動点定理は制約が緩いため，適用範囲は広い．

---

[2] Luitzen Egbertus Jan Brouwer (1881-1966) 数学者．

有界閉区間 $I = [0, 1]$ における連続写像

$$f : I \longrightarrow I$$

に対する不動点の存在をみてみよう．$\Phi(x) = x - f(x)$ は I 上の連続関数で $\Phi(0) = -f(0) \leqq 0$, $\Phi(1) = 1 - f(1) \geqq 0$ を満たす．ここで中間値の定理を適用すると $\Phi(z) = 0$ となる $z \in I$ が存在する．これは $f(z) = z$ を満たす．この場合，1 次元空間の特性がよく働いていて証明も短い．これを多次元に一般化したものがブラウワー不動点定理である．多次元の場合は領域の種類が著しく増え，不動点が存在しない場合がある．実際，円環領域を考えてみる．全体を 90° 回転する写像を考えれば，これが不動点をもたないことは見やすい (すべての点が移動してしまう)．多次元の領域の場合は，むしろ不動点が存在するほうが特別と考えるほうが自然である．

以下ではブラウワー不動点定理を示す．ここでは，位相幾何的な方法でなく，写像の問題を離散的な図形問題 (Sperner 三角形の存在) で近似する方法によって示す (E. Zeidler [5])．

定理 5.1 $\mathbb{R}^2$ に異なる 3 点 A, B, C があるとする．これを 3 頂点とする三角形 (閉集合)

$$\Omega = \{uA + vB + wC \in \mathbb{R}^2 \mid u \geqq 0, v \geqq 0, w \geqq 0, u + v + w = 1\}$$

を定める．このとき Ω における連続写像

$$f : \Omega \longrightarrow \Omega$$

は不動点をもつ．すなわち，ある $z \in \Omega$ があって $f(z) = z$ となる．

Ω の定義式では A, B, C を地点を表すとともに，位置ベクトルも表している．

注意 5.2 $\overrightarrow{AB}, \overrightarrow{AC}$ について，線形従属ならば三角形 Ω は退化して線分になる．この場合，定理は 1 次元集合の場合に帰着される．節の冒頭の議論により定理の結論は正しい．よって，以下の証明で $\overrightarrow{AB}, \overrightarrow{AC}$ は線形独立と仮定する．その際 Ω の点 x は，$x = uA + vB + wC$ の形に一意的に表される．また係数 $u = u(x), v = v(x), w = w(x)$ は x の連続関数になる．

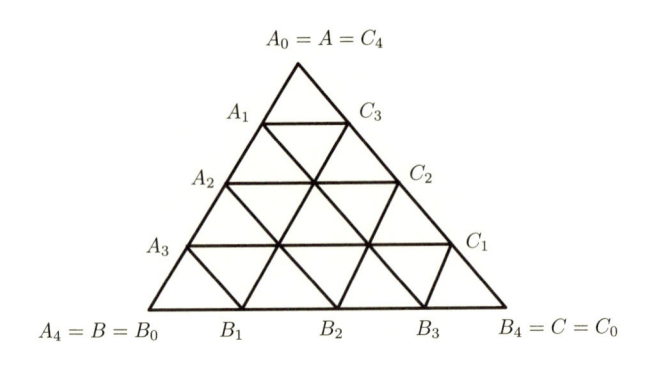

図 5.1　三角形 ABC と分割 ($n=4$ の場合)

予備的考察 (三角形分割)

不動点定理の証明の前に離散的な問題を考察して準備する．$\Omega = \Delta ABC$ を小三角形に分解することを考える．各辺 AB, BC, CA をそれぞれ n 等分する．A から B に至る分点を $A = A_0, A_1, A_2, \cdots, A_{n-1}, A_n = B$, B から C に至る分点を $B = B_0, B_1, B_2, \cdots, B_{n-1}, B_n = C$, C から A に至る分点を $C = C_0, C_1, C_2, \cdots, C_{n-1}, C_n = A$ とする．線分 $A_1 C_{n-1}, A_2 C_{n-2}, \cdots,$ $A_{n-1}C_1, B_1 A_{n-1}, B_2 A_{n-2}, \cdots, B_{n-1}A_1, C_1 B_{n-1}, C_2 B_{n-2}, \cdots, C_{n-1}B_1$ を引く．これによって Ω から，$N = n^2$ 個の互いに合同な小三角形ができる．また，これら小三角形の頂点となる点は全部で $m = (n+1)(n+2)/2$ 個である (三角形 ABC の周上の点や A, B, C 自身もこれに入れている)．これらの m 個の点の集合を $Q(n)$ とおく．

$Q(n)$ の要素の番号付け

$Q(n)$ の m 個の各点に番号 $0, 1, 2$ を以下の条件を満たすように配置する．

(i)　A には 0, B には 1, C には 2 を与える．

(ii)　$A_1, \cdots, A_{n-1}$ にはそれぞれ 0 または 1 を与える．$B_1, \cdots, B_{n-1}$ にはそれぞれ 1 または 2 を与える．$C_1, \cdots, C_{n-1}$ にはそれぞれ 0 または 2 を与える．

(iii)　三角形の内部にある頂点には，それぞれ 0 または 1 または 2 を与える．この条件の下で配置の仕方は $2^{3(n-1)} 3^{(n-1)(n-2)}$ 通りある (以下の議論には

図 **5.2** 0–1–2 タイプの小三角形. 番号の付け方でそれぞれ 6 通りある

この事実は使われない).

補題 5.2 この条件の下で, どのような配置においても N 個ある小三角形のうち, その頂点に $0, 1, 2$ を 1 つずつもつような小三角形 (0–1–2 型三角形, 図 5.2 参照) が存在する.

補題の証明 まず辺 AB に着目する. これを n 等分してできる線分 A_0A_1, $A_1A_2, \cdots, A_{n-1}A_n$ のうち 0–1 型のものは奇数個である ($A = A_0$ には 0, $B = A_n$ には 1 を与え, 途中は 0 または 1 であった). これを憶えておく. 次に, Ω を N 個の小三角形にバラバラに解体する (図 5.3 参照). このとき 1 個の小三角形は 3 つの辺をもつので, 全部で $3N$ 個の辺が現れる. このうち 0–1 型の辺は奇数個ある. なぜなら元々線分 AB に含まれていたものは奇数個, 元々線分 BC に含まれていたものはゼロ, 元々線分 CA に含まれていたものはゼロ. その他のものは三角形の内側に入り込んでいたものであるが, 小三角形にバラバラに解体したとき全部 2 倍に数えられているから偶数個になる. よって総数は奇数となる.

次に N 個ある小三角形のうち, 0–1–2 型のものとその他の型のものを分けて観察する. 0–1–2 型の小三角形は 0–1 型の辺をちょうど 1 つもつ. その他の型の小三角形は 0–1 型の辺を偶数個もつ. 実際 0–1–1 型, 0–0–1 型は 2 個, 0–0–0 型, 1–1–1 型, 0–0–2 型, 0–2–2 型, 2–2–2 型, 1–1–2 型, 1–2–2 型はゼロ個. よってよって 0–1 型の辺の総数が奇数であるから, 0–1–2 型の小三角形は奇数個となる. すなわち必ず存在する. (補題の証終)

[不動点定理の証明の開始] 連続写像 $f : \Omega \longrightarrow \Omega$ に対して $Q(n)$ の要素を f による移動の様子の違いで場合分けする.

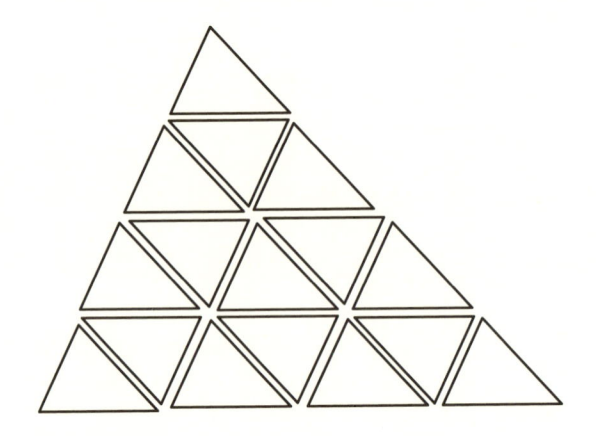

図 **5.3** 小三角形を全部ばらばらにした状態

$$Q_A(n) = \{x \in Q(n) \mid u(f(x)) \leqq u(x)\}$$
$$Q_B(n) = \{x \in Q(n) \mid v(f(x)) \leqq v(x)\}$$
$$Q_C(n) = \{x \in Q(n) \mid w(f(x)) \leqq w(x)\}$$

とおく (これらは互いに交わっているかもしれない).

$$Q_A(n) \cup Q_B(n) \cup Q_C(n) = Q(n)$$

が成立する. 以下 AB, BC, CA はそれぞれ線分 AB, 線分 BC, 線分 CA を表す. 考察によって次の性質がわかる.

$$A \in Q_A(n), B \in Q_B(n), C \in Q_C(n)$$

$$Q(n) \cap AB \subset Q_A(n) \cup Q_B(n), \ \ Q(n) \cap BC \subset Q_B(n) \cup Q_C(n)$$
$$Q(n) \cap CA \subset Q_C(n) \cup Q_A(n)$$

さて N 個ある頂点に番号を与える.

 (I) A に $0, B$ に $1, C$ に 2 を与える.

 (II-AB) $x \in (Q(n) \cap AB) \setminus \{A, B\}$ に対しては
$x \in Q_A(n)$ なら 0, $x \in Q_B(n) \setminus Q_A(n)$ なら 1 を与える.

 (II-BC) $x \in (Q(n) \cap BC) \setminus \{B, C\}$ に対しては

$x \in Q_B(n)$ なら 1, $x \in Q_C(n) \setminus Q_B(n)$ なら 2 を与える.

(II-CA) $x \in (Q(n) \cap CA) \setminus \{C, A\}$ に対しては
$x \in Q_C(n)$ なら 2, $x \in Q_A(n) \setminus Q_C(n)$ なら 0 を与える.

(III) $x \in Q(n) \setminus (AB \cup BC \cup CA)$ に対しては $x \in Q_A(n)$ なら 0 を与える. $x \in Q_B(n) \setminus Q_A(n)$ ならば 1 を与える. $x \in Q_C(n) \setminus (Q_A(n) \cup Q_B(n))$ ならば 2 を与える.

これによって $Q(n)$ の各点に 0, 1, 2 のいずれかが与えられ (i), (ii), (iii) に準拠している. よって, 補題によりある 0–1–2 型の小三角形がある. この小三角形を三角形 $a(n)b(n)c(n)$, $a(n) \in Q_A(n)$, $b(n) \in Q_B(n)$, $c(n) \in Q_C(n)$ とおける. ただし, 作り方から

$$|\overrightarrow{a(n)b(n)}| + |\overrightarrow{b(n)c(n)}| + |\overrightarrow{c(n)a(n)}| = (|\overrightarrow{AB}| + |\overrightarrow{BC}| + |\overrightarrow{CA}|)/n$$

であり

$$u(f(a(n))) \leqq u(a(n)),\ v(f(b(n))) \leqq u(b(n)),\ w(f(c(n))) \leqq w(c(n)).$$

$\{a(n)\}_{n=1}^{\infty}$ は有界点列だから収束する部分列が存在し, 極限点は三角形の内部または周の上にある. また $\Delta a(n)b(n)c(n)$ は ΔABC と相似で $1/n$ 倍のサイズであることに注意. ある $n_1 < n_2 < \cdots < n_p < \cdots$ および $z \in \Omega$ があって

$$\lim_{p \to \infty} a(n_p) = z,\ \lim_{p \to \infty} b(n_p) = z,\ \lim_{p \to \infty} c(n_p) = z$$

$u(f(a(n_p))) \leqq u(a(n_p)), v(f(b(n_p))) \leqq v(b(n_p)), w(f(c(n_p))) \leqq w(c(n_p))$ で $p \to \infty$ として $u(f(z)) \leqq u(z), v(f(z)) \leqq v(z), w(f(z)) \leqq w(z)$ となる. $u(f(z)) + v(f(z)) + w(f(z)) = 1$, $u(z) + v(z) + w(z) = 1$ より $u(f(z)) = u(z), v(f(z)) = v(z), w(f(z)) = w(z)$ となる. これより $f(z) = z$.

(不動点定理の証明終)

上の定理は証明の技術的理由で三角形の場合で述べたが, Ω と位相同型ならば同じことが成立する. 問題を変換して上の場合に帰着できるからである. n 次元の場合の本来のブラウワー不動点定理を述べておく.

定理 5.3 n 次元の閉球 $\Omega = \{x \in \mathbb{R}^n \mid |x| \leqq R\}$ における連続写像 $f : \Omega \longrightarrow \Omega$ は不動点をもつ.

5.4 数列空間 $\ell^2(\mathbb{N}, \mathbb{R})$ におけるいくつかの問題

本節では $X = \ell^2(\mathbb{N}, \mathbb{R})$ とおく. 位相空間論の基本的な定理を活用して, いくつかの課題を考える.

課題 1 (一様有界性の原理)　$\ell^2(\mathbb{N}, \mathbb{R})$ の列 $\{x(m)\}_{m=1}^{\infty}$ は, 次の条件を満たすと仮定する. (条件) 任意の $y = (y_k)_{k \geq 1} \in \ell^2(\mathbb{N}, \mathbb{R})$ に対して

$$\sup_{m \geq 1} \left| \sum_{k=1}^{\infty} x_k(m) y_k \right| < \infty.$$

このとき次が成立する.

$$\sup_{m \geq 1} \left(\sum_{k=1}^{\infty} x_k(m)^2 \right) < \infty$$

(説明)　各自然数 $r \geq 1$ に対して, 集合

$$M(r) = \left\{ (y_k)_{k \geq 1} \in \ell^2(\mathbb{N}, \mathbb{R}) \;\middle|\; \sup_{m \geq 1} \left| \sum_{k=1}^{\infty} x_k(m) y_k \right| \leq r \right\}$$

を定義する. これは閉集合である. なぜならば

$$M(r) = \bigcap_{m=1}^{\infty} \left\{ (y_k)_{k \geq 1} \in \ell^2(\mathbb{N}, \mathbb{R}) \;\middle|\; \left| \sum_{k=1}^{\infty} x_k(m) y_k \right| \leq r \right\}$$

と書き直せるからである. また, 仮定より次が成立する.

$$\bigcup_{r=1}^{\infty} M(r) = X$$

$\ell^2(\mathbb{N}, \mathbb{R})$ は完備距離空間だからベールのカテゴリ定理 (定理 2.4) よりある番号 r_0 があって $M(r_0)^{\circ} \neq \emptyset$ となる. すなわち, ある $z \in M(r_0)$, $\varepsilon_0 > 0$ があって $B(z, \varepsilon_0) \subset M(r_0)$ が成立する. これを式で記述すると

$$\left| \sum_{k=1}^{\infty} x_k(m) y_k \right| \leq r_0 \quad (y \in B(z, \varepsilon_0), m \geq 1)$$

となる. よって三角不等式より

$$\left|\sum_{k=1}^{\infty} x_k(m)\xi_k\right| \leqq \left|\sum_{k=1}^{\infty} x_k(m)z_k\right| + r_0 \quad (\xi = (\xi_k)_{k\geq 1} \in B(\mathbf{0}, \varepsilon_0), m \geqq 1)$$

が得られる．最初の条件より，次の量 R が有限値となる．

$$R := \sup_{m\geq 1}\left(\left|\sum_{k=1}^{\infty} x_k(m)z_k\right|\right) + r_0 < \infty$$

このとき次が成立する．

$$\left|\sum_{k=1}^{\infty} x_k(m)\xi_k\right| \leqq R \quad (\xi = (\xi_k)_{k\geq 1} \in B(\mathbf{0}, \varepsilon_0), m \geqq 1)$$

各 m について $\xi(m) = \left(\varepsilon_0 \Big/ \left(\sum_{k=1}^{\infty} x_k(m)^2\right)^{1/2}\right) x(m)$ とおけば $\xi(m) \in B(\mathbf{0}, \varepsilon_0)$ となり，$\xi(m)$ を条件に代入して

$$\left(\sum_{k=1}^{\infty} x_k(m)^2\right)^{1/2} \leqq R/\varepsilon_0$$

を得る．この不等式の右辺は m に依存しないから結論を得る． □

課題 2 (変分問題) $\{\alpha_k\}_{k\geq 1}, \{\beta_k\}_{k\geq 1}$ は，それぞれ実数列で

$$\lim_{k\to\infty} \alpha_k = \infty, \quad \sum_{k=1}^{\infty} \beta_k^2 < \infty$$

であるとする．

$$S := \left\{(x_k)_{k\geq 1} \in \ell^2(\mathbb{N}, \mathbb{R}) \,\bigg|\, \sum_{k=1}^{\infty} x_k^2 = 1\right\}$$

を定める．ここで S 上の関数

$$F(x) = \sum_{k=1}^{\infty} (\alpha_k\, x_k^2 - \beta_k\, x_k)$$

の最小値問題を考えてみよう．S はコンパクトでなく，F は連続でもないので最小値の存在については明らかではない．S 上の点によっては F の値を決める級数が発散して $+\infty$ になることもある．よって F は S 上の $(-\infty, \infty]$ に

値をもつ関数と解釈すべきものとなる. F が有限値をとるような点はあるので最小値問題は成立する. さて, F が S 上で下に有界であることを見てみよう.

$$F(x) \geqq (\min\{\alpha_k\}_{k\geq 1}) \sum_{k=1}^{\infty} x_k^2 - \left(\sum_{k=1}^{\infty} \beta_k^2\right)^{1/2} \left(\sum_{k=1}^{\infty} x_k^2\right)^{1/2}$$

$$= \min\{\alpha_k\}_{k\geq 1} - \left(\sum_{k=1}^{\infty} \beta_k^2\right)^{1/2} \quad (x \in S)$$

上ではシュワルツの不等式が使用された. さて, 上でみたように有限値

$$a = \inf_{x \in S} F(x)$$

が定まるが, この値に到達する点の存在を示したい. 各 $\ell \in \mathbb{N}$ に対して

$$M(\ell) = \{x = (x_k)_{k\geq 1} \in S \mid F(x) \leqq a + (1/\ell)\}$$

を定める. これは空集合でない. $J = \{j \in \mathbb{N} \mid \alpha_j < 0\}$ (有限個) とおく. いま $x \in M(\ell)$ に対して評価を行う. 自然数 r を J の最大値より大きくとって (J が空の場合は 1 とおく)

$$\sum_{j \in J} \alpha_j x_j^2 + \sum_{k \geq r} \alpha_k x_k^2 - \sum_{k \geq 1} \beta_k x_k \leqq F(x) \leqq a + (1/\ell)$$

より x を上から評価する不等式

$$\sum_{k \geq r} \alpha_k x_k^2 \leqq a + (1/\ell) + \left(\sum_{k \geq 1} \beta_k^2\right)^{1/2} + \sum_{j \in J} |\alpha_j|$$

を得る. 各 $m \in \mathbb{N}$ に対して $x(m) \in M(m)$ をとる. このとき $\{x(m)\}_{m=1}^{\infty}$ は $M(1)$ に属する列とみなせる. また上の計算より $M(1)$ は次の集合に含まれる.

$$\widehat{M} = \left\{(x_k)_{k=1}^{\infty} \in S \;\middle|\; \sum_{k \geq r} \alpha_k x_k^2 \leqq a + 1 + \left(\sum_{k \geq 1} \beta_k^2\right)^{1/2} + \sum_{j \in J} |\alpha_j|\right\}$$

問題 2.11 により $\widehat{M}$ は点列コンパクトである. また, それに含まれる閉部分集合 $M(1), \cdots, M(m), \cdots$ も点列コンパクトとなる. 特に $\{x(m)\}_{m=1}^{\infty}$ は収束部分列をもつ. よって, 自然数列

$$m(1) < m(2) < \cdots < m(p) < \cdots, \quad および \quad z \in S$$

が存在して $p \to \infty$ のとき $x(m(p)) \to z$ となる．さて作り方から

$$a \leqq F(x(m(p))) \leqq a + (1/m(p)) \quad (p \geqq 1)$$

である．よって $q \geqq \max J$ を任意にとって

$$\sum_{k=1}^{q} \alpha_k x_k(m(p))^2 - \sum_{k=1}^{\infty} \beta_k x_k(m(p)) \leqq a + (1/m(p))$$

ここで $x(m(p))$ は X の位相で z で収束しているから，極限をとって

$$\sum_{k=1}^{q} \alpha_k z_k^2 - \sum_{k=1}^{\infty} \beta_k z_k \leqq a$$

ここで q はより大きく取り直すには任意だから

$$\sum_{k=1}^{\infty} \alpha_k z_k^2 - \sum_{k=1}^{\infty} \beta_k z_k \leqq a$$

左辺は $F(z)$ に一致し F は下限が a であるから $F(z) = a$ となる．これによって F が S で最小値を取る．

5.5　コンパクト集合族のなす距離空間

本節ではコンパクトな距離空間 (X, d) を考える．X の 2 つの空でない集合 A, B に対して

$$\widehat{d}(A, B) = \sup_{x \in A} \left(\inf_{y \in B} d(x, y) \right) + \sup_{y \in B} \left(\inf_{x \in A} d(x, y) \right)$$

とおく．第 2 章で導入した集合への距離関数の記号 $\mathrm{dist}(x, A)$ を用いると

$$\widehat{d}(A, B) = \sup_{x \in A} \mathrm{dist}(x, B) + \sup_{y \in B} \mathrm{dist}(y, A)$$

とも記述できる．集合への距離関数は連続である (2.4 節参照)．$\widehat{d}(A, B)$ が有限確定値になることは，X のコンパクト性および連続関数の最大値最小値の定理から従う．コンパクトでなくても有界性があれば有限値を取ることがいえる．

命題 5.6 $\widehat{d}(A, \overline{A}) = 0$

証明 $A \subset \overline{A}$ より, $x \in A$ なら $\mathrm{dist}(x, \overline{A}) = 0$. $\sup_{x \in A} \mathrm{dist}(x, \overline{A}) = 0$. また $y \in \overline{A}$ ならば $\mathrm{dist}(y, A) = \inf_{x \in A} d(y, x) = 0$ である, よって $\sup_{y \in \overline{A}} \mathrm{dist}(y, A) = 0$ となり, 合わせて $\widehat{d}(A, \overline{A}) = 0$ となる. □

命題 5.7 $\mathcal{K}$ を (X, d) の空でない閉集合の全体とする. このとき, $\widehat{d}$ は $\mathcal{K}$ 上で距離関数[3]になる.

証明 $A, B, C \in \mathcal{K}$, $x \in A, y \in B, z \in C$ とする. 三角不等式および $\mathrm{dist}(z, A)$ の定義より

$$\mathrm{dist}(z, A) \leqq d(x, z) \leqq d(x, y) + d(y, z)$$

となる. $x \in A$ に関して下限をとれば

$$\mathrm{dist}(z, A) \leqq \mathrm{dist}(y, A) + d(y, z)$$

が得られる. $d(y, z)$ を最小にする $y_1 = y_1(z) \in B$ が存在するから, 代入して

$$\mathrm{dist}(z, A) \leqq \mathrm{dist}(y_1, A) + d(y_1, z)$$

$$\leqq \sup_{y \in B} \mathrm{dist}(y, A) + \mathrm{dist}(z, B)$$

$\mathrm{dist}(z, A)$ が最大になる $z_1 \in C$ をとって代入して

$$\mathrm{dist}(z_1, A) \leqq \sup_{y \in B} \mathrm{dist}(y, A) + \mathrm{dist}(z_1, B)$$

左辺は $\sup_{z \in C} \mathrm{dist}(z, A)$ に一致し, 右辺は $\sup_{y \in B} \mathrm{dist}(y, A) + \sup_{z \in C} \mathrm{dist}(z, B)$ 以下である. 以上をまとめて

$$\sup_{z \in C} \mathrm{dist}(z, A) \leqq \sup_{y \in B} \mathrm{dist}(y, A) + \sup_{z \in C} \mathrm{dist}(z, B)$$

を得る. A と C を交換し, x と z を交換して同じ議論をして次を得る.

---

[3] ハウスドルフ距離ともいう.

$$\sup_{x \in A} \mathrm{dist}(x, C) \leqq \sup_{y \in B} \mathrm{dist}(y, C) + \sup_{x \in A} \mathrm{dist}(x, B).$$

辺々を加えて $\widehat{d}(A,C) \leqq \widehat{d}(A,B) + \widehat{d}(B,C)$ を得る．距離の条件のうち正値性と対称性は定義よりすぐ従う． □

上の証明の中で得られた不等式から次が従う．

系 5.4 $A, B \in \mathcal{K}$ とするとき，次の不等式が成立する．

$$|\mathrm{dist}(x, A) - \mathrm{dist}(x, B)| \leqq \widehat{d}(A, B) \quad (x \in X)$$

この結果から (X, d) の空でない閉集合全体は距離空間となるが，さらに良い性質をもつ．

定理 5.5 距離空間 $(\mathcal{K}, \widehat{d})$ は完備になる．

証明 $A_1, A_2, \cdots, A_m, \cdots$ を $(\mathcal{K}, \widehat{d})$ のコーシー列と仮定する．すなわち任意の $\varepsilon > 0$ に対して，ある番号 $m_0 = m_0(\varepsilon)$ が存在して

$$\widehat{d}(A_\ell, A_m) < \varepsilon \quad (\ell, m \geqq m_0(\varepsilon))$$

と仮定する．各 $m \in \mathbb{N}$ に対し $B_m := \overline{\bigcup_{k \geqq m} A_k}$ とおく．まず $\widehat{d}(A_m, B_m) \leqq \varepsilon$ $(m \geqq m_0(\varepsilon))$ を示す．$A_m \subset B_m$ より $\sup_{x \in A_m} d(x, B_m) = 0$ である．任意の $z \in B_m$ をとる．任意の $\eta > 0$ について

$$B(z, \eta) \cap \left(\bigcup_{k \geqq m} A_k \right) \neq \emptyset$$

すなわち $d(z, x) < \eta$, $x \in A_k$, $k \geqq m$ となる k, x がある．よって

$$\mathrm{dist}(z, A_m) \leqq \mathrm{dist}(z, A_k) + \widehat{d}(A_k, A_m) < \eta + \varepsilon$$

となる．$\eta > 0$ は任意だから $\mathrm{dist}(z, A_m) \leqq \varepsilon$ であり，z の任意性より $\sup_{z \in B_m} \mathrm{dist}(z, A_m) \leqq \varepsilon$ となる．よって $\widehat{d}(A_m, B_m) \leqq \varepsilon$ となる．命題 2.25 より

$B_\infty = \bigcap_{m=1}^{\infty} B_m$ とおくと $B_\infty \in \mathcal{K}$ となる.

$$\widehat{d}(A_m, B_\infty) \leqq \widehat{d}(A_m, B_m) + \widehat{d}(B_m, B_\infty)$$

$\lim_{m \to \infty} \widehat{d}(B_m, B_\infty) = 0$ である (問題 5.2 より) から $\lim_{m \to \infty} \widehat{d}(A_m, B_\infty) = 0$ が従う. □

課題 3. ルベーグ積分論において有名なカントール集合を写像によって生成する仕組みを考える. $I = [0,1]$ における 2 つの連続写像 φ_0, φ_1 を次のように定める.

$$\varphi_0(x) = \frac{x}{3}, \quad \varphi_1(x) = \frac{x}{3} + \frac{2}{3}$$

このとき, 空でない閉集合 $K \subset I$ 対して閉集合を対応させる写像 F を

$$F(K) = \varphi_0(K) \cup \varphi_1(K)$$

で定める[4]. $K_m = F^m(K)$ は $m \to \infty$ に対してどうなるかを考えてみよう.

一般の K はまずは脇へおいて, 特別な場合を考える.

(i) $K_0 = I$ としてみる. この場合は

$$F(K_0) = \left[0, \frac{1}{3}\right] \cup \left[\frac{2}{3}, \frac{2}{3} + \frac{1}{3}\right] = \left\{ \frac{a_1}{3} + \frac{t}{3} \,\middle|\, a_1 \in \{0,2\}, 0 \leqq t \leqq 1 \right\}$$

$$F^2(K_0) = \left[0, \frac{1}{3^2}\right] \cup \left[\frac{2}{3^2}, \frac{2}{3^2} + \frac{1}{3^2}\right] \cup \left[\frac{2}{3}, \frac{2}{3} + \frac{1}{3^2}\right]$$
$$\cup \left[\frac{2}{3} + \frac{2}{3^2}, \frac{2}{3} + \frac{2}{3^2} + \frac{1}{3^2}\right]$$
$$= \left\{ \frac{a_1}{3} + \frac{a_2}{3^2} + \frac{t}{3^2} \,\middle|\, a_1, a_2 \in \{0,2\}, 0 \leqq t \leqq 1 \right\}$$

$$F^m(K_0) = \left\{ \sum_{k=1}^{m} \frac{a_k}{3^k} + \frac{t}{3^m} \,\middle|\, a_j \in \{0,2\} \, (1 \leqq j \leqq m), 0 \leqq t \leqq 1 \right\}$$

となる. 空でないコンパクト集合の単調減少列に関する結果 (命題 2.25) より $F^m(K_0)$ は空でない極限をもつ.

---

[4] F は集合を $1/3$ に縮小コピーしたものを 2 つ並べる操作. $\varphi_0(I) \cap \varphi_1(I) = \varnothing$ より, F は 1 回作用する毎に連結成分の数を 2 倍にしてゆく.

$$K_\infty = \bigcap_{m=1}^{\infty} F^m(K_0) \quad (\text{この集合はカントール集合とよばれる})$$

(ii) $K_1 = \{0\}, K_2 = \{1\}$ としてみる. $0, 1$ は K_0 の端点だから (i) の計算と観察から様子がわかる. 次の通りとなる.

$$F^m(K_1) = \left\{ \sum_{k=1}^{m} \frac{a_k}{3^k} \,\Bigg|\, a_j \in \{0,2\}\, (1 \leqq j \leqq m) \right\}$$

$$F^m(K_2) = \left\{ \sum_{k=1}^{m} \frac{a_k}{3^k} + \frac{1}{3^m} \,\Bigg|\, a_j \in \{0,2\}\, (1 \leqq j \leqq m) \right\}$$

このように初期状態で 1 点集合でも, m が増大してゆけば $F^m(K_0)$ との差は高々 $1/3^m$ 以下と見積もられる. $F^m(K_0)$ はカントール集合に収束する (問題 5.1 参照).

一般の閉集合 $K \subset I$ の場合を考えよう. K から 1 点 x_0 をとり $M = \{x_0\}$ とおく. $F^m(M) \subset F^m(K) \subset F^m(K_0)$ となるが

$$F^m(M) = \left\{ \sum_{k=1}^{m} \frac{a_k}{3^k} + \frac{x_0}{3^m} \,\Bigg|\, a_j \in \{0,2\}\, (1 \leqq j \leqq m) \right\}$$

$$\widehat{d}(F^m(K), F^m(K_0)) \leqq \widehat{d}(F^m(M), F^m(K_0)) \leqq 1/3^m \quad (m \geqq 1)$$

となり. カントール集合 K_∞ との距離を三角不等式で測って

$$\lim_{m \to \infty} \widehat{d}(F^m(K), K_\infty) = 0$$

を結論する. K_∞ は具体的に表現できて次の通りとなる.

$$K_\infty = \left\{ \sum_{k=1}^{\infty} \frac{a_k}{3^k} \,\Bigg|\, a_k \in \{0,2\}\, (k \geqq 1) \right\}$$

カントール集合は, 測度がゼロで濃度が $\aleph$ (連続体濃度) となる例として非常に有名である (ルベーグ積分の文献参考, 伊藤 [13]).

命題 5.8 距離空間 (X, d) と連続写像 $f : X \longrightarrow X$ に対し, $K \in \mathcal{K}$ に対して $f(K) \in \mathcal{K}$ を対応させる写像は $(\mathcal{K}, \widehat{d})$ の位相で連続である.

証明 $A, B \in \mathcal{K}$ に対して $f(A), f(B)$ を比較して $\widehat{d}(A, B)$ を評価する. $m \to \infty$ のとき

$$\begin{aligned}\widehat{d}(f(A), f(B)) &= \sup_{\xi \in f(A)} \left(\inf_{\eta \in f(B)} d(\xi, \eta) \right) + \sup_{\eta \in f(B)} \left(\inf_{\xi \in f(A)} d(\xi, \eta) \right) \\ &= \sup_{x \in A} \left(\inf_{y \in B} d(f(x), f(y)) \right) + \sup_{y \in B} \left(\inf_{x \in A} d(f(x), f(y)) \right)\end{aligned}$$

X がコンパクトであるから, f は一様連続写像である (問題 2.22 参照).

$$\forall \varepsilon > 0, \; \exists \delta = \delta(\varepsilon) > 0 \text{ s.t. } d(x, y) < \delta \Longrightarrow d(f(x), f(y)) < \varepsilon$$

任意の $\varepsilon > 0$ をとる. $A, B \in \mathcal{K}$ に対して

$$\widehat{d}(A, B) = \sup_{x \in A} \left(\inf_{y \in B} d(x, y) \right) + \sup_{y \in B} \left(\inf_{x \in A} d(x, y) \right) < \delta\left(\frac{\varepsilon}{3}\right)$$

を仮定する. この条件より $\forall x \in A, \exists y \in B$ s.t $d(x, y) \leqq \delta(\varepsilon)/3$. f の条件より $d(f(x), f(y)) < \varepsilon/3$. よって $\inf_{z \in B} d(f(x), f(z)) < \varepsilon/3$ となる. x の任意性より $\sup_{x \in A} \inf_{z \in B} d(f(x), f(z)) \leqq \varepsilon/3$. 同様に $\sup_{y \in B} \inf_{w \in A} d(f(y), f(w)) \leqq \varepsilon/3$ が成立する. 全体をまとめると次のようになる.

$$\widehat{d}(A, B) < \delta\left(\frac{\varepsilon}{3}\right) \Longrightarrow \widehat{d}(f(A), f(B)) \leqq \frac{2\varepsilon}{3} < \varepsilon \qquad \square$$

カントール集合に関する前課題を一般化してみよう.

命題 5.9 コンパクトな距離空間 (X, d) と n 個の縮小写像 $\phi_j : X \longrightarrow X$ $(j = 1, 2, \cdots, n)$ があるとする. いま距離空間 $(\mathcal{K}, \widehat{d})$ において写像 $F : \mathcal{K} \longrightarrow \mathcal{K}$ を

$$F(K) = \phi_1(K) \cup \phi_2(K) \cup \cdots \cup \phi_n(K) \quad (K \in \mathcal{K})$$

で定める. このとき写像 $F : \mathcal{K} \longrightarrow \mathcal{K}$ は縮小写像となる.

証明 仮定より, ある $\delta \in [0, 1)$ が存在して

$$d(\phi_i(\xi), \phi_i(\eta)) \leqq \delta \, d(\xi, \eta) \quad (\xi, \eta \in X, 1 \leqq i \leqq n)$$

$A, B \in \mathcal{K}$ を任意にとる.

$$\widehat{d}(F(A), F(B)) = \sup_{y \in F(A)} \left(\inf_{z \in F(B)} d(y, z) \right) + \sup_{z \in F(B)} \left(\inf_{y \in F(A)} d(z, y) \right)$$

第 1 項を上から評価する. 任意の $1 \leqq i \leqq n$, $y \in \phi_i(A)$ に対して, ある $x \in A$ があって $y = \phi_i(x)$ となる.

$$\inf_{z \in F(B)} d(y, z) \leqq \inf_{z \in \phi_i(B)} d(y, z) \leqq \inf_{\xi \in B} d(\phi_i(x), \phi_i(\xi))$$

$$\leqq \inf_{\xi \in B} \delta \, d(x, \xi)$$

$$\leqq \delta \sup_{\eta \in A} \inf_{\xi \in B} d(\eta, \xi)$$

右辺は A, B のみで定まる量であるから, 左辺で $y \in F(A)$ に関して上限をとると

$$\sup_{y \in F(A)} \left(\inf_{z \in F(B)} d(y, z) \right) \leqq \delta \sup_{\eta \in A} \left(\inf_{\xi \in B} d(\eta, \xi) \right)$$

A, B を入れ替えて同じ議論をすれば

$$\sup_{z \in F(B)} \left(\inf_{y \in F(A)} d(z, y) \right) \leqq \delta \sup_{\xi \in B} \left(\inf_{\eta \in A} d(\xi, \eta) \right)$$

これより辺々和をとって

$$\widehat{d}(F(A), F(B)) \leqq \delta \, \widehat{d}(A, B)$$

を得る. □

不動点定理を適用すれば F は $(\mathcal{K}, \widehat{d})$ で唯一の不動点をもつことがわかる. またフラクタル的な構造をもつことも $F(K) = K$ からわかる (参考文献 [12]).

5.6　章末問題

問題 5.1　距離空間 (X,d) の空でないコンパクト集合の単調列

$$A_1 \supset A_2 \supset \cdots \supset A_m \supset \cdots$$

があるとする．$A_\infty = \bigcap_{m=1}^{\infty} A_m$ とおくとき $\lim_{m\to\infty} \widehat{d}(A_m, A_\infty) = 0$ を示せ．

問題 5.2　完備距離空間 (X,d) と縮小写像 $T: X \longrightarrow X$ があると仮定する．このとき，任意の空でないコンパクト集合 K に対して

$$\lim_{m\to\infty} \widehat{d}(T^m(K), \{x_*\}) = 0$$

を示せ．ただし x_* は T の唯一の不動点である．

問題 5.3　連続写像 $f: \mathbb{R}^2 \longrightarrow \mathbb{R}^2$ が

$$\limsup_{r\to\infty} \left(\frac{1}{r} \sup_{|x|\leq r} |f(x)| \right) < 1$$

を満たすならば，$f(z) = z$ なる $z \in \mathbb{R}^2$ が存在することを示せ．

問題 5.4　$A_i, B_i \in \mathcal{K}, A_i \neq \emptyset, B_i \neq \emptyset$ $(1 \leq i \leq m)$ とする．このとき

$$\widehat{d}\left(\bigcup_{i=1}^{m} A_i, \bigcup_{i=1}^{m} B_i \right) \leq 2 \max_{1 \leq i \leq m} \widehat{d}(A_i, B_i)$$

を示せ．

付録

予備的な基礎事項と補足

付録では，本書でしばしば現れる予備的な基本事項を簡潔にまとめてある．必要に応じて参照されたい．不十分な箇所については微分積分や解析入門などの教科書で復習することを奨める．

A.1 実数の公理と性質

我々は微分積分などで様々な具体的な関数や数列を扱うが，それらは実数をもとにして作られている．ここで，実数の性質について整理しておこう．実数の集まりである集合 $\mathbb{R}$ は次の性質をもつ．

(ⅰ) 四則演算が備わっている．
(ⅱ) 順序関係（等号，不等号関係）が定められている．
(ⅲ) 連続性がある (切目がない)．

(ⅲ) は**実数の連続性の公理**とよばれる[1]．

以下で (ⅲ) を理解するため，$\mathbb{R}$ の中の集合や数列やその収束などについて述べる．

数列と収束, 発散: 番号付けられた実数の列

$$a_1, a_2, a_3, \cdots, a_m, \cdots$$

を**数列**という．これを $\{a_m\}_{m=1}^\infty$ とも記述する．

定義 A.1 数列 $\{a_m\}_{m=1}^\infty$ が a に収束するとは

---

[1] $\mathbb{Q}$ は (ⅰ), (ⅱ) は満たすが (ⅲ) を満たさないことに注意せよ．

『任意の正の ε に対して, ある番号 N が存在して, $m \geqq N$ なる $m \in \mathbb{N}$ に対して $|a_m - a| < \varepsilon$ となること』
である.

これを論理記号を用いて簡略に記述すると

$$\forall \varepsilon > 0, \ \exists N \in \mathbb{N} \quad \text{s.t.} \quad m \in \mathbb{N}, \ m \geqq N \Longrightarrow |a_m - a| < \varepsilon$$

となる.

N は ε に依存しても良いので, それを意識して $N(\varepsilon)$ と書くことも多い.

この内容を記号で $\lim_{m \to \infty} a_m = a$ と書く.

定義 A.2 数列 $\{a_m\}_{m=1}^{\infty}$ が ∞ に発散するとは

『任意の R に対して, ある番号 N が存在して, $m \geqq N$ のなる $m \in \mathbb{N}$ に対して $a_m \geqq R$ となること』

である.

これを $\lim_{m \to \infty} a_m = \infty$ と書く.

定義 A.3 数列 $\{a_m\}_{m=1}^{\infty}$ が $-\infty$ に発散するとは, 符号を反転させた数列 $\{-a_m\}_{m=1}^{\infty}$ が ∞ に発散することである.

定理 A.1 (比較原理) 数列 $\{a_m\}_{m=1}^{\infty}, \{b_m\}_{m=1}^{\infty}$ について

$$a_m \leqq b_m \ (m \geqq 1), \quad \lim_{m \to \infty} a_m = a, \quad \lim_{m \to \infty} b_m = b$$

が成立するならば, $a \leqq b$ となる.

証明 与えられた仮定は次の通り.

$$\forall \varepsilon > 0, \ \exists N_1(\varepsilon) \in \mathbb{N} \quad \text{s.t.} \quad m \in \mathbb{N}, \ m \geqq N_1(\varepsilon) \Longrightarrow |a_m - a| < \varepsilon$$

$$\forall \varepsilon > 0, \ \exists N_2(\varepsilon) \in \mathbb{N} \quad \text{s.t.} \quad m \in \mathbb{N}, \ m \geqq N_2(\varepsilon) \Longrightarrow |b_m - b| < \varepsilon$$

$\forall \varepsilon > 0$ に対して $N_3(\varepsilon) = \max(N_1(\varepsilon), N_2(\varepsilon))$ とおく.

もし $m \geqq N_3(\varepsilon)$ ならば $a - \varepsilon < a_m < a + \varepsilon, \quad b - \varepsilon < b_m < b + \varepsilon$ となる.

一方, つねに $a_m \leqq b_m$ だから上と合わせて
$$a - \varepsilon < a_m \leqq b_m < b + \varepsilon$$
を得る. 結局 $\forall \varepsilon > 0$ に対して $a - \varepsilon < b + \varepsilon$ となる. 結局 $a \leqq b$ が従う. なぜならば, もし $a > b$ ならば $\varepsilon_0 = (a-b)/2 > 0$ とおいて ε に代入すると $(a+b)/2 < (a+b)/2$ となり不合理だからである. □

定理 A.2 (はさみうち) 数列 $\{a_m\}_{m=1}^\infty, \{b_m\}_{m=1}^\infty, \{c_m\}_{m=1}^\infty$ について,
$$a_m \leqq b_m \leqq c_m \quad (m \geqq 1), \quad \lim_{m \to \infty} a_m = a, \quad \lim_{m \to \infty} c_m = a$$
ならば $\lim_{m \to \infty} b_m = a$ となる.

証明 与えられた仮定は次の通り.
$$\forall \varepsilon > 0, \ \exists N_1(\varepsilon) \in \mathbb{N} \quad \text{s.t.} \quad m \in \mathbb{N}, \ m \geqq N_1(\varepsilon) \implies |a_m - a| < \varepsilon$$
$$\forall \varepsilon > 0, \ \exists N_2(\varepsilon) \in \mathbb{N} \quad \text{s.t.} \quad m \in \mathbb{N}, \ m \geqq N_2(\varepsilon) \implies |c_m - a| < \varepsilon$$
上の定理と同様に $N_3(\varepsilon) = \max(N_1(\varepsilon), N_2(\varepsilon))$ とおく. $m \geqq N_3(\varepsilon)$ ならば
$$a - \varepsilon < a_m < a + \varepsilon, \quad a - \varepsilon < c_m < a + \varepsilon$$
となる. 一方, $a_m \leqq b_m \leqq c_m$ はつねに正しいから
$$a - \varepsilon < a_m \leqq b_m \leqq c_m < a + \varepsilon$$
よって $|b_m - a| < \varepsilon$ となる. これは $\lim_{m \to \infty} b_m = a$ を意味する. □

数列の極限と四則演算に関する基本法則を述べる.

定理 A.3 数列 $\{a_m\}_{m=1}^\infty, \{b_m\}_{m=1}^\infty$ が $\lim_{m \to \infty} a_m = a, \lim_{m \to \infty} b_m = b$ を満たすならば, 実数 α, β に対して
$$\lim_{m \to \infty} (\alpha a_m + \beta b_m) = \alpha a + \beta b, \quad \lim_{m \to \infty} (a_m b_m) = a b$$
が成り立つ. また $b \neq 0$ ならば, 次が成立する.
$$\lim_{m \to \infty} (a_m / b_m) = a/b$$

証明 与えられた仮定より次がいえる.

$$\forall \varepsilon > 0, \exists N_1(\varepsilon) \in \mathbb{N} \quad \text{s.t.} \quad m \in \mathbb{N},\ m \geqq N_1(\varepsilon) \Longrightarrow |a_m - a| < \varepsilon$$

$$\forall \varepsilon > 0, \exists N_2(\varepsilon) \in \mathbb{N} \quad \text{s.t.} \quad m \in \mathbb{N},\ m \geqq N_2(\varepsilon) \Longrightarrow |b_m - b| < \varepsilon$$

よって, $m \geqq N_1(\varepsilon/2(1+|\alpha|))$ かつ $m \geqq N_2(\varepsilon/2(1+|\beta|))$ ならば

$$|(\alpha\, a_m + \beta\, b_m) - (\alpha\, a + \beta\, b)| \leqq |\alpha|\,|a_m - a| + |\beta|\,|b_m - b|$$
$$\leqq |\alpha| \frac{\varepsilon}{2(1+|\alpha|)} + |\beta| \frac{\varepsilon}{2(1+|\beta|)} < \frac{\varepsilon}{2} + \frac{\varepsilon}{2} = \varepsilon.$$

よって

$$N_3(\varepsilon) = \max\left(N_1\left(\frac{\varepsilon}{2(1+|\alpha|)}\right), N_2\left(\frac{\varepsilon}{2(1+|\beta|)}\right)\right)$$

とおけば

$$|(\alpha\, a_m + \beta\, b_m) - (\alpha\, a + \beta\, b)| < \varepsilon \quad (m \geqq N_3(\varepsilon))$$

となる. これは $\lim_{m\to\infty}(\alpha\, a_m + \beta\, b_m) = \alpha\, a + \beta\, b$ を意味する.

次に $|b_m| \leqq |b| + 1 \quad (m \geqq N_2(1))$ に注意する.

$$N_4(\varepsilon) = \max\left(N_2(1), N_1\left(\frac{\varepsilon}{2(|b|+1)}\right), N_2\left(\frac{\varepsilon}{2(|a|+1)}\right)\right)$$

とおくと, $m \geqq N_4(\varepsilon)$ ならば

$$|a_m b_m - a b| \leqq |b_m|\,|a_m - a| + |a|\,|b_m - b|$$
$$\leqq (|b|+1)\frac{\varepsilon}{2(|b|+1)} + |a|\frac{\varepsilon}{2(|a|+1)} < \frac{\varepsilon}{2} + \frac{\varepsilon}{2} = \varepsilon.$$

$b \neq 0$ のとき $\lim_{m\to\infty}(1/b_m) = 1/b$ を示せばよい. まず式変形をする.

$$|(1/b_m) - (1/b)| = |b_m - b|/|b_m|\,|b|$$

ここで $|b| > 0$ より $|b_m| \geqq |b|/2\ (m \geqq N_2(|b|/2))$ より

$$|(1/b_m) - (1/b)| \leqq 2|b_m - b|/|b|^2.$$

よって, $N_5(\varepsilon) = \max(N_2(|b|/2), N_2(|b|^2\varepsilon/2))$ とおけば

$$|(1/b_m) - (1/b)| < \varepsilon \quad (m \geqq N_5(\varepsilon)).$$

これで結論を得る. □

実数の連続性の定義で本質的な有界性の概念を説明する.

定義 A.4 $\mathbb{R}$ の部分集合 A が**上に有界**であるとは，ある $L \in \mathbb{R}$ があって

$$x \in A \Longrightarrow x \leqq L$$

となることである[2]．このような L を A の **上界**という[3]．

$\mathbb{R}$ の部分集合 B が**下に有界**であるとは，ある $M \in \mathbb{R}$ があって

$$x \in B \Longrightarrow x \geqq M$$

となることである．このような M を B の**下界**という．

上に有界，かつ，下に有界なとき，**有界**という．数列に関しても，それを (番号を無視して) 集合とみなして，"上に有界" や "下に有界" の概念が与えられる．

注意 A.1 $A \subset \mathbb{R}$ が上に有界な集合なら $A' = \{-x \in \mathbb{R} \mid x \in A\}$ は下に有界になる．

準備ができたので $\mathbb{R}$ の連続性の公理を述べよう．

実数の連続性の公理

『上に有界で単調増加なる実数列は，ある実数に収束する』
すなわち，数列 $\{a_m\}_{m=1}^{\infty}$ に対して，実数 M があって，

$$a_m \leqq a_{m+1} \leqq M \quad (m \in \mathbb{N})$$

を満たすならば，ある実数 a が存在して $\lim_{m \to \infty} a_m = a$ となる．

この条件は，符号を反転させて次の条件に同値となる．

---

[2] $x \leqq L \ (x \in A)$ と書くこともある.

[3] 上界は 1 つあれば無限にある.

(連続性の公理の別のバージョン)

『下に有界な単調減少なる実数列はある実数に収束する』

基本的な数列について次のことを証明できる．

定理 A.4

$$\lim_{m\to\infty}\frac{1}{m}=0, \quad \lim_{m\to\infty}\frac{1}{2^m}=0, \quad \lim_{m\to\infty}\frac{c^m}{m!}=0 \quad (c：定数)$$

証明 $a_m = 1/m$ とおくと $0 \leqq a_{m+1} \leqq a_m$ $(m \geqq 1)$ が成立する．よって実数の連続性の公理より a があって $a = \lim_{m\to\infty} a_m$ となる．一方

$$(1/2)a = (1/2)\lim_{m\to\infty} a_m = \lim_{m\to\infty}(1/2)a_m = \lim_{m\to\infty} a_{2m} = a.$$

よって $a = 0$．あとの 2 つも同様に示される． □

実数の連続性の公理を本質的に用いることで，$\mathbb{R}$ における次の重要な性質が成立する．

定理 A.5

$\mathbb{R}$ の部分集合 E が空集合でなく上に有界であるとする．ここで M が E の上界とする．このとき E には，次の条件を満たす実数 α が唯一存在する．

 (0) $\alpha \leqq M$.
 (1) $\alpha \geqq x$ $(x \in E)$.
 (2) 任意の $\varepsilon > 0$ に対し，ある $z \in E$ があって $\alpha - \varepsilon < z$ となる．

証明 まず仮定より $a_0 \in E$ があり，$b_0 \in \mathbb{R}$ があって $x \leqq b_0$ $(x \in E)$ が成立する．そして $a_0 \leqq b_0$ が成り立つ．もし $a_0 = b_0$ ならこの値を z として定理の結論が成立する．よって，以下では $a_0 < b_0$ の場合を考える．次の手順で数列を作成する．

(第 1 段) $c_0 = (a_0 + b_0)/2$ とおく．もし $c_0 \geqq x$ $(x \in E)$ ならば $a_1 = a_0$, $b_1 = c_0$ とおく．そうでないなら $a_1 = c_0, b_1 = b_0$ とおく．いずれの場合においても a_1 以上の E の要素が存在し，E のすべての要素は b_1 以下である．ま

た作り方から $0 < (b_1 - a_1) = (b_0 - a_0)/2$ である.

(第 2 段) $c_1 = (a_1 + b_1)/2$ とおく. もし $c_1 \geqq x$ $(x \in E)$ ならば $a_2 = a_1$, $b_2 = c_1$ とおく. そうでないなら $a_2 = c_1, b_2 = b_1$ とおく. いずれの場合においても a_2 以上の E の要素が存在し, E のすべての要素は b_2 以下である. また作り方から $0 < (b_2 - a_2) = (b_1 - a_1)/2$ である.

この操作を帰納的に繰り返し, 数列 $\{a_m\}_{m=1}^\infty, \{b_m\}_{m=1}^\infty$ を次のように作成できる. 特に (第 m 段) において

$$a_0 \leqq a_1 \leqq \cdots \leqq a_m < b_m \leqq b_{m-1} \leqq \cdots \leqq b_0$$
$$0 < (b_m - a_m) = (b_0 - a_0)/2^m$$

となり, a_m 以上の E の要素が存在し, E のすべての要素は b_m 以下である. 実数の連続性の公理を用いて数列 $\{a_m\}_{m=1}^\infty, \{b_m\}_{m=1}^\infty$ はそれぞれ極限 a, b をもつ. 最後の不等式を用いて $a = b$ も従う. この極限値を z とおいて定理の (1), (2) が成立する. □

定義 A.5 この命題で保証される値を E の上限といい $\sup E$ と書く. 一方, 逆に $\mathbb{R}$ の下に有界な部分集合 F について, その下限 $\inf F$ が定まる. E が上に有界でないならば $\sup E = \infty$, F が下に有界でないならば $\inf F = -\infty$ と定めると便利である.

定義 A.6 (Max, Min) 集合 $E \subset \mathbb{R}$ に対して,

(ⅰ) $x^* \in E$ があって, $x \in E \Longrightarrow x \leqq x^*$ を満たすとき, x^* を E の**最大値**といい $\max E$ と書く.

(ⅱ) $x_* \in E$ があって, $x \in E \Longrightarrow x \geqq x_*$ を満たすとき, x_* を E の**最小値**といい $\min E$ と書く.

上限, 下限の定義から次のことが従う.

命題 A.1 E にもし最大値が存在すれば $\sup E = \max E$ となる. E にもし最小値が存在すれば $\inf E = \min E$ となる.

定義 A.7 (上極限, 下極限) 数列 $\{a_m\}_{m=1}^\infty$ に対して, 途中の p 番目以降

$\{a_m\}_{m=p}^{\infty}$ を考え, この集合の上限, 下限をとる. すなわち

$$\sup(\{a_m\}_{m=p}^{\infty}), \quad \inf(\{a_m\}_{m=p}^{\infty})$$

を考えると, 番号 p が増大するときに前者は非増大, 後者は非減少である. よって $p \to \infty$ に対する極限が考えられる. それぞれを元の数列の上極限, 下極限という. すなわち次のような表現ができる.

$$\limsup_{m \to \infty} a_m := \lim_{p \to \infty} (\sup\{a_m\}_{m=p}^{\infty})$$

$$\liminf_{m \to \infty} a_m := \lim_{p \to \infty} (\inf\{a_m\}_{m=p}^{\infty})$$

命題 A.2 数列 $\{a_m\}_{m=1}^{\infty}$ に対して, それぞれ

$$\limsup_{m \to \infty} a_m, \quad \liminf_{m \to \infty} a_m$$

が存在して一致するならば, $\lim_{m \to \infty} a_m$ が存在してその共通値に等しい.

証明 自明に成立する不等式 $\inf\{a_m\}_{m=p}^{\infty} \leqq a_p \leqq \sup\{a_m\}_{m=p}^{\infty}$ に注意しよう. ここで $p \to \infty$ を考えて, はさみうち原理を適用すれば結論を得る. □

上極限や下極限は, 有界数列に対しては必ず有限確定値を与える.

$\mathbb{R}$ のコーシー列と完備性

定義 A.8 $\mathbb{R}$ の数列 $\{a_m\}_{m=1}^{\infty}$ がコーシー列であるとは, 次の条件が成立することである.

任意の $\varepsilon > 0$ に対して, ある番号 $m_0 = m_0(\varepsilon)$ が存在して

$$\ell, m \geqq m_0(\varepsilon) \Longrightarrow |a_\ell - a_m| < \varepsilon.$$

命題 A.3 収束列は, コーシー列である.

証明 $\lim_{m \to \infty} a_m = a$ を仮定する. $|a_\ell - a_m| \leqq |a_\ell - a| + |a_m - a|$. この式の右辺の 2 項はそれぞれ ℓ, m が増大すれば 0 に収束するから, コーシー列の条件が満足されることになる. □

この命題の逆が成立するかどうかが重要な性質である．これが成立することが実数の集合 $\mathbb{R}$ の主な特徴の 1 つである．

定理 A.6 $\mathbb{R}$ の任意のコーシー列は収束する．

証明 $\{a_m\}_{m=1}^{\infty}$ はコーシー列であるとする．定義より任意の $\varepsilon > 0$ に対し，ある番号 $m_0 = m_0(\varepsilon)$ が存在して $-\varepsilon < a_\ell - a_m < \varepsilon$ $(\ell, m \geqq m_0(\varepsilon))$ となる．よって任意の $\varepsilon > 0$ に対して

$$-\varepsilon < \sup_{\ell \geqq p} a_\ell - \inf_{m \geqq p} a_m \leqq \varepsilon \qquad (p \geqq m_0(\varepsilon))$$

が成立する．これは $p \geqq m_0(\varepsilon/2)$ ならば

$$0 \leqq \sup_{\ell \geqq p} a_\ell - \inf_{m \geqq p} a_m \leqq \varepsilon/2 < \varepsilon$$

を意味する．これから $\limsup\limits_{m \to \infty} a_m = \liminf\limits_{m \to \infty} a_m$ となり結論が従う． □

定理 A.7 (ボルツァノ-ワイエルシュトラスの定理) $\mathbb{R}$ における任意の有界な数列は収束する部分列をもつ．

証明 $\{a_m\}_{m=1}^{\infty}$ を有界な実数列とする．$\alpha_m := \sup\limits_{p \geqq m} a_p$ とおく．$z = \lim\limits_{m \to \infty} \alpha_m$ は有限確定値となる．さて z に収束する部分列を選ぶ．各自然数 ℓ に対してある番号 $p(\ell)$ があって $\alpha_\ell - (1/\ell) < a_{p(\ell)} \leqq \alpha_\ell$, $p(\ell) \geqq \ell$ となる．これから $\lim\limits_{\ell \to \infty} a_{p(\ell)} = z$ が従う．ただし，$p(\ell)$ $(\ell \geqq 1)$ かならずしも単調でないので項を選択する．帰納法で番号 $m(1) < m(2) < \cdots < m(\ell) < \cdots$ を定める．

$$m(1) = p(1), \quad m(\ell+1) = \min\{m \in \{p(k)\}_{k=1}^{\infty} \mid m \geqq m(\ell) + 1\}$$

こうすれば $\lim\limits_{\ell \to \infty} a_{m(\ell)} = z$ が再び成り立ち，$\{a_{m(\ell)}\}_{\ell=1}^{\infty}$ は $\{a_m\}_{m=1}^{\infty}$ の収束部分列となる． □

A.2 級数と収束条件

数列 $\{a_m\}_{m=1}^{\infty}$ が与えられたとき，式

$$a_1 + a_2 + \cdots + a_m + \cdots$$

を級数という．これを $\sum_{m=1}^{\infty} a_m$ と記す．級数自体は単なる式であって，その総和が確定しているかどうかは別の問題となる．m 項までの和

$$S_m = a_1 + a_2 + \cdots + a_m$$

を考え，この数列 $\{S_m\}_{m=1}^{\infty}$ が $m \to \infty$ に対して収束し，極限値 S をもつとき，これをもって級数 $\sum_{m=1}^{\infty} a_m$ の収束とし，$\sum_{m=1}^{\infty} a_m = S$ とする．

級数 $\sum_{m=1}^{\infty} a_m$ が収束するならば $\lim_{m \to \infty} a_m = 0$ となる（$a_m = S_m - S_{m-1}$ から示される）．逆は一般には成立しない．

正項級数，級数の絶対収束

級数 $\sum_{m=1}^{\infty} a_m$ の収束，発散を論じる．

定義 A.9 級数 $\sum_{m=1}^{\infty} a_m$ の各項 a_m がすべて非負であるときこの級数は正項級数であるという．

上の正項級数に対して，m によらない定数 M があって

$$a_1 + a_2 + \cdots + a_m \leq M \quad (m \geq 1)$$

ならば，正項級数は収束する．これは実数の連続性の公理からすぐ従う．

命題 A.4 級数 $\sum_{m=1}^{\infty} |a_m|$ が収束するならば，級数 $\sum_{m=1}^{\infty} a_m$ は収束する．

証明 それぞれの部分和

$$S_m = a_1 + a_2 + \cdots + a_m, \quad T_m = |a_1| + |a_2| + \cdots + |a_m|$$

を考える．三角不等式から従う次の不等式を用いる．

$$|S_\ell - S_m| \leq |T_\ell - T_m|$$

仮定より $\{T_m\}_{m=1}^\infty$ はコーシー列になるから, $\{S_m\}_{m=1}^\infty$ はコーシー列になる. よって, 級数 $\sum_{m=1}^\infty a_m$ は収束する. □

この命題の級数の状況を**絶対収束**という. すなわち各項に絶対値を付けた正項級数が収束すれば元の級数が収束する. 正項級数の収束条件でよく知られているものをあげてみよう.

命題 A.5 (ダランベール[4])の判定条件)　正項級数 $\sum_{m=1}^\infty a_m$ において, 極限値

$$\delta := \limsup_{m\to\infty}(a_{m+1}/a_m)$$

とおく. もし $0 \leqq \delta < 1$ ならば, この級数は絶対収束する.

命題 A.6 (コーシーの判定条件)　正項級数 $\sum_{m=1}^\infty a_m$ において

$$\delta := \limsup_{m\to\infty}(a_m)^{1/m}$$

とおく. もし $0 \leqq \delta < 1$ ならば, この級数は絶対収束する.

特に我々は等比級数については良く知っている. これを用いて様々な級数の収束を示すことができる. ダランベールの方法, コーシーの方法や積分判定法も同様に既知の収束級数や可積分関数と比較する方法である.

命題 A.7　級数 $\sum_{m=1}^\infty a_m$ および正項級数 $\sum_{m=1}^\infty c_m$ は $|a_m| \leqq c_m$ ($m \geqq 1$) を満たすとする. もし級数 $\sum_{m=1}^\infty c_m$ が収束するなら $\sum_{m=1}^\infty a_m$ は収束する.

このように 2 つの級数を比較することで収束することを論じることを**優級数の方法**という. これは関数項級数の場合も有効で, **ワイエルシュトラスの M テスト**としてよく用いられる.

---

[4])　Jean Baptiste le Rond d'Alembert (1717-1783) 数学者.

命題 A.8 集合 X 上の関数項級数 $\sum_{m=1}^{\infty} f_m(x)$ があるとする. いま収束する正項級数 $\sum_{m=1}^{\infty} c_m$ があって $|f_m(x)| \leqq c_m$ $(x \in X, m \geqq 1)$ ならば, 関数項級数 $\sum_{m=1}^{\infty} f_m(x)$ は X 上で一様収束する.

A.3 複素数と複素平面

実数全体 $\mathbb{R}$ を既知として, 複素数とその演算についてまとめる. i として虚数単位なるものを考える. いま $x, y \in \mathbb{R}$ に対し, $z = x + yi$ というものを考え, これを複素数という. z に対して x を実部といい $\mathrm{Re}(z) := x$ とおく. また y を虚部といい $\mathrm{Im}(z) := y$ とおく. 複素数の全体が $\mathbb{C}$ である. すなわち

$$\mathbb{C} := \{x + yi \mid x, y \in \mathbb{R}\}$$

とおく. $y = 0$ のとき, 自然に $x + 0i = x$ として同一視することで $\mathbb{R} \subset \mathbb{C}$ と考えることができる. $\mathbb{C}$ に和と積を導入しよう.

定義 A.10 $z_1 = x_1 + y_1 i, z_2 = x_2 + y_2 i \in \mathbb{C}$ $(x_1, y_1, x_2, y_2 \in \mathbb{R})$ に対し, 和と積を, 次のように定める.

$$z_1 + z_2 = (x_1 + x_2) + (y_1 + y_2)i \quad \text{(和)}$$

$$z_1 z_2 = (x_1 x_2 - y_1 y_2) + (x_1 y_2 + x_2 y_1)i \quad \text{(積)}$$

命題 A.9 $z_1, z_2 \in \mathbb{C}$ に対して次が成立する.

$$z_1 + z_2 = z_2 + z_1 \quad \text{(和の可換性)}, \qquad z_1 z_2 = z_2 z_1 \quad \text{(積の可換性)}$$

それぞれの定義式の右辺のかっこの中の演算は, 通常の $\mathbb{R}$ における和と積である. また, $ii = i^2 = -1$ が成り立っていることに注意. 差については $z_1 - z_2 = z_1 + (-1)z_2$ で定める. また, z_1, z_2 が実数のときは自然に実数の和, 積, 差になっていることも簡単に確認できる. よって $\mathbb{R}$ の演算が自然に $\mathbb{C}$ に拡張された. 次に商を考察する.

命題 A.10 $z \in \mathbb{C}$ が $z \neq 0$ ならば $z\zeta = \zeta z = 1$ となる唯一の $\zeta \in \mathbb{C}$ が存在する．これを z^{-1} または $1/z$ と書く．これを z の逆数という．

証明 $z = x + yi \neq 0$ $(x, y \in \mathbb{R})$ とする．このとき，$x \neq 0$ または $y \neq 0$ であるから $x^2 + y^2 > 0$ となることに注意．ここで，

$$\zeta = \frac{x}{x^2 + y^2} + \frac{-y}{x^2 + y^2} i$$

が $z\zeta = \zeta z = 1$ を満たすことは容易に確かめられる．ζ, ζ' が両方とも逆数であるとすると $\zeta = \zeta(z\zeta') = (\zeta z)\zeta' = \zeta'$ となり $\zeta = \zeta'$ である． □

共役複素数，絶対値

$z = x + yi \in \mathbb{C}$ $(x, y \in \mathbb{R})$ に対して，共役複素数 $\bar{z}$ と絶対値 $|z|$ を

$$\bar{z} = x + (-y)i, \quad |z| = \sqrt{x^2 + y^2}$$

によって定める．このとき次の性質が成立する．

命題 A.11 $z\bar{z} = |z|^2$, $\overline{z_1 z_2} = \bar{z}_1 \bar{z}_2$, $|z_1 z_2| = |z_1| \cdot |z_2|$

証明は直接計算のみなので省略する．$z \neq 0$ のとき，$z^{-1} = \bar{z}/|z|^2$ となることもわかる．また，次の三角不等式も成立する．

命題 A.12 $|z_1 + z_2| \leqq |z_1| + |z_2|$

証明はユークリッド空間の標準距離の三角不等式と同様に行われる．

複素平面[5]

これまでの議論の中でみたように，複素数 $z = x + yi \in \mathbb{C}$ $(x, y \in \mathbb{R})$ に対して $\mathbb{R}^2$ の点 (x, y) を対応させて考えることは自然である．よって，$\mathbb{C}$ の中で起こることを $\mathbb{R}^2$ に移し替えて幾何的に考察すると便利なことも多い．$\mathbb{C}$ を実部，虚部の成分を利用して平面に見立ててできる 2 次元の世界が複素平面である．ここでは x を横軸方向，yi を縦軸方向にして対応させている．

---

[5] ガウス平面ともいう．

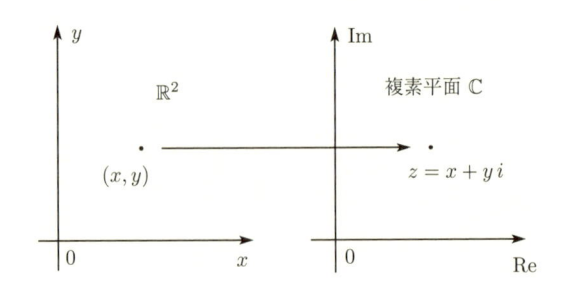

図 A.1　$\mathbb{R}^2$ と $\mathbb{C}$ の対応

A.4　離散的なヘルダー不等式, ミンコフスキー不等式

本節では定数 $p \geqq 1, q \geqq 1$ は $(1/p) + (1/q) = 1$ を満たすと仮定する.

命題 A.13　$\xi_1, \xi_2, \cdots, \xi_n, \eta_1, \eta_2, \cdots, \eta_n \in \mathbb{R}$ に対し, 次が成立する.

(1)　$\left| \sum_{k=1}^{n} \xi_k \eta_k \right| \leqq \left(\sum_{k=1}^{n} |\xi_k|^p \right)^{1/p} \left(\sum_{k=1}^{n} |\eta_k|^q \right)^{1/q}$

(2)　$\left(\sum_{k=1}^{n} |\xi_k + \eta_k|^p \right)^{1/p} \leqq \left(\sum_{k=1}^{n} |\xi_k|^p \right)^{1/p} + \left(\sum_{k=1}^{n} |\eta_k|^p \right)^{1/p}$

(1) はヘルダー[6] 不等式, (2) はミンコフスキー[7] 不等式とよばれる.

補題 A.8　$\dfrac{x^p}{p} + \dfrac{y^q}{q} \geqq xy \quad (x, y \geqq 0)$

証明　y を固定して 1 変数関数 $g(t) = t^p/p + y^q/q - ty \ (t \geqq 0)$ を考える. $g'(t) = t^{p-1} - y$ となる.

$g'(t) < 0 \ (0 \leqq t < y^{1/(p-1)}), \quad g'(t) > 0 \ (t > y^{1/(p-1)})$ より

$$g(t) \geqq g(y^{1/(p-1)}) = y^{p/(p-1)}(1/p) + y^q/q - y^{1/(p-1)}y$$
$$= y^q/p + y^q/q - y^q = ((1/p) + (1/q) - 1)y^q = 0$$

よって $t = x$ として $x^p/p + y^q/q - xy \geqq 0$ を得る.　□

---

[6]　Otto Ludwig Hölder (1859-1937) 数学者.

[7]　Hermann Minkowski (1864-1909) 数学者.

(命題 A.13 の証明)　$(\xi_1, \cdots, \xi_n) = \mathbf{0}$ または $(\eta_1, \cdots, \eta_n) = \mathbf{0}$ ならば命題の不等式は明らかに成立するので，そうでないと仮定する．

$$x = |\xi_j| \Big/ \left(\sum_{k=1}^{n} |\xi_k|^p\right)^{1/p}, \quad y = |\eta_j| \Big/ \left(\sum_{k=1}^{n} |\eta_k|^q\right)^{1/q}$$

として補題の不等式に代入する．

$$\frac{|\xi_j|}{\left(\sum_{k=1}^{n} |\xi_k|^p\right)^{1/p}} \frac{|\eta_j|}{\left(\sum_{k=1}^{n} |\eta_k|^q\right)^{1/q}} \leq \frac{1}{p} \frac{|\xi_j|^p}{\sum_{k=1}^{n} |\xi_k|^p} + \frac{1}{q} \frac{|\eta_j|^q}{\sum_{k=1}^{n} |\eta_k|^q}$$

辺々で $j = 1, 2, \cdots, n$ に対して和をとって

$$\frac{\sum_{j=1}^{n} |\xi_j| |\eta_j|}{\left(\sum_{k=1}^{n} |\xi_k|^p\right)^{1/p} \left(\sum_{k=1}^{n} |\eta_k|^q\right)^{1/q}} \leq \frac{1}{p} + \frac{1}{q} = 1$$

$|\sum_{j=1}^{n} \xi_j \eta_j| \leq \sum_{j=1}^{n} |\xi_j| |\eta_j|$ と合わせて，不等式 (1) を得る．(1) を適用して

$$\sum_{j=1}^{n} |\xi_j + \eta_j|^p \leq \sum_{j=1}^{n} |\xi_j| |\xi_j + \eta_j|^{p-1} + \sum_{j=1}^{n} |\eta_j| |\xi_j + \eta_j|^{p-1}$$

$$\leq \left(\sum_{j=1}^{n} |\xi_j|^p\right)^{1/p} \left(\sum_{j=1}^{n} |\xi_j + \eta_j|^{q(p-1)}\right)^{1/q}$$

$$+ \left(\sum_{j=1}^{n} |\eta_j|^p\right)^{1/p} \left(\sum_{j=1}^{n} |\xi_j + \eta_j|^{q(p-1)}\right)^{1/q}$$

$$\leq \left(\sum_{j=1}^{n} (|\xi_j|^p)^{1/p} + \left(\sum_{j=1}^{n} |\eta_j|^p\right)^{1/p}\right) \left(\sum_{j=1}^{n} |\xi_j + \eta_j|^p\right)^{1/q}$$

これより

$$\left(\sum_{j=1}^{n} |\xi_j + \eta_j|^p\right)^{1-(1/q)} \leq \left(\sum_{j=1}^{n} |\xi_j|^p\right)^{1/p} + \left(\sum_{j=1}^{n} |\eta_j|^p\right)^{1/p}$$

となり $1 - (1/q) = 1/p$ をみて不等式 (2) が得られた． □

参考文献

　本書を執筆する際に参考にした文献をあげる．微分積分や数学用語の使い方など本書を読む際に参考になると思われる書籍もあげた．位相空間の本は入門的なものも含めてすでに多数あるので，自分に適したものを選択するのが良いと思われる．本書の特長は距離空間の基本定理や実際の問題への応用やそのための準備や解説に重点を置いている点である．これによって実戦的に役立つ側面を強調した．したがって，本書は応用志向の学生諸君に向いていると思われる．

[1] 田島一郎, 解析入門 (岩波全書), 岩波書店, 1981.

[2] 黒田成俊, 微分積分, 共立出版, 2002.

[3] 日本大学文理学部 (編), 数学基礎セミナー, 日本評論社, 2003.

[4] 小林貞一, 集合と位相, 現代数学レクチャーズ A-1, 培風館, 1997.

[5] E. Zeidler, Applied Functional Analysis, AMS **108**, Springer, 1995.

[6] 森田茂之, 集合と位相空間, 朝倉書店, 2002.

[7] 増田久弥, 関数解析, 裳華房, 1994.

[8] 黒田成俊, 関数解析, 共立出版, 1980.

[9] 中村郁, 線形代数学, 数学書房, 2007.

[10] 日本数学会 (編), 岩波数学辞典 (第 4 版), 岩波書店, 2007.

[11] ケリー, 位相空間論, 吉岡書店, 1968.

[12] ファルコナー, フラクタル幾何学の技法, シュプリンガー, 2002.

[13] 伊藤清三, ルベーグ積分入門, 裳華房, 1963.

問と章末問題の略解, 説明, ヒント

本書の各章の問および章末問題の解または略解等を記述する. やさしい問題については省略したりアイデアやヒントのみの場合もある.

第 1 章 問の解答

(問 1.1) $(A\cap B)\times C \subset A\times C$, $(A\cap B)\times C \subset B\times C$ より $(A\cap B)\times C \subset (A\times C)\cap(B\times C)$. 逆向きの包含を示す. 右辺から任意の要素 (x,y) を取ると $(x,y)\in A\times C, (x,y)\in B\times C$ から $x\in A, y\in C, x\in B$ となり $(x,y)\in (A\cap B)\times C$ となり結論がいえる. $(A\cup B)\times C \supset A\times C$, $(A\cup B)\times C \supset B\times C$ より $(A\cup B)\times C \supset (A\times C)\cup(B\times C)$. 逆向きの包含を示す. 左辺から任意の $(x,y)\in (A\cup B)\times C$ をとる. $x\in A\cup B, y\in C$ となるが, 2 つの場合 $x\in A, x\in B$ のどちらかが成立する. 前者の場合は $(x,y)\in A\times C$, 後者の場合は $(x,y)\in B\times C$ となり, いずれの場合も $(x,y)\in (A\times C)\cup(B\times C)$ となり結論がいえる.

(問 1.2) $A_1 = (-\infty, 2)$, $A_m = [m, m+1)$ $(m \geqq 2)$.

(問 1.3) (i)『ある日本人は納豆も卵焼きも好きでない』(ii)『A 君はある課題には熱心に取り組まない』 (問 1.4) 容易なので省略.

(問 1.5) $f((1,2)) = (1,4), f((-1,2)) = [0,4)$. (問 1.6) 省略.

(問 1.7) $f^{-1}((0,4)) = (-4,-3)\cup(0,1)$. (問 1.8) $f(x) = x^2$, $A = \{1\}, B = \{-1\}, f(A\cap B) = \emptyset, f(A)\cap f(B) = \{1\}$.

(問 1.9) $f(x) = (1/x) + (1/(1-x)) - 4$.

(問 1.10) $n(n-1)\cdots(n-m+1)$ 個. (問 1.11) 省略.

(問 1.12) $G(A) = A$. $G(B) = \{(1-t^2, 2t) \mid t\in \mathbb{R}\}$ は放物線. $G(C)$ は原点を 2 重に巻く閉曲線. 図は省略. (問 1.13) 直接計算すればよい.

(問 1.14) $a_{m+1} - \sqrt{2} = (a_m - \sqrt{2})(a_m - \sqrt{2})/2a_m$, $\sqrt{2} \leqq a_m \leqq 2$ より

$$|a_{m+1} - \sqrt{2}| \leqq |a_m - \sqrt{2}|(2-\sqrt{2})/(2\sqrt{2}) \leqq (1/2)|a_m - \sqrt{2}|$$

から $\lim_{m\to\infty}(a_m - \sqrt{2}) = 0$. (問 1.15) 数学的帰納法で示される.

(問 1.16) 単射であり全射でない. $f(y) = (1,1,\cdots)$ となる $y\in I$ はない.

(問 1.17)　$n \in \mathbb{N}$ に対して写像 $\varphi : \mathbb{N} \longrightarrow \mathbb{Z}$ を次のように定める．$\varphi(n) = (1-n)/2$ $(n : 奇数)$, $\varphi(n) = n/2$ $(n : 偶数)$．

第 1 章　章末問題の解答

(問題 1.1)　最初の等式を示す．($\Rightarrow$) $A \cap B \subset B$ だから仮定を用いて $A = A \cap B \subset B$ が従う．($\Leftarrow$) 条件式の両辺と A との交わりを考えて $A = A \cap A \subset B \cap A$ を得る．また $B \cap A \subset A$ は成立するので $A = B \cap A$ が従う．2 番目の等式も同様に示される．

(問題 1.2)　$(A_1 \cap B_1) \times (A_2 \cap B_2) \subset (A_1 \times A_2)$, $(A_1 \cap B_1) \times (A_2 \cap B_2) \subset (B_1 \times B_2)$ より $(A_1 \cap B_1) \times (A_2 \cap B_2) \subset (A_1 \times A_2) \cap (B_1 \times B_2)$．逆向きの包含関係を示す．任意の要素 $(x,y) \in (A_1 \times A_2) \cap (B_1 \times B_2)$ をとる．$(x,y) \in A_1 \times A_2$, $(x,y) \in B_1 \times B_2$. $x \in A_1, y \in A_2, x \in B_1, y \in B_2$ となり $x \in A_1 \cap B_1, y \in A_2 \cap B_2$. $(x,y) \in (A_1 \cap B_1) \times (A_2 \cap B_2)$. $(A_1 \cup B_1) \times (A_2 \cup B_2) = (A_1 \times A_2) \cup (A_1 \times B_2) \cup (B_1 \times A_2) \cup (B_1 \times B_2)$.

(問題 1.3) (1)　場合分けして定義する．$f(m) = 2m - 1$ $(m \geqq 1)$, $f(m) = 2|m| + 2$ $(m \leqq 0)$.　(2)　$f(x) = \exp(x)$.

(問題 1.4)　P の否定：『ある国には身長 170 cm 以下のバスケットボール選手がいる』Q の否定：『地球上のある人は中国人の友達も日本人の友達もいない』R の否定：『ある学生は勉強しないのに卒業できる』S の否定：『すべての日本人は元日におせち料理もラーメンも食べない』

(問題 1.5)　$f(A \cap B) \subset f(A) \cap f(B)$ はつねに正しい．f が単射のとき逆向きの包含が成立することを示す．$y \in f(x) \cap f(B)$ とする．このとき，ある $a \in A$ があって $f(a) = y$, ある $b \in B$ があって $f(b) = y$ を満たす．ここで $f(a) = f(b)$ から $a = b$ が成り立ち $a \in A \cap B$ となる．よって $y \in f(A \cap B)$ となる．

(問題 1.6) (i)　仮定より，任意の $z \in C$ に対して $(g \circ f)(x) = z$ となる $x \in A$ が存在する．これより $g(f(x)) = z$ となるが $f(x) \in B$ であるから g は全射となる．　(ii)　$x, y \in A$ が $f(x) = f(y)$ を満たすとする．このとき $(g \circ f)(x) = (g \circ f)(y)$ となるが，$g \circ f$ は単射であるから $x = y$ である．よって f が単射であるための条件を満たす．

(問題 1.7)　$1 \leqq t \leqq 2$.　(問題 1.8)　n^m 通り．

(問題 1.9) （ⅰ）任意の $x \in X$ をとる．$z = g(f(x))$ とおくと $z \in X$. よって $f(z) = f(g(f(x))) = (f \circ g)(f(x))$ を得る．さて $f \circ g = I_Y$ より $f(z) = f(x)$ となり f が単射であることから $x = z$. よって $x = g(f(x))$ となり $x \in X$ の任意性より $g \circ f = I_X$ となる．（ⅱ）任意の $x \in X$ をとる．g が全射であることから，ある $y \in Y$ があって $g(y) = x$ となる．一方 $(f \circ g)(y) = y$ より $g(f(g(y))) = x$ となる．これは $(g \circ f)(x) = x$ を意味する．$x \in X$ の任意性より $g \circ f = I_X$ を意味する．

(問題 1.10) $\Phi_{A^c} = 1 - \Phi_A$, $\Phi_{A \cap B} = \Phi_A \Phi_B$. $\Phi_{A \cup B} = 1 - \Phi_{(A \cup B)^c} = 1 - \Phi_{A^c \cap B^c} = 1 - \Phi_{A^c}\Phi_{B^c} = 1 - (1 - \Phi_A)(1 - \Phi_B) = \Phi_A + \Phi_B - \Phi_A \Phi_B$.

(問題 1.11) 結論を否定する．『ある番号 $R \in \mathbb{N}$ があって，任意の番号 N に対して，$m \geqq N$ かつ $f(m) < R$ となる m がある』．この条件を使用しながら手順を踏んで $f(m) < R$ となる m を選んでゆく．$N = 1$ のときの $f(m) < R$ となる $m \geqq 1$ を m_1 とおく．$N = m_1 + 1$ のときの $f(m) < R$ となる $m \geqq m_1 + 1$ を m_2 とおく．$N = m_2 + 1$ のときの $f(m) < R$ となる $m \geqq m_2 + 1$ を m_3 とおく．これを続けて $m_1 < m_2 < \cdots < m_R$ が選べて対応する $f(m_j)$ はすべて異なる自然数 (単射性使用). しかし，作り方から $1 \leqq f(m_j) < R$ $(1 \leqq j \leqq R)$ だから，これは不可能．よって結論は否定できない．

(問題 1.12) $\mathbb{N}$ を次のような無限個の部分集合に分解しておく．
$\mathbb{N} = \bigcup_{m=0}^{\infty} A_m$, $A_m = \{n \in \mathbb{N} \mid 2^m \leqq n < 2^{m+1}\}$. 関数 f を定める．$n \in A_m$ $(m \geqq 1)$ に対して $f(n) = n - 2^m + 1$ とおく．この f は条件を満たす．

(問題 1.13) f を $\mathbb{R}$ まで周期 2 の周期関数に拡張したものを $\widetilde{f}$ とおく．$(f \circ f)(x) = \widetilde{f}(2x)$, $(f \circ f \circ f)(x) = \widetilde{f}(2^2 x)$.

(問題 1.14) $1/2 \leqq a_m \leqq a_{m+1} \leqq 1$ $(m \geqq 1)$ を示す．$m = 1$ のときは成立する．この不等式が $m = k$ のとき正しいと仮定する．$m = k + 1$ の場合を検証する．$a_{k+1} - (1/2) = 2a_k/(1 + a_k^2) - (1/2) = (4a_k - 1 - a_k^2)/2(1 + a_k^2) \geqq (2 - 1 - 1^2)/2(1 + a_k^2) = 0$. $1 - a_{k+1} = 1 - 2a_k/(1 + a_k^2) = (1 - a_k)^2/(1 + a_k^2) \geqq 0$. $a_{k+1} - a_k = 2a_k/(1 + a_k^2) - a_k = a_k(2 - (1 + a_k^2))/(1 + a_k^2) = a_k(1 - a_k^2)/(1 + a_k^2) \geqq 0$. よって $m = k + 1$ のときも正しい．数学的帰納法により不等式が任意の $m \geqq 1$ について成立．$\{a_m\}$ は単調非減少列で 1 以下

である.よって実数の連続性の公理より収束する.その極限を a とする.漸化式で $m \to \infty$ として $a = 2a/(1+a^2)$ となる. $a \geqq 1/2$ より $a = 1$ となる.

(問題 1.15) $A = \{m \in \mathbb{Z} \mid m \geqq 0\}$, $B = \{x \in [0, \infty) \mid x \notin A\}$ とおくことで $[0, \infty) = A \cup B$ とできる. $f : [0, \infty) \longrightarrow (0, \infty)$ を $f(x) = x+1$ $(x \in A)$, $f(x) = x$ $(x \in B)$ で定める. f は全単射となる.

(問題 1.16) $f \circ f$ は全単射だから,問題 1.6-(i) より f は全射となり,問題 1.6-(ii) より f は単射となる. f は全単射となる. $n = 2m$ (偶数) とする.任意の $k \in X$ に対して $f(f(k)) = k$ であるから X の要素 k は $f(k) = k$ のものと $f(k) \neq k$ のものに分かれる.前者は f によって不動の元.後者は $f(x) = y, f(y) = x$ となるようなペア (x, y) からなる.よってペアの組数で場合分けする.ペアの組数 r は 0 から m まで取り得る. r ペア選択の仕方は

$$_{2m}C_2 \,_{2m-2}C_2 \cdots \,_{2m-2r+2}C_2 / r! = (2m)! / 2^r (2m-2r)! r!$$

よって,総数は $\sum_{r=0}^{m} (2m)! / 2^r (2m-2r)! r!$ となる.

(問題 1.17) $X = \{a_1, a_2, \cdots, a_n\}$ とする. a_j $(1 \leqq j \leqq n)$ はすべて異なっているとする.ある j および自然数 p があって $f^p(a_j) = a_j$ となることを示す.集合 $\{a_1, f(a_1), f^2(a_1), \cdots, f^\ell(a_1), \cdots\}$ を考えると X が有限集合であることから自然数 $t < s$ があって $f^t(a_1) = f^s(a_1)$ となる (部屋割り論法適用). $p = s - t$, $a_j = f^t(a_1)$ とすれば $a_j = f^p(a_j)$ となる.さて,このような f のベキ乗で不動になる要素がいくつか見つかったとする.すなわち $a_{j(1)}, a_{j(2)}, \cdots, a_{j(r)}$ および $p(1), \cdots, p(r)$ があって $f^{p(i)}(a_{j(i)}) = a_{j(i)}$ $(i = 1, \cdots, r)$ となると仮定する. $p = p(1)p(2)\cdots p(r)$ とおくと $a_{j(i)}$ はすべて f^p で不動である.よって $X' = X \setminus \{a_{j(i)} \mid 1 \leqq i \leqq r\}$ において $F := f^p$ は全単射となり,最初の議論から不動要素が存在する.よって,ある $a \in X'$ と自然数 q があって a は $F^q = f^{pq}$ で不動となる.よって f のベキ乗で不動の要素がさらに1つ見つかった. X は有限集合であるから,この議論を繰り返せば有限回で尽きて X のすべての要素は f のあるベキ乗で不動となる.

(問題 1.18) 背理法で示す. $Y = \bigcup_{m=1}^{\infty} B_m$ が有限集合であると仮定する. Y の部分集合は有限個しかない. B_m $(m \geqq 1)$ はいずれも Y の部分集合である

から, どれか 2 つは一致して (部屋割り論法適用) しまい, 仮定に反する.

(問題 1.19) $x = y = 0$ を代入して $f(0) = 0$ を得る. $x = y$ を代入して $f(2x) = f(x) + f(x) = 2f(x)$, $f(kx) = kf(x)$ を仮定すると $f((k+1)x) = f(kx) + f(x) = (k+1)x$ となる. 帰納法で自然数 m に対して $f(mx) = mx$ となる. $-x$ で議論することで, 任意の整数 m に対して $f(mx) = mf(x)$ となる. とくに $f(m) = m$ である. $x = 1/m$ を代入して $f(1) = f(m/m) = mf(1/m)$ より $f(1/m) = 1/m$ となる. 一般の有理数 $x = q/p$ ($q \in \mathbb{Z}, p \in \mathbb{N}$) に対し $f(x) = f(q/p) = qf(1/p) = q(1/p) = q/p = x$ となる.

第 2 章　問の解答

(問 2.1) $x, y \in \overline{M}, 0 \leqq t \leqq 1$ と $z = (1-t)x + ty$ とおく. 仮定より $\forall \varepsilon > 0$ に対し $x', y' \in M$ があって $x' \in B(x, \varepsilon), y' \in B(y, \varepsilon)$ となる. また $z' = (1-t)x' + ty'$ とおけば $z' \in M$. さて $|z' - z| = |(1-t)(x' - x) + t(y' - y)| \leqq (1-t)|x' - x| + t|y' - y| < (1-t)\varepsilon + t\varepsilon = \varepsilon$. よって $B(z, \varepsilon) \cap M \neq \emptyset$ となり $\overline{M}$ は凸集合となる. 次に $x, y \in M^\circ, 0 \leqq t \leqq 1$ とする. $z = (1-t)x + ty$ とおく. 仮定よりある $\delta > 0$ があって $B(x, \delta) \subset M$ $B(y, \delta) \subset M$ となる. $N = \{(1-t)\xi + t\eta \mid \xi \in B(x, \delta), \eta \in B(y, \delta)\}$ とおけば $N \subset M$ となる. 一方, 作り方から $z \in B(z, \delta) \subset N$ である. よって $z \in M^\circ$. したがって M° は凸集合となる.

(問 2.2) $\delta = d(x, y) > 0$ とおく. ここで $\varepsilon_1 = \varepsilon_2 = \delta/3$ とおく. このとき $B(x, \varepsilon_1) \cap B(y, \varepsilon_2) = \emptyset$ である. なぜなら, もし $z \in B(x, \varepsilon_1) \cap B(y, \varepsilon_2)$ があったとすると $\delta = d(x, y) \leqq d(x, z) + d(z, y) < \varepsilon_1 + \varepsilon_2 = 2\delta/3$ となり矛盾するからである.

(問 2.3) $\forall y \notin M$ をとる. $d(y, z) > \delta$ である. さて $\eta = (d(y, z) - \delta)/3$ をとる. このとき $B(y, \eta)$ の任意の点の z からの距離は δ より真に大きい. $B(y, \eta) \cap M = \emptyset$. よって M^c は開集合である. 任意の $y \in \overline{B(x, \varepsilon)}$ をとる. このとき $B(y, \eta) \cap B(x, \varepsilon) \neq \emptyset$. よって $z \in B(y, \eta) \cap B(x, \varepsilon)$ をとり三角不等式を用いると $d(y, x) \leqq d(y, z) + d(z, x) < \eta + \varepsilon$. よって $y \in B(x, \varepsilon + \eta)$ となる.

(問 2.4) A° は開集合で A に包含される. 最大であることを示す. $D \subset A$ となる開集合 D を任意にとる. 任意の $x \in D$ に対して, D が開集合であるこ

とから $\delta > 0$ があって $B(x,\delta) \subset D$ となる．よって，$B(x,\delta) \subset A$ が従い $x \in A^\circ$ となる．これより $D \subset A^\circ$ となる．$\overline{A} = ((A^c)^\circ)^c$ により A の補集合で前段の議論を適用して結論を得る．

(問 2.5)　$(X \setminus A)^\circ = (A^c)^\circ = (\overline{A})^c = X \setminus \overline{A}$ から従う．

(問 2.6)　任意の $x = (x_1, x_2) \notin A_1 \times A_2$ をとると（i）$x_1 \notin A_1$ または (ii) $x_2 \notin A_2$ となる．(i) の場合は A_1^c が (X_1, d_1) の開集合であることを用いて，ある $\delta > 0$ があって $B_{X_1}(x_1, \delta) \cap A_1 = \varnothing$ とできる．$x = (x_1, x_2)$ の (X, d) における δ 近傍 $B_X(x, \delta)$ は $B_{X_1}(x_1, \delta) \times X_2$ に包含され，$B_{X_1}(x_1, \delta) \times X_2$ は $A_1 \times A_2$ と交わらない．よって x は $(A_1 \times A_2)^c$ の内点である．(ii) の場合も同様．以上より $(A_1 \times A_2)^c$ は (X, d) の開集合となる．

(問 2.7)　$\forall y \in f(\overline{A})$ に対し，$\exists x \in \overline{A}$, s.t. $f(x) = y$. f の連続性により $\forall \varepsilon > 0$ に対し，$\exists \delta = \delta(x, \varepsilon)$, s.t. $f(B_X(x, \delta)) \subset B_Y(f(x), \varepsilon)$. ここで $x \in \overline{A}$ より $B_X(x, \delta) \cap A \neq \varnothing$ であるから，上の条件と合わせて $B_Y(f(x), \varepsilon) \cap f(A) \neq \varnothing$ となり，$f(x) = y \in \overline{f(A)}$ を意味する．

(問 2.8)　$A = \{x \in X \mid f(x) \neq 0\} \cap \{x \in X \mid g(x) \neq 0\} = (\{x \in X \mid f(x) > 0\} \cup \{x \in X \mid f(x) < 0\}) \cap (\{x \in X \mid g(x) > 0\} \cup \{x \in X \mid g(x) < 0\})$ であるから，開集合の集合算に関する性質より A は開集合となる．

(問 2.9)　$f(x) = x$ $(0 \leqq x \leqq 1/2)$, $f(x) = 1 - x$ $(1/2 < x \leqq 1)$ となり $\mathbb{R}$ 全体では周期的な関数となる．また周期は 1 となる．図は省略．

(問 2.10)　$g_A(x) = \mathrm{dist}(x, B \cup C)/[\mathrm{dist}(x, A) + \mathrm{dist}(x, B \cup C)]$

$g_B(x) = \mathrm{dist}(x, A \cup C)/[\mathrm{dist}(x, B) + \mathrm{dist}(x, A \cup C)]$

$g_C(x) = \mathrm{dist}(x, A \cup B)/[\mathrm{dist}(x, C) + \mathrm{dist}(x, A \cup B)]$

として $f(x) = g_A(x) + 2g_B(x) + 3g_C(x)$ とおく．

(問 2.11)　$\forall \{x(m)\}_{m=1}^\infty \subset A \cup B$ に対し，次の 2 条件の少なくとも一方が成立する．（i）$x(m) \in A$ となる m が無限個ある，(ii)　$x(m) \in B$ となる m が無限個ある．(i) が成立する場合は A に属する項だけで部分列を考えれば，A が点列コンパクトだから，そこから A の点に収束する部分列がとれる．(ii) の場合も同様．任意の列 $\{x(m)\}_{m=1}^\infty \subset A \cap B$ をとると A が点列コンパクトより A で収束する部分列をとれる．さらに，これは B の列でもあるから B の中の点に収束する．極限は $A \cap B$ に属している．

(問 2.12) $f(x,y) = |x-y|$ を $\mathbb{R}^n \times \mathbb{R}^n$ 上の関数として考えると連続である．$M \times M$ は $\mathbb{R}^n \times \mathbb{R}^n$ の有界閉集合であるから点列コンパクトである．よって連続関数 f は最大値をある $(\xi, \eta) \in M \times M$ でとる．

(問 2.13) f が X で恒等的にゼロならば最大値ゼロをとる．f がゼロという定数関数でないとする．すなわち，ある $z \in X$ が $f(z) \neq 0$ を満たす．場合分けをする．(i) $f(z) > 0$, (ii) $f(z) < 0$, があり得る．(i) の場合は $\varepsilon = f(z)$ とし与えられた条件を適用する．ある点列コンパクト集合 K があって $|f(x)| < f(z)$ $(X \setminus K)$ となる．$z \in K$ で，K が点列コンパクトより連続性より f は K で最大値 α をとり $\alpha \geqq f(z)$ となる．α は X 上の最大値となる．(ii) の場合は $-f$ が最大値をもち，よって f が最小値をとる．

(問 2.14) (X,d) の任意のコーシー列 $\{x(m)\}_{m=1}^\infty$ をとる．$\forall \varepsilon > 0$, $\exists m_0 = m_0(\varepsilon)$ s.t. $|x(m) - x(\ell)| + |(1/x(m)) - (1/x(\ell))| < \varepsilon$ $(\ell, m \geqq n_0)$．よって $\{x(m)\}_{m=1}^\infty$ および $\{1/x(m)\}_{m=1}^\infty$ は $\mathbb{R}$ の標準距離の下でのコーシー列にもなっている．ある $z, \xi \in \mathbb{R}$ が存在して $\lim_{m \to \infty} x(m) = z$, $\lim_{m \to \infty} 1/x(m) = \xi$ である．$z \geqq 0$ であるが $z\xi = 1$ も成立するから $z > 0$ である．よって $z \in X$ で $\lim_{m \to \infty} d(x(m), z) = 0$ が成立する．

(問 2.15) 計算により $\|e(p)\|_{\ell^2} = 1$, $\|e(p) - e(q)\|_{\ell^2} = \sqrt{2}$ $(p > q \geqq 1)$ である．これから $\{e(p)\}_{p \geqq 1}$ は $\mathbf{0}$ から半径 1 以内にあるので有界．また半径 $1/2$ の球は $\{e(p)\}_{p \geqq 1}$ の 2 つの要素を含むことができない．よって全有界でない．点列コンパクトでないことも従う．

(問 2.16) $y(m) \in f(K)$ $(m \geqq 1)$ で，ある $y \in X$ があって $m \to \infty$ のとき $\lim_{m \to \infty} d(y(m), y) = 0$ とする．さて $f(x(m)) = y(m)$ となる $x(m) \in K$ をとる．$y(m)$ は収束列であるから，与えられた不等式により $x(m)$ がコーシー列になる．よって完備性より，ある $x \in K$ があって $x(m)$ の極限になる．$y(m) = f(x(m))$ で極限をとって $y = f(x)$ を得る．よって $y \in f(K)$ となり $f(K)$ は閉集合となる．

(問 2.17) $d(f(x), f(y)) \leqq \delta d(x,y)$ $(x, y \in X)$ を仮定する．ここで $0 \leqq \delta < 1$ である．$\mathrm{diam}(K) := \sup_{x,y \in K} d(x,y)$ とおく．これは仮定より有限値をとる．この定義より $\mathrm{diam}(f(K)) \leqq \delta \mathrm{diam}(K)$ となる．よって仮定より $f(K) = $

K であり $0 \leqq \delta < 1$ であるから $\mathrm{diam}(K) = 0$ である. よって K は一点からなる.

(問 2.18) 三角不等式より次の式が従う. $|d(x(p), y(p)) - d(x(q), y(q))| \leqq d(x(p), x(q)) + d(y(p), y(q))$. 仮定より, 任意の $\varepsilon > 0$ に対してある番号 $m_0(\varepsilon), m_1(\varepsilon)$ が存在して $d(x(p), x(q)) < \varepsilon$ $(p, q \geqq m_0(\varepsilon))$, $d(y(p), y(q)) < \varepsilon$ $(p, q \geqq m_1(\varepsilon))$ となる. $m_2(\varepsilon) = \max(m_0(\varepsilon/2), m_1(\varepsilon/2))$ とおけば $p, q \geqq m_2(\varepsilon)$ ならば $|d(x(p), y(p)) - d(x(q), y(q))| < \varepsilon$ となる.

第 2 章　章末問題の解答

(問題 2.1) 全有界の仮定より, 各 $m \in \mathbb{N}$ に対して, 有限個の要素 $x^{(m)}(\ell)$ $(1 \leqq i \leqq p(m))$ を選択して $\bigcup_{\ell=1}^{p(m)} B(x^{(m)}(\ell), (1/m)) \supset A$ とできる. ただし $B(x^{(m)}(\ell), (1/m)) \cap A \neq \emptyset$ は空でないとする (そうでない要素は選択しない). ここから要素 $y^{(m)}(\ell)$ をとる. $\{y^{(m)}(\ell) \mid 1 \leqq \ell \leqq p(m), m \geqq 1\}$ (可算集合) に番号付けして結論を得る.

(問題 2.2) $d'(x, y)$ が距離の公理を満たすことは容易に確かめられる. (X, d') が完備になることを示す. $\{x(m)\}_{m=1}^{\infty}$ を (X, d') のコーシー列とする. 任意の $\varepsilon > 0$ に対し, ある $m_0 = m_0(\varepsilon)$ が存在し $m, \ell \geqq m_0(\varepsilon)$ ならば $|\log(x(m)/x(\ell))| < \varepsilon$ となる. よって $\{\log x(m)\}_{m=1}^{\infty}$ は $\mathbb{R}$ の標準距離に関するコーシー列となる. よって, ある $z \in \mathbb{R}$ があって $\lim_{m \to \infty} \log x(m) = z$ となる. 一方, 指数関数 e^t は t の連続関数であるから $\lim_{m \to \infty} x(m) = \lim_{m \to \infty} \exp(\log x(m)) = e^z$ となる.

(問題 2.3) A の点列 $a(m)$ で $d(x(m), a(m)) \to 0$ $(m \to \infty)$ となるものが存在する. A は点列コンパクトだから $\{a(m)\}_{m=1}^{\infty}$ の部分列 $\{a(m_k)\}_{k=1}^{\infty}$ で収束するものが存在する $(k \to \infty)$. このとき $\{x(m_k)\}$ も収束する.

(問題 2.4) 関数 $\varphi(x) = x/(1 + x)$ は $\varphi(x) = 1 - 1/(1 + x)$ と書けるから, $[0, \infty)$ を $[0, 1)$ に写す狭義増加関数で, また $\varphi(x + y) \leqq \varphi(x) + \varphi(y)$ $(x, y \geqq 0)$ も容易に確かめられる. このことから d' が距離の公理を満たすことがわかる. $d'(x, y) \leqq d(x, y)$ が成り立つから $f(x) = x$ は連続である.

(問題 2.5) $\{x(m)\}_{m=1}^{\infty}$ がコーシー列とする. $\forall \varepsilon > 0$ $\exists m_0(\varepsilon) \in \mathbb{N}$ s.t.

$d(x(m), x(\ell)) < \varepsilon$ $(m, \ell \geqq m_0(\varepsilon))$ である. 部分列 $x(m(p))$ が $p \to \infty$ のとき z に収束するとする. $d(x(m), z) \leqq d(x(m), x(m(p))) + d(x(m(p)), z) < (\varepsilon/2) + d(x(m(p)), z)$ $(m, m(p) \geqq m_0(\varepsilon/2))$ となる. ここで $p \to \infty$ として $d(x(m), z) \leqq \varepsilon/2 < \varepsilon$ $(m \geqq m_0(\varepsilon/2))$. これは結論を意味する.

(問題 2.6) d' が距離関数になることは容易に示される. 簡単な計算で $d'(x,y) \leqq 2d(x,y)$ $(x,y \in X)$ であるから, (X,d) における収束列は (X,d') でも収束列になる.

(問題 2.7) 列 $(x(m), y(m)) \in A \times B$ $(m \geqq 1)$ を考える. $x(m) \in A$ $(m \geqq 1)$ より, ある部分列 $x(m(p))$ は $p \to \infty$ のとき A の中のある $a \in A$ に収束する. 次に B に属する列 $\{y(m(p))\}_{p=1}^{\infty}$ は仮定より収束する部分列 $\{y(m(p(r)))\}_{r=1}^{\infty}$ をもつ. ある $b \in B$ があって $d_2(y(m(p(r))), b) \to 0$ $(r \to \infty)$ となる. よって $(x(m(p(r))), y(m(p(r))))$ は (X,d) の中で $(a,b) \in A \times B$ に収束する.

(問題 2.8) 結論を否定すると, ある $R > 0$ が存在して $|x(m)| \leqq R$ なる m が無限個存在する. $|x| \leqq R$ は点列コンパクトだから収束する部分列をもつ. これは, 条件 $|x(\ell) - x(m)| \geqq 1$ $(\ell > m \geqq 1)$ に矛盾する.

(問題 2.9) A を有界閉集合としてよい. $\sigma = \inf\{|x - y| \mid x \in A, y \in B\}$ とする. 点列 $a(m) \in A$ と $b(m) \in B$ で $d(a(m), b(m)) \to \sigma$ $(m \to \infty)$ となるものが存在する. A は点列コンパクトなので, $a(m)$ の収束する部分列が存在する. その極限を a とする. このとき, $B' := \{x \in B \mid d(x,a) \leqq \sigma + 1\}$ を考えると B' は有界かつ閉集合で, 十分大きな m では $b(m) \in B'$ となる. よって, 収束する部分列が存在する. その極限を b とすると, この a, b が求めるものである. 問題の後半の反例は, $X = \mathbb{R}^2$ として $A := \{(x,y) \in X \mid x < 0, y \geqq -(1/x)\}$, $B := \{(x,y) \in X \mid x > 0, y \geqq 1/x\}$ を考えるとよい.

(問題 2.10) $\forall k$ に対し $f(A_k) \supset f\left(\bigcap_{m=1}^{\infty} A_m\right)$ より $\bigcap_{m=1}^{\infty} f(A_m) \supset f\left(\bigcap_{m=1}^{\infty} A_m\right)$ が従う. 逆の包含関係を示す. $y \in \bigcap_{m=1}^{\infty} f(A_m)$ とする. 定義から $x_k \in A_k$ かつ $f(x_k) = y$ となるものが存在する. x_k は点列コンパクト集合 A_1 の点列だから, 収束する部分列が存在する. その極限を x_∞ とする. f の連続性より $f(x_\infty) = y$ となる. 一方, 各 A_k は閉集合で $x_m \in A_k$ $(m \geqq k)$

より $x_\infty \in A_k$. よって, $x_\infty \in \bigcap_{m=1}^{\infty} A_m$ となり $y \in f\left(\bigcap_{m=1}^{\infty} A_m\right)$ となる.

(問題 2.11) A が (i) 閉集合, (ii) 全有界, であることを示す. X は完備距離空間なので (i),(ii) が成立すれば命題 2.28 から A は点列コンパクトとなる. (i) の議論: $z(m) = (z_n(m))_{n \geq 1} \in A$ ($m \geq 1$) を $X = \ell^2(\mathbb{N}, \mathbb{R})$ における収束列とする. $z = (z_n)_{n \geq 1}$ をその極限とする. 各 n 成分は実数列として収束している. すなわち任意の $n \in \mathbb{N}$ に対し $\lim_{m \to \infty} z_n(m) = z_n$ となる. さて $\sum_{n=1}^{\infty} \alpha_n z_n(m)^2 \leq c$ であるから, 任意の N に対し $\sum_{n=1}^{N} \alpha_n z_n(m)^2 \leq c$ であり $m \to \infty$ として $\sum_{n=1}^{N} \alpha_n x_n^2 \leq c$ を得る. N が任意であることから $\sum_{n=1}^{\infty} \alpha_n z_n^2 \leq c$ となる. これは $z = (z_n)_{n \geq 1} \in A$ を意味する. (ii) の議論: 任意の $\varepsilon > 0$ をとって固定する. ある N があって $(*) : c/\alpha_p < (\varepsilon/2)^2$ ($p \geq N+1$) となる.

$$X(N) = \{(y_n)_{n \geq 1} \in X \mid y_n = 0 \ (n \geq N+1)\}, \ A' = A \cap X(N)$$

とおく. A' は点列コンパクトだから全有界である. よって, ある $y(1), \cdots, y(p) \in A'$ があって $\bigcup_{k=1}^{p} B(y(k), \varepsilon/2) \supset A'$ となる. さて, 写像 P を $x = (x_n)_{n \geq 1}$ に対し $P(x) = (x_1, x_2, \cdots, x_N, 0, 0, \cdots)$ として定める. $x \in A$ に対し $P(x) \in A'$ で $d(x, P(x)) < \varepsilon/2$ となる. ここで条件 $(*)$ を使用した. よって三角不等式を用いて $\bigcup_{k=1}^{p} B(y(k), \varepsilon) \supset A$ となる.

(問題 2.12) $\sigma = \inf\{|x - y| \mid x \in A, y \in B\}$ とすると, 最大値, 最小値の定理より $R \in A$ と $Q \in B$ が存在して $\sigma = |R - Q|$ となる. R と Q の中点を P とする. 1 次関数 $f(x) = (x - P, \overrightarrow{QR})$ を考える. $(,)$ は $\mathbb{R}^n$ の標準内積である. f が条件を満たすことを示す. $S \in A$ を任意にとって $t \in [0, 1]$ の 2 次関数 $g(t) = |tS + (1-t)R - Q|^2$ を考える. A の凸性から $tS + (1-t)R \in A$ となるから $g(t)$ は $t = 0$ で最小値をとる. $g'(0) = 2(\overrightarrow{RS}, \overrightarrow{QR}) \geq 0$ となる. さて計算すると $f(S) = (\overrightarrow{RS}, \overrightarrow{QR}) + (1/2)|\overrightarrow{QR}|^2 > 0$ となる. B の点についても同様に議論すればよい.

(問題 2.13) 前半は問 2.13 の特別な場合. $\{u_m\}_{m=1}^{\infty}$ をコーシー列とする.

$\forall \varepsilon > 0, \exists m_0 = m_0(\varepsilon)$ s.t. $\sup_{x \in J} |u_p(x) - u_q(x)| < \varepsilon \ (p, q \geqq m_0(\varepsilon))$ となる. 各 x 毎に $u_m(x) \ (m \geqq 1)$ は $\mathbb{R}$ のコーシー列だから極限 $u(x)$ をもつ. 再び $|u_p(x) - u_q(x)| < \varepsilon/2 \ (p, q \geqq m_0(\varepsilon/2))$ において $p \to \infty$ として $|u(x) - u_q(x)| \leqq \varepsilon/2 \ (q \geqq m_0(\varepsilon/2))$ となる. よって u_m は J で一様収束する. したがって u が J で連続になることも従う. $u_q(x) - (\varepsilon/2) \leqq u(x) \leqq u_q(x) + (\varepsilon/2)$ $(x \in J, q \geqq m_0(\varepsilon/2))$ において $x \to \infty$ を考えると $u_q \in X$ より $-\varepsilon/2 \leqq \liminf_{x \to \infty} u(x) \leqq \limsup_{x \to \infty} u(x) \leqq \varepsilon/2$ を得る. $\varepsilon > 0$ は任意だったので $\lim_{x \to \infty} u(x) = 0$ を得る. よってコーシー列 $\{u_m\}_{m=1}^{\infty}$ は (X, d) で収束する.

(問題 2.14) $f = \Phi \circ \Psi$ は, $f'(x) = \Phi'(\Psi(x))\Psi'(x)$ より縮小写像となり, 不動点定理より $f(y) = y$ となる点 y が唯一存在する. $x = \Psi(y)$ とおくと, (x, y) が求めるものである.

(問題 2.15) 定数 $\sigma \in [0, 1)$ があって $|f(x) - f(y)| \leqq \sigma |x - y|$ となる. まず $|F(x) - F(y)| = |(x - y) - (f(x) - f(y))| \geqq (1 - \sigma)|x - y|$ であるから F の単射性を得る. 任意の y_0 に対して $G(x) = -f(x) + y_0$ とおくと G も縮小写像だから不動点定理より $G(x_0) = x_0$ となる x_0 が存在し, $y_0 = x_0 + f(x_0)$ となる. これより F は全射性でもある. F^{-1} の連続性は上の不等式から従う.

(問題 2.16) 列 $\{x(p)\}_{p=1}^{\infty} \subset \bigcap_{m=1}^{\infty} A_m$ をとる. A_1 は点列コンパクトだから部分列 $x(m(\ell)) \ (\ell \geqq 1)$ がある $z \in A_1$ に収束する. m を任意に固定して A_m が点列コンパクトであることを用いる. さて, $x(m(\ell)) \in A_m$ であるから $\ell \to \infty$ に対する極限値 z も A_m に属する.

(問題 2.17) X の稠密な部分集合を $\{x(m)\}_{m=1}^{\infty}$ とおく. このうち $\overline{A}$ に属する要素を $\{z(m)\}_{m=1}^{\infty}$ とおく. この集合の閉包 $\overline{\{z(m)\}_{m=1}^{\infty}}$ は $\overline{A}$ を含む. さて, 自然数の組 (m, ℓ) について $B(z(m), (1/\ell))$ は A と交わるから, ここから要素をとって $y(m, \ell)$ とおく. これは可算集合だから番号を付けて $\{y(m)\}_{m=1}^{\infty}$ とおく. これが条件を満たすことは容易に示せる.

(問題 2.18) 任意の $x \in \overline{A}$ に対して z に収束する列 $\{x(m)\}_{m=1}^{\infty} \subset A$ がある. さて $\{f(x(m))\}_{m=1}^{\infty}$ は f の一様連続性よりコーシー列となる, よって極限値を $F(z)$ とおく. これは x に収束する列の取り方に依存しない. また f の連続性より A 上では f と F は一致する. F の $\overline{A}$ 上での連続性も従う.

(問題 2.19) 距離の公理を満たすことは明らかであろう．この空間は完備でない．実際 $a(m) = (m, 0, \cdots, 0)$ で与えられる点列を考えると，この距離でコーシー列となるが，明らかに収束点をもたない．

(問題 2.20) $x = (x_n)_{n \geq 1}, y = (y_n)_{n \geq 1}$, 三角不等式 $\|x+y\|_{\ell^p} \leq \|x\|_{\ell^p} + \|y\|_{\ell^p}$ を示す．有限次元のベクトルに関するミンコフスキーの不等式より
$$\left(\sum_{n=1}^{k} |x_n + y_n|^p\right)^{1/p} \leq \left(\sum_{n=1}^{k} |x_n|^p\right)^{1/p} + \left(\sum_{n=1}^{k} |y_n|^p\right)^{1/p} \leq \|x\|_{\ell^p} + \|y\|_{\ell^p}$$
となる．$k \to \infty$ として結論を得る．同時に $x+y \in X$ となる．これを用いて d は三角不等式を満たす．他の距離の公理は容易に示される．完備性を示す．$\{x(m)\}_{m=1}^{\infty}$ を (X, d) のコーシー列とする．$\forall \varepsilon > 0, \exists m_0(\varepsilon) \in \mathbb{N}$ s.t. $\|x(r) - x(q)\|_{\ell^p} < \varepsilon$ $(r, q \geq m_0(\varepsilon))$. $\forall k \in \mathbb{N}$ に対し $(x_n(m))_{1 \leq n \leq k}$ は $\mathbb{R}^k$ におけるコーシー列である．よって各 n に対して，ある $z_n \in \mathbb{R}$ が存在して $\lim_{m \to \infty} x_n(m) = z_n$ が成立．$\forall k$ に対し $\left(\sum_{n=1}^{k} |x_n(r) - x_n(q)|^p\right)^{1/p} < \varepsilon/2$ $(r, q \geq m_0(\varepsilon/2))$ より $q \to \infty$ として，$\left(\sum_{n=1}^{k} |x_n(r) - z_n|^p\right)^{1/p} \leq \varepsilon/2$ $(r \geq m_0(\varepsilon/2))$ となる．ここで $k \to \infty$ として $\left(\sum_{n=1}^{\infty} |x_n(r) - z_n|^p\right)^{1/p} \leq \varepsilon/2$ $(r \geq m_0(\varepsilon/2))$. これより $z = (z_n)_{n \geq 1} \in X$, $\lim_{m \to \infty} d(x(m), z) = 0$ である．

(問題 2.21) 同等一様連続ならば同等連続であることは自明だから逆を背理法で示す．結論が成立しないと仮定すると，ある $\varepsilon_0 > 0$ があって，任意の $\delta > 0$ に対して，ある $x, y \in X$ および $f \in \mathcal{F}$ が存在して $|f(x) - f(y)| \geq \varepsilon_0, d(x, y) < \delta$ となる．特に m を自然数として $\delta = 1/m$ としたときに上の条件より，ある $x(m), y(m) \in X$ および $f_m \in \mathcal{F}$ が存在して $|f_m(x(m)) - f_m(y(m))| \geq \varepsilon_0, d(x(m), y(m)) < 1/m$ となる．X の点列コンパクト性により，自然数列 $m(1) < m(2) < \cdots < m(p) < \cdots$ があって $\{x(m(p))\}_{p=1}^{\infty}$ はある $z \in X$ に収束する．$\{y(m(p))\}_{p=1}^{\infty}$ も z に収束する．$\mathcal{F}$ が同等連続であることを用いる．p を十分大きくとれば $x(m(p)), y(m(p)) \in B(z, \delta(z, \varepsilon_0/2))$ となるから $f \in \mathcal{F}$ に対し $|f(x(m(p))) - f(z)| < \varepsilon_0/2, |f(y(m(p))) - f(z)| < \varepsilon_0/2$ となる．これは $|f(x(m(p))) - f(y(m(p)))| < \varepsilon_0$ を意味する．しかし，こ

れは $f_{m(p)}$ が $\mathcal{F}$ に属することに矛盾する.

(問題 2.22) 連続 $\Rightarrow$ 一様連続を背理法で示す. f が一様連続でないとすると, ある $\varepsilon_0 > 0$ があって, 任意の $\delta > 0$ に対して, ある $x, y \in X$ が存在して $d_Y(f(x), f(y)) \geqq \varepsilon_0, d_X(x, y) < \delta$ となる. m を自然数として $\delta = 1/m$ としたときに上の条件より, ある $x(m), y(m) \in X$ が存在して $d_Y(f(x(m)), f(y(m)))| \geqq \varepsilon_0, d_X(x(m), y(m)) < 1/m$ となる. X の点列コンパクト性により, 自然数列 $m(1) < m(2) < \cdots < m(p) < \cdots$ があって $\{x(m(p))\}_{p=1}^{\infty}$ はある $z \in X$ に収束する. $\{y(m(p))\}_{p=1}^{\infty}$ も z に収束する. f が連続であるから, $p \to \infty$ として $d_Y(f(z), f(z)) \geqq \varepsilon_0$ となり矛盾である.

第 3 章 問の解答

(問 3.1) 以下 $x, y, z \in M_{nn}(\mathbb{R})$ とする. 任意の $x \in M_{nn}(\mathbb{R})$ に対して, e を単位行列とすれば $x = exe^{-1}$ となるから反射律 xRx が成立する. xRy とすれば, ある正則行列 ξ があり $x = \xi y \xi^{-1}$ であり $x\xi = \xi y$ から $\xi^{-1} x \xi = y$ となるが, ξ が正則行列で $(\xi^{-1})^{-1} = \xi$ だから yRx で対称律が成立する. xRy, yRz とする. ある正則行列 ξ, η によって $x = \xi y \xi^{-1}, y = \eta z \eta^{-1}$. これより $x = \xi(\eta z \eta^{-1})\xi^{-1}$ で $x = (\xi\eta)z(\xi\eta)^{-1}$, $\xi\eta$ も正則行列だから xRz となり, 推移律が成立する.

(問 3.2) $[x] = \{\xi \mid \xi \sim x\}, [y] = \{\eta \mid \eta \sim y\}$ である. $x \sim y$ の仮定と推移律より $\xi \sim x \Rightarrow \xi \sim y$. 一方, 仮定を用いて $\xi \sim y \Rightarrow \xi \sim x$ もいえる. これより 2 つの類 $[x], [y]$ は一致する. 逆を示す. もし $[x] = [y]$ ならば, やはり推移律より $x \in [y]$ となり $x \sim y$.

(問 3.3) $\overline{f}([x]) = \overline{f}([x'])$ を仮定する. これは $f(x) = f(x')$ となり $x \sim x'$ を意味し $[x] = [x']$ が従う.

(問 3.4) $0 \leqq \varphi_2(a) = \sum_{k=1}^{\infty} a_k/4^k \leqq \sum_{k=1}^{\infty} 1/4^k = (1/4)/(1 - (1/4)) = 1/3$ より $\varphi_2(a) \in [0, 1/3]$. 次に $a = (a_n)_{n \geqq 1}, b = (b_n)_{n \geqq 1}$ は異なると仮定する. $a_n \neq b_n$ となる n を考え, 特に最小のものを固定する. $a_n = 1, b_n = 0$ とする. $\varphi_2(a) \geqq 1/4^n, \varphi_2(b) \leqq \sum_{k=n+1}^{\infty} 1/4^k = (1/3)(1/4^n)$ となり $\varphi_2(a) > \varphi_2(b)$ となる. $a_n = 0, b_n = 1$ の場合は役割を替えて同じ議論をする.

(問 3.5) $x \neq x'$ ならば X が全順序であるから $x \prec_1 x'$ または $x' \prec_1 x$ となる. よって, 順序を保つことから $f(x) \prec_2 f(x')$ または $f(x') \prec_2 f(x)$ となる. これは $f(x) \neq f(x')$ を意味する. X を $[0,1]$ 上の実数値連続関数の全体として, $x = x(t), y = y(t)$ に対し $x(t) \leqq y(t)$ $(0 \leqq t \leqq 1)$ として $x \preceq_1 y$ を定める. このとき $f : X \longrightarrow \mathbb{R}$ を $f(x) = \int_0^1 x(t)dt$ と定める. これが例となる.

(問 3.6) X が全順序である場合に f が全単射で順序を保つとして f^{-1} について順序保存を示す. $y \prec_2 y'$ とする. $x = f^{-1}(y), x' = f^{-1}(y')$ として全単射であることから $x \neq x'$ であるから, $x \prec_1 x'$ または $x' \prec_1 x$ であるが後者は f が順序保存であることから否定される. よって $x \prec_1 x'$ となる. f^{-1} は順序保存である.

(問 3.7) $a, a' \in A$ がともに最大元であるとすると $a \preceq a', a' \preceq a$ となるから, 順序の反対称律より $a = a'$ となる.

(問 3.8) a が極大であることは比較可能な範囲で最大という意味だから, a より真に大きい要素がないということに等しい.

(問 3.9) 素数はすべて X の極小元である.

(問 3.10) A が最大元 c をもてば c が上界となる. d を A の任意の上界とすれば $c \in A$ より $c \preceq d$ となる. よって c は最小上界となり $c = \sup A$ となる. $\sup A = c$ について $x \preceq c$ $(x \in A)$ なので, $c \in A$ なら c が最大元の条件を満たす.

(問 3.11) (m, n) 以下の元の数を数える. $m + n = p$ とする. $2 \leqq i + j \leqq p - 1$ となる (i, j) の総数は $(p-2)(p-1)/2$. $i + j = p$ となる (i, j) の総数は m 個. 合わせて $(m + n - 2)(m + n - 1)/2 + m$ となる.

(問 3.12) $(X, \preceq)$ を整列集合とし A を上に有界な集合とする. c を上界のひとつとする. $A^* = \{z \in X \mid x \preceq z \, (x \in A)\}$ とおくと, $A^* \neq \emptyset$ だから $\min A^*$ (最小上界) が存在する.

(問 3.13) 後継元 x に対し $E = \{\xi \in X \mid \xi \prec x\}$ とおくと, これは x_- を含む. x_- の直後の元は x 自身だから x_- と x の間に要素は存在しない. よって E の最大元は x_- となる.

(問 3.14) $\mathcal{X} = \{X_\lambda\}_{\lambda \in \Lambda}$ として $S = \bigcup_{\lambda \in \Lambda} X_\lambda$ とおく. 写像 $f(\lambda)$ を $\mathcal{X}$ か

ら S への写像と見直せばよい.

第3章　章末問題の解答

(問題 3.1)　R_1, R_2 は反射律と対称律を満たす. これは自明. R_1 は推移律を満たす. $x = (x_n)_{n \geq 1}, y = (y_n)_{n \geq 1}, z = (z_n)_{n \geq 1}$ が xR_1y, yR_1z を満たすとする. 定義より, $x_n \neq y_n$ となる n は有限個だから最大のものを p, $y_n \neq z_n$ となる n は有限個だからその最大のものを q とおく. そこで $r = \max(p, q) + 1$ とおくと $x_n = y_n \ (n \geq r), y_n = z_n \ (n \geq r)$ となるから $x_n = z_n \ (n \geq r)$. これは xR_1z を意味する. これで R_1 が推移律を満たし, 以上, 合わせて同値関係となる. R_2 は推移律を満たさない. $x = (0, 0, 0, 0, \cdots), y = (0, 1, 1, 1, \cdots)$, $z = (1, 1, 1, 1, \cdots)$ とおけば xR_2y, yR_2z は成立するが xR_2z は成立しない. 以上から R_2 は同値関係でない.

(問題 3.2)　$A, B, C \in \widehat{\mathcal{P}}$ とし $A \sim B, B \sim C$ を仮定すると. A と B の共通の最小値を p, B と C の共通の最小値を q とおくと B の最小値は p でも q でもあるから $p = q$ となる. 各 $A \in \widehat{\mathcal{P}}$ に $\min A$ を対応させる写像 Φ は同値類の上では一定値をとる (全射でもある) から, 商集合 $\widehat{\mathcal{P}}/\sim$ から $\mathbb{N}$ への写像 $\widetilde{\Phi}$ に直せる. この写像 $\widetilde{\Phi}: \widehat{\mathcal{P}}/\sim \longrightarrow \mathbb{N}$ は全単射となる. $\widehat{\mathcal{P}}/\sim$ は集合としては $\mathbb{N}$ と同等になる.

(問題 3.3)　この関係が同値関係となることは容易なので証明は省略する. $f \in C(\mathbb{R})$ に対して $I = [0, 1]$ への制限 $f_{|I}$ を対応させる写像を Φ とすると写像 $\Phi: C(\mathbb{R}) \longrightarrow C(I)$ は全射になる. また $f \sim g$ ならば $\Phi(f) = \Phi(g)$ となる. よって $\widetilde{\Phi}$ は $C(\mathbb{R})/\sim$ から $C(I)$ への全単射となる.

(問題 3.4)　xRy を, ある $\lambda \in \Lambda$ が存在して $x, y \in B_\lambda$ と定めればよい.

(問題 3.5)　順序であることは容易なので証明は省略. $f(x) = x, g(x) = 1 - x$ とおけば f, g に関係は生じない. $h(x) = 1 \ (x \in [0, 1])$ (定数関数) とおくと, 任意の $f \in E$ に対して $f \preceq h$ となる. さて h が E の最小上界であることを示す. もし h と異なる $p \in C([0, 1])$ で $p \preceq h$ なるような上界 p があったとする. このときある $x_0 \in [0, 1]$ があって $p(x_0) < 1$ となる. 連続性を用いれば最初から $0 < x_0 < 1$ としても良いことがわかる. さて 関数 $q = q(x)$ を $q(x) = x/x_0 \ (0 \leq x \leq x_0), q(x) = 1 - (x - x_0)/(1 - x_0) \ (x_0 < x \leq 1)$ と定

めると $q \in E$ で $q \preceq p$ は成立しない.よって p は上界でない.

(問題 3.6)　$\sup E = \max E = (1,0)$, $\inf E = \min E = (-1,0)$.F は上に有界でない,$\inf F = (0,1)$,$\min F$ は存在しない.

(問題 3.7)　関係 R について反射律は定義から自明.xRy, yRx を仮定する.定義より $x = y$ または $x\widehat{R}y$ かつ $y = x$ または $y\widehat{R}x$ となる.これから $x = y$ が従う.なぜなら $x \neq y$ とすれば $x\widehat{R}y$ かつ $y\widehat{R}x$ となり (2) の条件より $x\widehat{R}x$ が成立するが (1) に反する.よって $x = y$ となる.これは R が反対称律を意味する.xRy, yRz を仮定する.これは $(x = y$ または $x\widehat{R}y)$ かつ $(y = z$ または $y\widehat{R}z)$ を意味する.これから次の 3 つの場合のどれかが成立する.$(x = z), (x\widehat{R}z), (x\widehat{R}y$ かつ $y\widehat{R}z)$.(2) を用いれば 3 番目の条件から 2 番目の条件が従う.以上より $(x = z)$ または $(x\widehat{R}z)$ となり,これは xRy を意味する.R の推移律が成立する.総合して R は順序関係となる.

逆に R を順序関係として出発する.(1) の条件を考える.$x\widehat{R}x$ を仮定する.このとき $x \neq x$ かつ xRx となり矛盾.(2) を考える.$x\widehat{R}y$ かつ $y\widehat{R}z$ とする.このとき $x \neq y$ かつ xRy かつ $y \neq z$ かつ $y\widehat{R}z$.R が順序関係より xRz がいえる.また $x \neq z$ である.なぜなら $x = z$ とすれば $x = y$ となってしまい矛盾だからである.よって $x\widehat{R}z$ がいる.

(問題 3.8)　順序同型写像 $\Phi : \mathbb{N} \longrightarrow \mathbb{N}$ があるとする.$\Phi(1) = 1$ である.なぜならば,もし $\Phi(1) > 1$ ならば $\Phi(n) = 1$ となる $n \in \mathbb{N}$ がないから全射にならないからである.$\Phi(n) \neq n$ となる $n \in \mathbb{N}$ があるとしてそのようなものの最小元を p とする.$p \geqq 2$ である.$\Phi(1) = 1, \Phi(2) = 2, \cdots, \Phi(p-1) = p-1$ であることに注意し $\Phi(m) = p$ となる m を考えると $m > p$ となる.一方 $\Phi(p) \notin \{1, 2, \cdots, p\}$ これは $\Phi(m) = p < \Phi(p)$ となり順序を保存しない.よって $\Phi(n) \neq n$ となる n は存在しない.これより $\Phi(n) = n$ $(n \in \mathbb{N})$ となる.順序同型写像 $\Phi : \mathbb{N} \longrightarrow \mathbb{Q}$ が存在すると仮定する.$\Phi(1) = x, \Phi(2) = y$ とおくと $x < y$ さて $z = (x+y)/2$ とおくと $z \in \mathbb{Q}, x < z < y <$ となる.ここで $\Phi(m) = z$ となる $m \in \mathbb{N}$ は順序同型だから存在しない.これは全射にならない.

(問題 3.9)　$(1,1)$ は Z_1 の極限元となる.Z_2 には極限元はない.順序同型写像 $\Phi : Z_1 \longrightarrow Z_2$ が存在すると仮定する.$\Phi((1,1)) = (p,q)$ とする.Z_2 に

おいて (p,q) より以下の元は有限個しかないが, Z_1 において $(0,m)$ の形の要素はすべて $(1,1)$ より小さい. よって Φ は順序同型でない.

(問題 3.10) (1) $\alpha = \mathrm{Card}(A), \beta = \mathrm{Card}(B), \gamma = \mathrm{Card}(C)$ となる集合 A, B, C をとる. $A^{B \times C}$ の要素 f をとる. f は $B \times C$ から A への写像だから $x = f(y, z)$ と表す. 各 $z \in C$ に対し写像 $B \ni y \to f(y, z) \in A$ は A^B に属する. これにより $(A^B)^C$ の元が得られる. 逆に $z = F_z(y)$ を $(A^B)^C$ の要素として, 写像 $B \times C \ni (y, z) \to F_z(y)$ は $A^{B \times C}$ の元になる. これによって $A^{B \times C}$ から $(A^B)^C$ への対応は全単射となる. よって $\mathrm{Card}(A^{B \times C}) = \mathrm{Card}((A^B)^C)$ となる. (2) $\mathrm{Card}(\mathbb{R}^{\mathbb{N}}) = \mathrm{Card}((2^{\mathbb{N}})^{\mathbb{N}}) = \mathrm{Card}(2^{\mathbb{N} \times \mathbb{N}}) = \mathrm{Card}(2^{\mathbb{N}}) = \aleph$.

(問題 3.11) $\Phi(x) = (x - (1/2))/x(1-x)$ は $(0,1)$ から $\mathbb{R}$ への全単射である. $X = [0,1), Y = (0,1), E = \{1 - (1/n) \mid n \in \mathbb{N}\}$ とおく. $\Phi(x) = x$ $(x \in X \setminus E)$, $\Phi(1-(1/n)) = 1-(1/(n+1))$ $(x = 1-(1/n) \in E)$ とおけば $\Phi : X \longrightarrow Y$ は全単射となる.

(問題 3.12) 第 1 章問 1.16 の写像 $\Phi : (0,1) \longrightarrow \{0,1\}^{\mathbb{N}}$ は単射である. $(x,y) \in (0,1) \times (0,1)$ に対して $\Phi(x) = (a_n)_{n \geq 1}, \Phi(y) = (b_n)_{n \geq 1}$ とし, $z = \sum_{n=1}^{\infty} a_n/2^{2n-1} + \sum_{n=1}^{\infty} b_n/2^{2n}$ とおく. これによって $(x,y) \in (0,1) \times (0,1)$ に $z \in \mathbb{R}$ を対応させる単射が得られる. これによって $\mathrm{Card}\,((0,1)^2) \leqq \aleph$. $\mathrm{Card}\,((0,1)^2) \geqq \aleph$ は明らかだから $\mathrm{Card}\,((0,1)^2) = \aleph$ がいえる.

(問題 3.13) X の濃度が可算無限以上であると仮定する. このとき X の列 $\{x_n\}_{n=1}^{\infty}$ で $p \neq q, p, q \in \mathbb{N} \Rightarrow x_p \neq x_q$ となるものがとれる. ここで $E = X \setminus \{x_n\}_{n=1}^{\infty}$ とおく. 写像 Φ を $\Phi(x) = x$ $(x \in E)$, $\Phi(x_n) = x_{2n-1}$ とおく. Φ は X から $X' = X \setminus \{x_{2n}\}_{n=1}^{\infty}$ への全単射となる. 逆に, X の真部分集合であって, 全単射 $\Phi : X \longrightarrow X'$ があると仮定する. 仮定より $x_0 \in X \setminus X'$ が存在する. 漸化式 $x_{n+1} = \Phi(x_n)$ $(n \geq 1)$ によって列 $\{x_n\}_{n=1}^{\infty}$ がとれる. さて $p \neq q$ ならば $x_p \neq x_q$ であることを背理法で示す. ある $1 \leqq p < q$ があって $x_p = x_q$ とする. Φ は単射であるから $\Phi(x_{p-1}) = \Phi(x_{q-1})$ から $x_{p-1} = x_{q-1}$ となる. これを繰り返して $x_0 = x_{q-p}$. しかし $x_0 \in X \setminus X'$ であり $x_{q-p} \in X'$ だから矛盾. よって x_n $(n \geq 1)$ はすべて異なっている. これは X が可算無限以上の濃度をもつことを示している.

(問題 3.14)　X の任意の全順序部分集合 $E = \{x(\alpha)\}_{\alpha \in \Lambda}$ をとる. $x(\alpha) = (x_n(\alpha))_{n \geq 1}$ とおく. $x_k = \sup_{\alpha \in \Lambda} x_k(\alpha)$ とおく. 任意の $m \in \mathbb{N}$ に対して $\sum_{k=1}^{m} |x_k(\alpha)| \leq 1$ より, 単調性を用いて $\sum_{k=1}^{m} |x_k| \leq 1$ となる. m の任意性より $\sum_{k=1}^{\infty} |x_k| \leq 1$. よって $x = (x_k)_{k \geq 1} \in X$ となる.

(問題 3.15)　$x_0 \in X$ をとる. $\mathcal{E} = \{P \in 2^X \mid P : 整列集合, \min P = x_0\}$ とおく. $A, B \in \mathcal{E}$ に対して A は B の切片になっているとき $A \preceq_* B$ と定める. これによって $\mathcal{E}$ は順序集合になる. これは帰納的である. なぜならば $\mathcal{E}$ の任意の全順序部分集合を $\mathcal{F}$ とする. $G = \bigcup_{P \in \mathcal{F}} P$ とおく. $\min G = x_0$ は明らかである. G が整列集合であることを示す. G の任意の部分集合 F をとる. ある $P \in \mathcal{F}$ と $x_1 \in F \cap P$ が存在する. P は整列集合であるから $F \cap P$ は最小値 y をもつ. さて G の作りから $F \cap (G \setminus P)$ の要素はすべて x_1 以上だから y が F の最小値ともなる. よって G は整列集合となる. $\mathcal{E}$ は帰納的順序集合となる. ツォルンの補題より極大元 $Y \in \mathcal{E}$ が存在する. さて, 極大性より任意の $x \in X$ に対し $y \in Y$ があって $x \preceq y$ となる. なぜならば, ある z に対し, そのような y がなかったとすれば z を Y につけ加えて真に大きい整列集合を作れるからである.

(問題 3.16)　$\mathcal{F}_k$ を要素の数が k の有限部分集合の全体とすると

$$\mathcal{F} = \{\varnothing\} \cup \left(\bigcup_{k \in \mathbb{N}} \mathcal{F}_k \right)$$

である. $m \in \mathbb{N}$ に対し $\mathcal{F}_k(m)$ を $\mathcal{F}_k$ の要素のうち最大元が m のものとすると, $\mathcal{F}_k(m)$ は有限集合である. よって $\mathcal{Z}_k = \bigcup_{m \in \mathbb{N}} \mathcal{Z}_k(m)$ の濃度は $\mathrm{Card}(\mathbb{N} \times \mathbb{N}) = \aleph_0 \times \aleph_0 = \aleph_0$ 以下である. よって $\mathrm{Card}(\mathcal{F})$ は $1 + \aleph_0 \times \aleph_0 = \aleph_0$ 以下である. $\mathrm{Card}(\mathcal{F}) \geq \aleph_0$ は明らかであるから結局 $\mathrm{Card}(\mathcal{F}) = \aleph_0$ となる.

(問題 3.17)　$\mathbb{R}$ 上の定数関数は連続関数であり実数と同じ濃度があるから, $C(\mathbb{R})$ の濃度は $\aleph$ 以上といえる. 次に $f, g \in C(\mathbb{R})$ に対して両者が $\mathbb{Q}$ 上で一致していたら, 連続性により $\mathbb{R}$ でも一致する. $C(\mathbb{R})$ の濃度は $\mathbb{Q}$ 上の $\mathbb{R}$ 値関数の全体 Y の濃度以下である. $\mathrm{Card}(Y) = \mathrm{Card}(\mathbb{R}^{\mathbb{Q}}) = \mathrm{Card}((2^{\mathbb{N}})^{\mathbb{N}}) =$

$\mathrm{Card}(2^{\mathbb{N}\times\mathbb{N}}) = \mathrm{Card}(2^{\mathbb{N}}) = \aleph$ よって $\mathrm{Card}(C(\mathbb{R})) = \aleph$.

第4章 問の解答

(問 4.1) $\mathcal{B}$ は $\mathcal{O}$ の基であるとする. $x \in U, U \in \mathcal{O}$ とする. $U = \bigcup_{\alpha \in \Lambda} V_\alpha$ となるような $\{V_\alpha\}_{\alpha \in \Lambda} \subset \mathcal{B}$ がある. $x \in V_{\alpha_0}$ となる $\alpha_0 \in \Lambda$ がある. よって $V = V_{\alpha_0}$ とおけばよい. 逆を示す. 各 $x \in U$ に対して $x \in V_x \subset U$ となるような $V_x \in \mathcal{B}$ がある. これにより $U = \bigcup_{x \in U} V_x$ とおけばよい.

(問 4.2) $\mathbb{R}^n$ が弧状連結であることを示す. 任意の $x, y \in \mathbb{R}^n$ に対して $\phi(t) = (1-t)x + ty$ ($0 \leqq t \leqq 1$) とおく. このとき $\phi: [0,1] \longrightarrow \mathbb{R}^n$ は連続で $\phi(0) = x, \phi(1) = y$ である.

(問 4.3) (i) 任意の $x \in X$ に対し 1 点からなる集合 $\{x\}$ は x を含む連結集合である. よって $x \sim x$. (ii) $x \sim y$ とすると, 連結集合 A で $x, y \in A$ なるものがある. よって $y, x \in A$ になるので $y \sim x$ である. (iii) $x \sim y, y \sim z$ より連結集合 A, B があって $x, y \in A, y, z \in B$ となる. よって $x, z \in A \cup B$ である. また $A \cap B \neq \emptyset$ なので $A \cup B$ は命題 4.3 より連結だから $x \sim z$.

(問 4.4) (i) $\{U_\alpha\}_{\alpha \in \Gamma}$ は $A \cup B$ の任意の開被覆であると仮定する. これは同時に A の開被覆であり, B の開被覆である. A, B はそれぞれコンパクトであるから $\alpha_1, \cdots, \alpha_p, \beta_1, \cdots, \beta_q \in \Gamma$ があって $\bigcup_{i=1}^{p} U_{\alpha_i} \supset A$, $\bigcup_{j=1}^{q} U_{\beta_j} \supset B$ となる. これより $\{U_{\alpha_i}, U_{\beta_j} \mid 1 \leqq i \leqq p, 1 \leqq j \leqq q\}$ は $A \cup B$ の有限開被覆となる. (ii) $\overline{A \cup B} = \overline{A} \cup \overline{B}$ と (i) から従う.

(問 4.5) $\mathbb{R}^n$ は距離空間だから, A が相対コンパクトとは "閉包が有界閉集合" と言い直してもよい. A が有界集合であることと同値である.

(問 4.6) $f(x) = (2x-1)/x(1-x)$ は $(0,1)$ で連続かつ狭義単調増加関数で, $x \to 0+0$ では $-\infty$ に発散し, $x \to 1-0$ では $+\infty$ に発散する. よって $\mathbb{R}$ への全単射となる. また逆関数も連続となる. よって $(0,1)$ から $\mathbb{R}$ への同相写像である. $g(x) = x/(1-|x|)$ とすれば, これは原点中心の単位開円板から $\mathbb{R}^2$ への同相写像になる.

(問 4.7) 同相でない. 連続な単射 $\varphi: \mathbb{Q} \longrightarrow \mathbb{Z}$ があると仮定する. $z \in \mathbb{Q}$ をとる. いま $\mathbb{Q}$ は実数の中で稠密だから, z に収束する有理数列 $\{x(m)\}_{m=1}^{\infty} \subset$

$\mathbb{Q}$ で $x(m) \neq z$ $(m \geqq 1)$ となるものが存在する. ここで φ は単射だから $\varphi(x(m)) \neq \varphi(z)$ となり φ の像は $\mathbb{Z}$ だから $|\varphi(x(m)) - \varphi(z)| \geqq 1$ $(m \geqq 1)$ となる. これは $\mathbb{R}$ から $\mathbb{Z}$ に相対位相を入れたものの中で $\varphi(x(m))$ は $\varphi(z)$ に収束できない. よって φ の存在は不可能となる. よって, もちろん同相写像は存在しない.

(問 4.8) もし同相写像 $\varphi: \mathbb{R} \longrightarrow \mathbb{R}^2$ があるとすると対応する部分空間も連結性は保たれる. $X = \mathbb{R} \setminus \{0\}, Y = \mathbb{R}^2 \setminus \{\varphi(0)\}$ とおく. X は連結でないが Y は $\mathbb{R}^2$ から 1 点を除いた空間なので弧状連結になる. これは矛盾.

(問 4.9) $\mathcal{W}$ が生成する $Z = X \times Y$ の位相 (Z の積位相) を $\mathcal{O}_Z$ とおくと, これは $\mathcal{W}$ で生成されている.

$\mathcal{W}'$ を $U \times V$ $(U \in \mathcal{O}_X, V \in \mathcal{O}_Y)$ の和の形の集合全体とおく. このとき $\mathcal{W} \subset \mathcal{W}'$ で $\mathcal{W}'$ は開集合系の公理を満たす. よって $\mathcal{W}' = \mathcal{O}_Z$ となる.

(問 4.10) $\widetilde{\emptyset}$ を $\widetilde{X}$ の空集合とすると $\emptyset = \pi^{-1}(\widetilde{\emptyset}) \in \mathcal{O}$ となり, $X = \pi^{-1}(\widetilde{X}) \in \mathcal{O}$ より $\widetilde{\emptyset}, \widetilde{X} \in \widetilde{\mathcal{O}}$. $\widetilde{U}, \widetilde{V} \in \widetilde{\mathcal{O}}$ とする. このとき $\pi^{-1}(\widetilde{U} \cap \widetilde{V}) = \pi^{-1}(\widetilde{U}) \cap \pi^{-1}(\widetilde{V}) \in \mathcal{O}$, よって $\pi^{-1}(\widetilde{U} \cap \widetilde{V}) \in \widetilde{\mathcal{O}}$. $\{\widetilde{U}_\alpha\}_{\alpha \in \Gamma} \subset \widetilde{\mathcal{O}}$ とする. $\pi^{-1}\left(\bigcup_{\alpha \in \Gamma} \widetilde{U}_\alpha\right) = \bigcup_{\alpha \in \Gamma} \pi^{-1}(\widetilde{U}_\alpha) \in \mathcal{O}$ となり $\bigcup_{\alpha \in \Gamma} \widetilde{U}_\alpha \in \widetilde{\mathcal{O}}$ となる.

(問 4.11) $\lambda \leqq 0$ のとき $f^{-1}((-\infty, \lambda)) = \emptyset$, $0 < \lambda \leqq 1$ のとき $f^{-1}((-\infty, \lambda)) = (-\lambda, 0)$, $\lambda > 1$ のときは $f^{-1}((-\infty, \lambda)) = (-\lambda, \lambda - 1)$ となる. よって上半連続である. 一方, $f^{-1}((1/2, \infty)) = (-\infty, -1/2) \cup [0, \infty)$ となり, これは開集合でないので下半連続でない.

(問 4.12) $f(x) = x$ $(0 \leqq x < 1/2)$, $f(x) = -x$ $(1/2 \leqq x \leqq 1)$. これは下半連続で $[0,1]$ での上限は $1/2$ だがこの値をとる点はない. 最大値はとらない.

第 4 章 章末問題の解答

(問題 4.1) $p = 2$ の場合は正規空間の定義であるから成立することに注意. 数学的帰納法によって示す. $p = k$ のとき結論が成立すると仮定する. $A_1, \cdots, A_k, A_{k+1}$ が閉集合でどの 2 つも交わらないとする. $A_1, \cdots, A_{k-1}, (A_k \cup A_{k+1})$ は k の場合の条件を満たすので, どの 2 つも互いに交わらない開集合 $V_1, \cdots, V_k$ があって $A_1 \subset V_1, A_2 \subset V_2, \cdots, A_{k-1} \subset V_{k-1}, A_k \cup A_{k+1} \subset V_k$ となる. さて A_k, A_{k+1} に正規空間の条件を適用する

と, 互いに交わらない開集合 U, U' があって $A_k \subset U$, $A_{k+1} \subset U'$ が成立する. よって $U_1 = V_1, U_2 = V_2, \cdots, U_{k-1} = V_{k-1}, U_k = V_k \cap U, U_{k+1} = V_k \cap U'$ とおけばよい. これによって $A_1, \cdots, A_{k+1}$ をそれぞれ個別に覆う交わらない開集合が得られた.

(問題 4.2) F は弧状連結なのは明らか.

(問題 4.3) $\overline{A}$ が連結でないと仮定する. このとき開集合 U, V があって $U \cup V \supset \overline{A}$, $U \cap V \cap \overline{A} = \emptyset$, $U \cap \overline{A} \neq \emptyset$, $V \cap \overline{A} \neq \emptyset$ となる. これから次の 2 つは簡単に従う. $U \cup V \supset A$, $U \cap V \cap A = \emptyset$. さて $U \cap \overline{A} \neq \emptyset$ より, $x \in U \cap \overline{A}$ が存在する. $x \in \overline{A}$ だから x を含む任意の開集合が A と交わる. よって $U \cap A \neq \emptyset$. 同様に $V \cap \overline{A} \neq \emptyset$ より $V \cap A \neq \emptyset$ が従う. 以上をまとめて A が連結でないことになり矛盾である.

(問題 4.4) 背理法を適用する. もし $f(X) \supset [f(a), f(b)]$ が成立しないと仮定すると, ある $c \in (f(a), f(b))$ があって $c \notin f(X)$ となる. よって $f(X) \subset (-\infty, c) \cup (c, \infty)$ かつ $f(X) \cap (-\infty, c) \neq \emptyset$, $f(X) \cap (c, \infty) \neq \emptyset$ となり $f(X)$ が連結でなくなる. 連続写像で連結性が保たれる (命題 4.11) ので矛盾である.

(問題 4.5) $A \cup B$ が連結でないと仮定する. このとき, ある開集合 U, V があって $U \cup V \supset A \cup B$, $U \cap V \cap (A \cup B) = \emptyset$, $U \cap (A \cup B) \neq \emptyset$, $V \cap (A \cup B) \neq \emptyset$ となる. $U \cap A \neq \emptyset$ または $U \cap B \neq \emptyset$ である. また $V \cap A \neq \emptyset$ または $V \cap B \neq \emptyset$ である. A, B がそれぞれ連結であるから $U \cap A \neq \emptyset$ ならば $V \cap A = \emptyset$ でなければならない. また $U \cap B \neq \emptyset$ ならば $V \cap B = \emptyset$ でなければならない. これらを総合すると次の 2 つの場合に限られる. (i) $U \cap A \neq \emptyset$, $V \cap A = \emptyset$, $V \cap B \neq \emptyset$, $U \cap B = \emptyset$, または (ii) $V \cap A \neq \emptyset$, $U \cap A = \emptyset$, $U \cap B \neq \emptyset$, $V \cap B = \emptyset$. (i) で U, V 交換したものが (ii) だから (i) だけ考えれば十分である. (i) を仮定して以下議論を進める. この場合は $U \cup V \supset A \cup B$ より $U \supset A$, $V \supset B$ となる. 仮定より $x \in \overline{A} \cap B$ をとることができる. V は x を含む開集合で $x \in \overline{A}$ より $V \cap A \neq \emptyset$ となる. これは矛盾である.

(問題 4.6) $\mathcal{W}$ を有限交叉性をもつ閉集合族とする. $K_0 = \bigcap_{K \in \mathcal{W}} K$ とおくと $K_0^c = \bigcup_{K \in \mathcal{W}} K^c$ となる. もし $K_0^c = X$ となるならば $\{K^c \mid K \in \mathcal{W}\}$ が X の開被覆となるため X のコンパクト性より, ある有限個 $K_1, \cdots, K_p \in \mathcal{W}$

があり $K_1^c \cup \cdots \cup K_p^c = X$ となる. $\bigcap_{k=1}^{p} K_k = \emptyset$ となり有限交叉性に反する. よって $K_0^c \neq X$ となり, $K_0 \neq \emptyset$ となる. 逆に X の任意の開被覆 $\mathcal{U}$ をとって, $\mathcal{W} = \{U^c \mid U \in \mathcal{U}\}$ として有限交叉性を満たすことを示せばよい.

(問題 4.7) $x(m) = \sqrt{2}m - [\sqrt{2}m]$ $(m \in \mathbb{Z})$ とおく. $\sqrt{2}$ は無理数なので, $m \neq n \Rightarrow x(m) - x(n) \notin \mathbb{Z}$ となる. $I = [0,1]$ は点列コンパクトなので, 任意の $\varepsilon > 0$ に対して, ある $m, n \in \mathbb{Z}$ $(m \neq n)$ が存在して $0 < |x(m) - x(n)| < \varepsilon$ となる. $\ell = m - n$ とおけば, ある $N \in \mathbb{Z}$ があって $0 < |x(\ell) - N| < \varepsilon$ となる. $\{x(p\ell) \mid p \in \mathbb{Z}\}$ は間隔が $\varepsilon > 0$ より狭い. $\varepsilon > 0$ は任意なので E は I で稠密となる.

(問題 4.8) (i) $\overline{E} = \{(0,t) \in \mathbb{R}^2 \mid t \in \mathbb{R}\} \cup E$. $\partial E = \overline{E}$.

(ii) F の2点 $P = (-2, 0)$, $Q = (2, 0)$ が F の中で曲線で結べないことを示す. いま $I = [0,1]$ から F への連続写像 $\phi(t) = (\phi_1(t), \phi_2(t))$ が $\phi(0) = P$, $\phi(1) = Q$ を満たすとする. ϕ_2 は有界閉区間 I における実数値連続関数であるから最大値最小値の定理より有界となる. よって, ある自然数 $N > 0$ があって $-N \leqq \phi_2(t) \leqq N$ $(t \in I)$ となる. いま $m = N + 1$ とおく. ϕ_1 は I における実数値連続関数で $\phi_1(0) = -2 < 1/m < \phi_1(1) = 2$ を満たすから, ある $\tau \in I$ があって $\phi_1(\tau) = 1/m$ が成立する. よって $\phi(\tau) = (1/m, \phi_2(\tau))$ となるが, $-N \leqq \phi_2(\tau) \leqq N$ より $\phi(\tau) \in E$ となり ϕ が F への写像であることに反する. よって矛盾となる.

(iii) F が連結であることを背理法で示す. 連結でないと仮定すれば $\mathbb{R}^2$ の開集合 U_1, U_2 があって $U_1 \cup U_2 \supset F$, $U_1 \cap U_2 \cap F = \emptyset$, $U_1 \cap F \neq \emptyset$, $U_2 \cap F \neq \emptyset$ となる. F を2つに分解する. $F_- = \{(x_1, x_2) \in F \mid x_1 \leqq 0\}$, $F_+ = \{(x_1, x_2) \in F \mid x_1 > 0\}$ とおくと $F = F_- \cup F_+$. F_- は凸集合であるから連結である. また F_+ は弧状連結である (これは後で示す). U_1, U_2 両方とも F_- と交わることはない. よって $F_- \subset U_1 \cup U_2$ であることから (ア) $F_- \subset U_1$, $F_- \cap U_2 = \emptyset$ または (イ) $F_- \cap U_1 = \emptyset$, $F_- \subset U_2$ となる. (ア) を議論すれば十分である (なぜならば (イ) ならば U_1, U_2 の記号を交換すればよいからである). さて $U_2 \cap F_+ \neq \emptyset$ となる. また, $O = (0,0) \in U_1$ であり U_1 は開集合であるから O のある $\delta > 0$ 近傍は U_1 に含まれる. よって U_1 は F_+ と交わる

($U_1 \cap F_+ \neq \emptyset$ となる). よって $U_1 \cup U_2 \supset F_+$, $U_1 \cap U_2 \cap F_+ = \emptyset$, $U_1 \cap F_+ \neq \emptyset$, $U_2 \cap F_+ \neq \emptyset$ となり F_+ は連結にならない. F_+ は弧状連結だからこれは矛盾である. F_+ が弧状連結であることを示す. 任意の点 $R = (a_1, a_2) \in F_+$ をとる ($a_1 > 0$). これが F_+ の点 $S = (2, 0)$ と F_+ 内のパスで結ぶことができればよい. $a_2 \geqq 0$ の場合を扱う. R から S まで上回りのパスを作る. $a_1 > 1/p$ となる $p \in \mathbb{N}$ をとる. F_+ の2点 $R_1 = (a_1, a_2 + p + 1)$ と $R_2 = (2, a_2 + p + 1)$ をとる.

$$\phi(t) = (1-3t)R + (3t)R_1 \quad (0 \leqq t < 1/3), \quad \phi(t) = (2-3t)R_1 + (3t-1)R_2 \quad (1/3 \leqq t < 2/3), \quad \phi(t) = (3-3t)R_2 + (3t-2)S \quad (2/3 \leqq t \leqq 1)$$

とすればよい. $a_2 < 0$ の場合は下回りで行けばよい. 注: 問題 4.5 を用いてもよい.

(問題 4.9) $\mathbb{R}^n$ の開集合 U 連結とする. ある $z \in U$ を固定して,

$U_0 = \{x \in U \mid \exists \phi : [0, 1] \longrightarrow U \text{ 連続写像 s.t. } \phi(0) = z, \phi(1) = x\}$ とおく. U_0 は U の開部分集合となる. 一方, $U \setminus U_0$ がもし空でないならば U の開部分集合となる. なぜならば $y \in U \setminus U_0$ ならばある $\delta > 0$ があって $B(y, \delta) \subset U$. $B(y, \delta)$ は凸だから, その任意の点 ξ は $B(y, \delta)$ 内で y と線分で結べる. よって $B(y, \delta) \subset U \setminus U_0$ となる. U は連結だから $U \setminus U_0$ が空でないなら矛盾となる. これより $U = U_0$ である.

(問題 4.10) 凸集合は弧状連結である. よって連結である.

(問題 4.11) $\{W(\alpha)\}_{\alpha \in \Lambda}$ を Z の開被覆であるとする. $Z = X \times Y$ の積位相における開集合は, 直積型の開集合 $U \times V$ ($U \in \mathcal{O}_X, V \in \mathcal{O}_Y$) の和で表される. よって $W(\alpha) = \bigcup_{\beta \in \mathcal{B}(\alpha)} (U(\alpha, \beta) \times V(\alpha, \beta))$ と表せる. $\Gamma = \{(\alpha, \beta) \mid \beta \in \mathcal{B}(\alpha), \alpha \in \Lambda\}$ とおく. $\{V(\alpha, \beta) \mid (\alpha, \beta) \in \Gamma\}$ は Y の開被覆となり, Y がコンパクトであることに注意する. 各 $x \in X$ に対して適当に有限集合 $\Gamma(x) \subset \Gamma$ をとって, $x \in U(\gamma)$ ($\gamma \in \Gamma(x)$) かつ $\bigcup_{\gamma \in \Gamma(x)} V(\gamma) = Y$ とできる. いま $S(x) = \bigcap_{\gamma \in \Gamma(x)} U(\gamma)$ とおくと $\{S(x)\}_{x \in X}$ は X の開被覆となる. よって X がコンパクトであるから有限個の $x_1, x_2, \cdots, x_r$ があって $S(x_1) \cup S(x_2) \cup \cdots \cup S(x_r) = X$ となる. $\{U(\gamma) \times V(\gamma)\}_{\gamma \in \Gamma(x_j), 1 \leqq j \leqq r}$ は $Z = X \times Y$ の

有限開被覆となる.

(問題 4.12) d が距離関数になることは簡単に示せる. 三角不等式を示す際に不等式 $(s+t)/(1+s+t) \leqq (s/(1+s)) + (t/(1+t))$ $(s,t \geqq 0)$ を利用するところがポイントである. $\{x(m)\}_{m=1}^{\infty}$ が d の意味でコーシー列であると仮定する. 成分表示して $x(m) = (x_k(m))_{k \geqq 1}$ とおくと, $\forall \varepsilon > 0$, $\exists n_0(\varepsilon) \in \mathbb{N}$ s.t. $\sum_{k=1}^{\infty} (1/2^k)|x_k(m) - x_k(\ell)|/(1 + |x_k(m) - x_k(\ell)|) < \varepsilon$ $(\ell > m \geqq n_0(\varepsilon))$. これより各 k ごとに実数列 $\{x_k(m)\}_{m=1}^{\infty}$ は $\mathbb{R}$ のコーシー列となる. よって, ある z_k があって $\lim_{m \to \infty} x_k(m) = z_k$ となる. $z = (z_k)_{k \geqq 1} \in \mathbb{R}^{\mathbb{N}}$ とおく. さて $\forall \varepsilon > 0$ に対して, ある番号 N があって $\sum_{k=N+1}^{\infty} (1/2^k) < \varepsilon/2$ となる. $d(x(m), z) \leqq \sum_{1 \leqq k \leqq N} (1/2^k)|x_k(m) - z_k|/(1 + |x_k(m) - z_k|) + \varepsilon/2$ $(m \geqq N+1)$ より $\limsup_{m \to \infty} d(x(m), z) \leqq \varepsilon/2$ を得る. よって $\lim_{m \to \infty} d(x(m), z) = 0$.

(問題 4.13) E は全有界となる. $\forall m \in \mathbb{N}$ に対し $\{x_k(m) \in E \mid 1 \leqq k \leqq N(m)\}$ があって $B(x_k(m), 1/m)$ $(1 \leqq k \leqq N(m))$ は E の開被覆となる. $F = \{x_k(m) \mid 1 \leqq k \leqq N(m), m \geqq 1\}$ とおけばよい.

(問題 4.14) $\mathcal{K} = \{M \subset X \mid M:$ コンパクト, $M \neq \emptyset, f(M) \subset M\}$ とおく. $M_1, M_2 \in \mathcal{K}$ について $M_1 \subset M_2$ のとき $M_2 \preceq M_1$ として順序を $\mathcal{K}$ に入れる. このとき $\mathcal{K}$ は帰納的順序集合となる. ツォルンの補題より極大元 $M_* \in \mathcal{K}$ が存在する. $f(M_*) \subset M_*$ となるが $f(M_*) \neq M_*$ ならば $f(f(M_*)) \subset f(M_*)$ であり $f(M_*) \in \mathcal{K}$ だから, M_* が極大であることに反する. よって $f(M_*) = M_*$ である.

(問題 4.15) J を $\mathbb{R}$ の空でない連結な開部分集合とする. J が有界集合の場合, $b = \sup J, a = \inf J$ とおく. $a = b$ ならば J は 1 点になってしまい開集合でないので $a < b$ となる. もし $\tau, \eta \in J, \tau < \eta$ ならば $a < \tau < \eta < b$ である. またさらに任意の $t \in (\tau, \eta)$ に対して $t \in J$ である. なぜならもし $t \notin J$ ならば $J \subset (-\infty, t) \cup (t, \infty)$ となり J は連結でなくなる. $[\tau, \eta] \subset J$. 任意の $0 < \varepsilon < (b-a)/2$ に対して, ある $\tau \in (a, a+\varepsilon), \eta \in (b-\varepsilon, b)$ がある. これらから $J = (a, b)$ となる. J が上に有界で下に有界でない場合, J が下に有

界で上に有界でない場合, J が上下に有界でない場合も類似の考察で扱える.

(問題 4.16) $\mathbb{R}^n$ の任意の開集合 U に対して $U = \bigcup_{\alpha \in \Gamma} U_\alpha$ を連結成分への分解とする. このとき各 α に対して U_α は空でない開集合だから $U_\alpha \cap \mathbb{Q}^n$ は空でない. また, $\mathbb{Q}^n$ の要素は高々 1 つの α に対してしか U_α に属することができない. よって Γ の濃度は $\mathrm{Card}(\mathbb{Q}^n) = \mathrm{Card}(\mathbb{N})$ 以下である.

(問題 4.17) $\mathbb{R}^3$ における連続関数 $f(x_1, x_2, x_3) = x_1 \cos x_3 - x_2 \sin x_3$ と考える. $f(1,0,0) = 1 > 0$, $f(0,1,\pi/2) = -1 < 0$ に注意する. $E_+ = \{x \in E \mid f(x) > 0\}$, $E_- = \{x \in E \mid f(x) < 0\}$ とおくとそれぞれは開集合で $E = E_+ \cup E_-$ となる. E は連結でない.

(問題 4.18) 任意に点 $z \in A$ をとる. $z \neq x$ よりハウスドルフの条件を用いて, 互いに交わらない開集合 $U(z), V(z)$ があって $z \in U(z), x \in V(z)$ となることがいえる. $\{U(z)\}_{z \in A}$ は A の開被覆なので A のコンパクト性により有限部分被覆がとれる. $z_1, \cdots, z_p \in A$ があって $U(z_j)$ ($1 \leqq j \leqq p$) が A を被覆する. $V = \bigcap_{j=1}^p V(z_j)$, $U = \bigcup_{j=1}^p U(z_j)$ とおけばよい.

(問題 4.19) S^1 を与える $\mathbb{R}$ での同値関係を $\sim_1$, 同値類を $[\ ]_1$, T^2 を与える $\mathbb{R}^2$ での同値関係を $\sim_2$, 同値類を $[\ ]_2$ で記述する. $(x_1, x_2) \sim_2 (y_1, y_2)$ であることは $x_1 \sim_1 y_1$, $x_2 \sim_1 y_2$ と同値である. $[(x_1, x_2)]_2$ から $([x_1]_1, [x_2]_1)$ への対応は well-defined である. これを φ とおく. φ は T^2 から $S^1 \times S^1$ への全単射になる. φ の連続性を示す. 積位相の定義より, $S^1 \times S^1$ の直積型の開集合 $\widetilde{U} \times \widetilde{V}$ ($\widetilde{U}, \widetilde{V}$ は S^1 の開集合) の φ の逆象が T^2 の開集合であることを示す. $\boldsymbol{\pi}_1, \boldsymbol{\pi}_2$ をそれぞれ射影 $\boldsymbol{\pi}_1 \colon \mathbb{R} \longrightarrow S^1$, $\boldsymbol{\pi}_2 \colon \mathbb{R}^2 \longrightarrow T^2$ とする. このとき $\boldsymbol{\pi}_2^{-1}(\varphi^{-1}(\widetilde{U} \times \widetilde{V})) = \boldsymbol{\pi}_1^{-1}(\widetilde{U}) \times \boldsymbol{\pi}_1^{-1}(\widetilde{V})$ となり $\boldsymbol{\pi}_1^{-1}(\widetilde{U}), \boldsymbol{\pi}_1^{-1}(\widetilde{V})$ はそれぞれ $\mathbb{R}$ の開集合であるからその積は $\mathbb{R}^2$ の開集合である. よって商位相の定義より $\varphi^{-1}(\widetilde{U} \times \widetilde{V})$ は T^2 の開集合である. 次に, φ^{-1} の連続性を示す. $\widetilde{W}$ を T^2 開集合であるとする. $\varphi(\widetilde{W})$ の任意の点 $([x_1]_1, [x_2]_1)$ をとる. $\boldsymbol{\pi}_2(x_1, x_2) = [(x_1, x_2)]_2 \in \widetilde{W}$ となり $(x_1, x_2) \in \boldsymbol{\pi}_2^{-1}(\widetilde{W})$ ($\Leftarrow \mathbb{R}^2$ の開集合). よって, ある $\delta \in (0, 1/3)$ があって $J = (x_1 - \delta, x_1 + \delta) \times (x_2 - \delta, x_2 + \delta) \subset \boldsymbol{\pi}_2^{-1}(\widetilde{W})$ とできる. $\widetilde{G} := \boldsymbol{\pi}_1((x_1 - \delta, x_1 + \delta)) \times \boldsymbol{\pi}_1((x_2 - \delta, x_2 + \delta))$ は $S^1 \times S^1$ の開集合で $\varphi(\widetilde{W})$ に含まれる. よって $([x_1]_1, [x_2]_1)$ の任意性により $\varphi(\widetilde{W})$

は $S^1 \times S^1$ の開集合となる.

(問題 4.20) $\mathcal{K} = \{E \times F \mid E, F \text{ コンパクト集合}, E \neq \varnothing, F \neq \varnothing\}$ とおく. このとき $M_1 \times M_2 \in \mathcal{K}$ である. 写像 $\Phi : \mathcal{K} \longrightarrow \mathcal{K}$ を $\Phi(E \times F) = (f(F), f(E))$ と定めて, 問題 4.14 の結果を適用する.

(問題 4.21) $\mathbb{R}^n$ は第 2 可算公理を満たす. よって可算個の元からなる基 $\mathcal{B}_0 = \{V_j \mid j \in \mathbb{N}\}$ をとることができる. ここで任意の $U \in \mathcal{O}_0$ は適当に部分集合 $E \subset \mathbb{N}$ を選んで $U = \bigcup_{j \in E} V_j$ と表せる. よって $\mathrm{Card}(\mathcal{O}_0) \leqq 2^{\aleph_0} = \aleph$ となる. 逆向きの不等号は明らかだから $\mathrm{Card}(\mathcal{O}_0) = \aleph$.

第 5 章　章末問題の解答

(問題 5.1) 背理法で示す. 結論が成立しないと仮定すると, ある $\delta > 0$ が存在して $\widehat{d}(A_m, A_\infty) = \sup_{x \in A_m} \mathrm{dist}(x, A_\infty) \geqq 2\delta$ $(m \geqq 1)$ となる. $A_\infty \subset A_m$ を使用した. よって各 m に対して $x(m) \in A_m$ で $\mathrm{dist}(x(m), A_\infty) \geqq \delta$ となるものがある. A_1 のコンパクト性 (距離空間だから点列コンパクトでもある) より, ある部分列は収束する. すなわち自然数の単調列 $m(1) < m(2) < \cdots$ と $z \in A_1$ があって $d(x(m(p)), z) \to 0 \ (p \to \infty)$ となる. ここで $x(m(p)) \in A_r$, $m(p) \geqq r$ で A_r はコンパクトだから $z \in A_r \ (r \geqq 1)$. よって $z \in A_\infty$. さて $\mathrm{dist}(x(m(p)), A_\infty) \geqq \delta$ より極限をとって $\mathrm{dist}(z, A_\infty) \geqq \delta$ となり矛盾.

(問題 5.2) $\delta \in (0, 1)$ があって $\widehat{d}(T(x), T(y)) \leqq \delta \widehat{d}(x, y)$ となる. いま $x_0 \in K$ をとる. 不動点定理の証明より $\lim_{m \to \infty} d(T^m(x_0), x_*) = 0$ となる. いま $K \in \mathcal{K}$ に対して $\alpha = \sup_{\xi, \eta \in K} d(\xi, \eta) < \infty$ とおいておく. 三角不等式より $\widehat{d}(T^m(K), \{x_*\}) \leqq \widehat{d}(T^m(K), T^m(\{x_0\})) + \widehat{d}(T^m(\{x_0\}), \{x_*\})$. ここで $\widehat{d}(T^m(K), T^m(\{x_0\})) = \sup_{x \in K} d(T^m(x), T^m(x_0)) \leqq \delta^m \sup_{x \in K} d(x, x_0) \leqq \alpha \delta^m$ $\to 0 \ (m \to \infty)$ である. $\widehat{d}(T^m(\{x_0\}), \{x_*\}) = d(T^m(x_0), x_*) \to 0 \ (m \to \infty)$.

(問題 5.3) $\exists r_0 > 0$, s.t. $\sup_{|x| \leqq r_0} |f(x)| \leqq r_0$. $D = \{x \in \mathbb{R}^2 \mid |x| \leqq r_0\}$ (閉円板) とおくと $f(D) \subset D$ となる. 定理 5.3 より D に不動点が存在する.

(問題 5.4) $\quad \widehat{d}\left(\bigcup_{i=1}^{m} A_i, \bigcup_{i=1}^{m} B_i\right)$

$= \sup_{x\in \bigcup_{i=1}^{m} A_i} d\left(x, \bigcup_{j=1}^{m} B_j\right) + \sup_{y\in \bigcup_{j=1}^{m} B_j} d\left(y, \bigcup_{i=1}^{m} A_i\right)$

$= \max_{1\leqq i\leqq m} \sup_{x\in A_i} d\left(x, \bigcup_{j=1}^{m} B_j\right) + \max_{1\leqq j\leqq m} \sup_{y\in B_j} d\left(y, \bigcup_{i=1}^{m} A_i\right)$

$\leqq \max_{1\leqq i\leqq m} \sup_{x\in A_i} d(x, B_i) + \max_{1\leqq j\leqq m} \sup_{y\in B_j} d(y, A_j) \leqq 2 \max_{1\leqq i\leqq m} \widehat{d}(A_i, B_i)$

索　引

英　字

Card(X)　91
closed set　127
ε 近傍　44
open set　126
r 近傍　37
T_2 空間　135
T_3 空間　135
T_4 空間　135
well-defined　88

あ　行

アスコリ-アルツェラの定理　73, 151
$\aleph$（アレフ）　92
$\aleph_0$（アレフゼロ）　92
位相　126
位相が入る　47
位相空間　126
位相同型　141
一様有界　73
一様有界性の原理　172
一様連続　57
一様連続写像　57
1 対 1 写像　18
上に有界　104, 187
上への写像　18

か　行

開集合　39, 45, 126
開集合系の公理　47, 126
回転移動　19
開被覆　136

ガウス平面　195
下界　104, 187
可逆行列　159
下極限　189
下限　104
可算集合　28
可算無限濃度　92
可算無限集合　28
合併集合　4
下半連続　147
可分　130
カントールの対角線論法　96
完備　64
完備距離空間　64
基　129
帰納的　115
帰納的な手順　25
帰納法　25
基本列　63
逆写像　21
逆順序　101
境界　38, 44, 128
境界点　38, 44, 128
共通部分　4
共役複素数　195
行列の指数関数　160
極限元　106
極小元　103
極大元　103
距離　37
距離関数　42
距離空間　42
　——の完備化　153

近傍　128
近傍系　128
空集合　3
元　1
後継元　106
合成写像　20
恒等写像　21
恒等変換　21
コーシーの判定条件　193
弧状連結　133
コーシー列　63
コンパクト空間　136
コンパクト集合　136

さ 行

最小元　103
最小値　189
最大元　103
最大値　189
最大値最小値の定理　62
サポート　76
三角不等式　35, 37, 42
始集合　16
辞書式順序　101
自然な射影　87
下に有界　104, 187
実数の 2 進展開　26
実数の連続性の公理　183
始片　117
写像の分解定理　89
集合　1
　——の差　5
集合算　4
終集合　16
十分条件　13

縮小写像　70
　——の原理　71
シュワルツの不等式　35
順序　100
　——の公理　99
　——を保つ写像　102
順序集合　100, 115
順序同型　102
順序同型写像　102
商位相空間　146
上界　104, 187
上極限　189
商空間　146
上限　104
商集合　85
上半連続　147
推移律　84, 100
数列　183
数列空間 $\ell^2(\mathbb{N}, \mathbb{R})$　172
正規空間　135
正則行列　159
正則空間　135
正値性　37, 42
整列可能性　109
整列可能性定理　110
整列集合　106
整列順序　106
積位相　145
絶対収束　193
絶対値　195
触点　38, 44, 128
切片　117
漸化式　24
線形順序　100
全射　18

全順序　100
全順序集合　100
全体集合　7
選択関数　31, 111
選択公理　31, 109
全単射　18
全有界　57
相対位相　129
相対コンパクト集合　137
属する　2

た行

台　76
第2可算公理　129
対偶　15
対称移動　19
対称性　37, 42
対称律　84
代数的数　115
代表元　85
ダランベールの判定条件　193
単射　18
中間値の定理　155
超限帰納法　108
直後の元　106
直積集合　10
直前の元　107
定義域　16
ティーツェの拡張定理　149
点列　23
　——の収束　42
点列コンパクト　58, 138
同相　141
同値　13
同値関係　83, 84

同値類　85
　——による分割　85
同等一様連続　73
同等連続　73
凸集合　42
ド・モルガンの法則　7

な行

内積　34
内点　38, 44, 127
内部　38, 44, 127
2項関係　82
濃度　91
ノルム　34

は行

ハウスドルフ距離　176
ハウスドルフ空間　135
反射律　84, 100
反対称律　100
比較可能　100
比較不能　100
非可算集合　28
必要十分条件　13
必要条件　13
否定　14
標準距離　37
ヒルベルト空間　67
普遍集合　7
不動点定理　71
部分集合　2
部分列　24
部分列をとる　24
ブラウワー不動点定理　166
分離公理　134

閉集合　39, 45, 127
　——の分離　56
閉集合系　127
閉包　38, 44, 128
ベキ集合　10
ヘルダー不等式　196
ベールのカテゴリ定理　69
変換　21
包含関係　2
補集合　7
ボルテラ型積分方程式　164

ま 行

交わり　5
密着位相　127
ミンコフスキー不等式　196
無限集合　2, 28, 90

や 行

有界　42, 57, 104, 187
優級数の方法　193
有限交叉性　155
有限集合　2, 28, 90
誘導される写像　87
ユークリッド空間　34
要素　1

ら 行

離散位相　127
列　23
連結　131
　——でない　131
連結成分　134
連続　51, 141
連続関数　53

連続写像　51
連続体濃度　92

わ 行

ワイエルシュトラスの M テスト　193
和集合　4

神保 秀一
じんぼ・しゅういち

略 歴
1958年　旭川市生まれ
1981年　東京大学理学部数学科卒業
1987年　同大学院理学系研究科数学専攻修了
1987年　東京大学助手
その後，岡山大学講師，北海道大学助教授を経て
現　在　北海道大学大学院理学研究院教授
　　　　理学博士，専門は応用解析学

主要著書：偏微分方程式入門(共立出版)，微分方程式概論(サイエンス社)
　　　　　ギンツブルク-ランダウ方程式と安定性解析(岩波書店，共著)

本多 尚文
ほんだ・なおふみ

略 歴
1963年　苫小牧市生まれ
1986年　東京大学工学部応用物理学科卒業
1991年　同大学院理学系研究科数学専攻修了
1991年　北海道大学理学部助手
その後，同大学講師を経て
現　在　北海道大学大学院理学研究院准教授
　　　　理学博士，専門は代数解析学

テキスト理系の数学 6
いそうくうかん
位相空間

2010年 4 月 15 日　第1版第1刷発行

著者　　神保秀一・本多尚文
発行者　横山 伸
発行　　有限会社　数学書房
　　　　〒101-0051　東京都千代田区神田神保町1-32-2
　　　　TEL　03-5281-1777
　　　　FAX　03-5281-1778
　　　　mathmath@sugakushobo.co.jp
　　　　http://www.sugakushobo.co.jp
　　　　振替口座　00100-0-372475

印刷
製本　　モリモト印刷
組版　　アベリー
装幀　　岩崎寿文

ⓒShuichi Jimbo & Naofumi Honda 2011,　Printed in Japan
ISBN 978-4-903342-36-8